브레인 섹스

일하는 뇌와 사랑하는 뇌의 남녀 차이

브레인 섹스

앤 무어 · 데이비드 제슬 지음
곽윤정 옮김 | **문용린** 해제

북스넛
Booksnut

옮긴이 / 곽윤정

서울대학교 교육심리학과에서 석사와 박사 학위를 취득했으며, 미국 미네소타대학교에서 박사후 과정(post-doctoral degree)을 이수했다. 대통령자문기구 교육개혁위원회 연구위원과 국제뇌교육종합대학원대학교 뇌교육학과 교수를 역임했다. 현재 한국상담대학원대학교 교수로 재직하고 있으며 서울대, 충북대, 청주교대, 덕성여대에 출강 중이다. 저서에는 〈EQ를 높이려면 이렇게 하자〉, 〈속터지는 영희 엄마, 속풀리는 혜리 엄마〉, 〈부모를 위한 정서지능 다이어리〉, 〈어린이를 위한 정서지능 다이어리〉가 있으며, 역서에는 〈우리의 십대들 도대체 왜 그럴까?〉, 〈리더십 세대차〉가 있다.

브레인 섹스

1판 1쇄 발행 _ 2009년 4월 10일
1판 6쇄 발행 _ 2011년 7월 6일
2판 1쇄 발행 _ 2016년 6월 20일

지은이 _ 앤 무어, 데이비드 제슬
옮긴이 _ 곽윤정
발행인 _ 이현숙
발행처 _ 북스닛
등록 _ 제2016-000065호
주소 _ 경기도 고양시 일산동구 호수로 662 삼성라끄빌 442호
전화 _ 02-325-2505
팩스 _ 02-325-2506

ISBN 978-89-91186-54-5 03470

뇌에 새겨진 남녀의 실루엣

문용린(서울대 교수, 전 교육부장관)

시대정신에의 반역

이 시대는 차이를 말하기가 참 힘든 때다. 21세기의 시대정신 중 하나가 바로 "차이에 대해서 함부로 말하지 말라"는 것이다. 차이를 주장하는 것은 곧 차별을 정당화하는 행위로 오해되기 십상이기 때문이다.

대표적인 예가 인종의 차이에 대한 언급 자제의 불문율이다. 인종 간의 차이를 말하다가 고초를 겪은 사람이 한둘이 아니다. 그간 명백하고 객관적이며 실증적인 자료를 동원해 인종 간의 지능적 차이를 입증하려는 시도가 무수히 있었지만, 그들은 거대한 시대정신의 쓰나미를 덮어쓰고 좌초했다. "차이에 대한 언급은 곧 차별을 정당화하는 음모"라는 사회적 금기의 벽을 넘어서지 못한 것이다.

남녀 차이에 대한 언급도 마찬가지다. 남녀 차이를 주장하거나 언급해서 이득을 본 사람이 별로 많지 않은데, 그 까닭은 남녀 차이를 실증하려는 시도나 강조하려는 노력은 결국 남성우월주의에 젖어 있는 사람이라고 매도부터 당해 왔기 때문이다. 그래서 남녀 차이에 대한 언급은 이 시대의 금기다. 교양인일수록, 지식인일수록, 대중의 인기가 중요한 사람일수록 남녀의 차이에 대한 언급은 더욱 더 터부시되어 왔다.

그러나 그것은 자연스럽지 않았다. 명백하게 존재하는 차이를 차이로서 인정하지 않는 태도가 자연스러울 리가 없다. 포도주와 맥주는 같은 술이지만 차이가 있고, 그 차이는 사람들의 삶을 다른 방식으로 풍요롭게 만든다. 차이가 언제나 차별로 이어지는 것은 아니라는 사실의 반증이다.

남녀 간의 차이도 그런 시각으로 보아야 할 것이다. 인류의 삶도 결국 남성과 여성의 차이를 기반으로 풍요롭게 진보해 오지 않았는가? 생물학적 차이도 물론이지만 심리적, 행동적 차이도 문명을 풍요롭게 성숙시켰다. 온갖 예술과 문화의 영원한 주제인 남녀 간의 사랑도 결국 남녀 간의 차이에서 기원한다.

이 책은 남녀 차이의 인정과 강조를 차별의 음모로 보는 시대정신에 용감히 대든 유전학자와 기자가 심혈을 기울여 쓴 책이다. 저자들은 쏟아질 비난을 우려해 명백히 존재하는 남녀 간의 차이를 짐짓 못 본 체하고 지나친 그간의 지식인들의 비겁함을 자신들도 저지를까봐 걱정되어 이 책을 쓴 것 같다. 차별을 위해 차이를 강조하는 것이 아니라, 인류의 더 풍요로운 삶을 위해 남녀 간의 차이를 뇌 차이에서 출발해 정확히 이해할 필요가 있다는 신념이 용기를 내게 한 듯하다. 책은 생물학적으로 이미 확인된 뇌 연구 결과에 근거하는 만큼, 내용에서 더없는 설득력을 보여준다.

영국 BBC 방송은 이 책으로 남녀 뇌 다큐멘터리 〈브레인 섹스〉를 제작해 큰 반향을 불러일으킨 바 있다. 시대에 던지는 도전적 화두를 이제 모두가 살펴야 할 때가 되었다는 증언처럼 느껴진다.

책의 개요

이 책은 12장으로 구성되어 있다. 본론의 앞과 뒤에 프롤로그와 에 필로그가 붙어 있는데, 프롤로그는 책 속에서 장차 펼쳐질 깜짝 놀랄 만한 정보의 사전 브리핑이고, 에필로그는 홍수처럼 쏟아놓은 정보들을 바탕으로 다시 새로운 화두를 던지고 있다. 뇌를 다룬 책인 만큼, 뇌가 가진 이해와 기능의 메커니즘처럼 구성한 책이다.

책을 열면 도입부의 첫 마디부터 도전적이다.

> 남성과 여성은 다르다. 함께 인간이라는 종에 속한다는 것만이 유일한 공통점이다. 남성과 여성이 동일한 재능이나 기술, 행동을 보일 수 있다고 주장하는 것은 생물학적으로 보았을 때 완전히 거짓말이다.

이 과감한 언급은 흥미도 돋우지만 겁도 난다. 도대체 저자들은 이 파격적인 주장을 어떻게 마무리하려고 이런 말을 하는 걸까?

책의 논지는 아주 깔끔하다. 최근 100여 년 동안 남녀 차이에 대한 주도적 해석은 사회적 조건화에 입각한 설명이었다. 즉 남녀 차이는 부모와 사회의 역할 기대가 남자와 여자에게 다르게 제공됨으로써 서로 다른 행동방식을 학습할 수밖에 없었다는 것이다. 그러나 이런 주장의 근거는 최근 속속 등장하는 생물학적 증거들에 의해 여지없이 무너진다. 남자와 여자의 차이를 만드는 사회적 영향력은 우리 내부에 이미 흐르고 있는 호르몬의 영향력에 비하면 너무나도 보잘 것 없기 때문이다.

몸속을 흐르는 호르몬의 메커니즘이 아주 다르고, 서로 다른 이 호르몬의 메커니즘은 남자와 여자의 뇌를 극단적으로 다르게 발달시킨다. 그래서 남자 뇌와 여자 뇌는 동일한 환경, 동일한 자극에 대해서도 다르게 반응할 수밖에 없고, 그 쪽이 더 자연스럽다는 것이다. 뇌구조 자체가 다르기 때문에 행동방식도 남녀 간에 차이가 나는 것은 당연하다.

이렇게 도입부를 시작으로 펼쳐지는 12개 장에는 결국 "남자와 여자의 내부에 흐르는 상이한 호르몬 과정이 어떻게 서로 다른 뇌를 형성하게 하는가?"를 상세하게 설명한다. 아울러 이렇게 상이한 뇌 때문에 나타나는 남녀의 행동 차이를 극명하게 대조시켜 독자를 강력하게 흡인한다. 12개 장에 걸쳐 저자들이 전하는 메시지는 바로 "이렇게 분명한 남녀의 차이를 외면하지 말라"는 것이다.

제1장은 남성과 여성의 차이에 대한 논쟁의 역사를 추적한다. 1882년 경, 영국에서 최초로 행해진 남녀 차이에 대한 조사 연구가 소개된다. 남성은 악력과 휘파람에 대한 예민성, 압박상황에서의 업무능력이 우수한 반면, 여성은 고통에 대한 민감성이 크다는 점 등이 언급된다.

여성은 더 잘 듣고 남성은 더 잘 본다. 여성은 더 정형화된 어휘를 사용하고, 빨강보다 파란색을 더 좋아한다. 반면에 남성은 새로운 어휘를 더 많이 사용하고, 파랑보다 빨간색을 좋아한다. 여성은 실용적 문제와 개인적 과제에 집중하지만, 남성은 추상적이고 일반적인 생각에 집중한다.

이렇듯 남녀 사이에 존재하는 차이를 실증적으로 밝힌 연구들은 종종 있어 왔는데, 대표적인 책은 사회학자 헤브락 엘리스H. Ellis의 〈남성과 여성Man and Woman〉이다. 엘리스는 이 책에서 여성은 남성보다 기억력, 교활함, 감정의 위장, 동정심, 인내심, 깔끔함에서 뛰어나다고 말한다. 또한 여성 과학자의 연구는 남성 과학자의 것보다 정확하지만 독창성은 떨어진다고도 주장한다. 종합지능검사로 유명한 웨슬러D. Wechsler 박사도 남녀 차이를 실증해 보인 대표적인 인물이었다.

이런 모든 과학적 시도는 20세기 내내 '차별을 정당화하는 음모'라는 이데올로기의 강세로 호기심용 가십거리로 격하된다. 그런 격하의 틈새를 비집고 사회적 조건화 주장이 득세한다. 남녀의 차이는 사회화의 한 산물일 뿐이라는 것이다.

그러나 생물학, 특히 뇌 생물학이 크게 발전하면서 얻어진 연구 결과들이 남녀 차이의 문제를 다시 부각시킨다. 그들은 남녀 차이를 '사회적 학습'에서 찾지 않고, 뇌의 생물학적 메커니즘으로 환원시켜 추적해낸다. 생물학에 기반을 둔 뇌 연구는 보다 더 구체성을 띠고 논리적이다. 바로 이 책의 저자들처럼 말이다.

자궁 속에서 XX 유전자를 가진 여자 태아가 남성 호르몬에 노출되면 출생 후 아기는 남자 같은 모습의 여자로 성장한다. XY 유전자를 가진 남자 태아가 남성 호르몬에 노출되지 않으면 아기는 여자 같은 모습의 남자로 성장한다.

이렇게 만들어진 뇌 차이가 출생 후 능력의 차이로까지 확대된다고 저자들은 말한다.

좌뇌와 우뇌 사이의 원활한 소통으로 여성은 커뮤니케이션을 할 때 우월함을 보이는 반면, 남성은 좌뇌와 우뇌 간의 정보 교환이 상대적으로 덜 원활하기 때문에 커뮤니케이션보다는 공간지각 능력에서 앞선다. 다시 말해 여성은 공간지각 능력을 담당하는 영역과 연결이 더 잘 되어 있기 때문에 시각적 상상을 쉽게 어휘와 연관시킬 수 있다. 반면에 남성은 언어를 담당하는 영역의 간섭을 덜 받아 사물의 이미지 쪽에 더 집중할 수 있다. 여기서 얻을 수 있는 교훈은 다음과 같다. 3차원적 문제, 예를 들어 A에서 B로 가는 방법 찾기나 여행 가방 꾸리기 같은 것은 남성에게 맡기되, 그 방법을 다른 사람에게 설명하는 것은 여성에게 맡겨야 한다는 점이다.

남성과 여성의 이러한 차별적 능력의 원인은 사회화 때문이 아니라, 생물학적 특성인 뇌의 구조적이고 기능적인 차이에서 연유한다는 것이다. 그야말로 강력한 메시지가 아닐 수 없다.

제2장과 제3장은 남녀 간의 생물학적 차이가 어떻게 시작되는지 설명한다. 난자와 정자의 수정에 의해 임신은 결정되지만, 뇌를 중심으로 한 생물학적 차이는 임신 6~7주 후부터 시작된다. 차이는 호르몬의 분비가 시작되면서부터다. 이 호르몬의 분비가 뇌에 다르게 작용하기 시작하고, 그 덕분에 남자 뇌와 여자 뇌는 구조적으로 그리고 기능적으로 전혀 다른 방식으로 발달한다. 남녀 차이는 불가피해지는 것이다.

제4장과 제5장은 아동기와 사춘기를 거치면서 남자 뇌와 여자 뇌가 어떻게 다른 경로로 발달해 가는지 보여 준다. 이 시기의 서로 다른 남녀 뇌가 어떤 행동의 차이를 유발시키는지 구체적 행동 사례들을 통해 이야기한다.

제6장부터 제8장까지는 남녀의 능력의 차이, 정서의 차이, 이성을 대하는 감각의 차이, 대인관계의 차이 등을 적나라하게 설명한다.

제9장부터 제12장까지는 그토록 차이가 있는 남녀지만, 함께 어울려 살아갈 수밖에 없는 공동생활의 장면에서 남녀 차이를 설명한다. 바로 응용과 적용 편이다. 부부 상황, 아버지와 어머니의 상황, 직장에서의 동료 · 상사 · 거래 상황, 그리고 그곳에서 전개되는 차별과 갈등 상황 등이 흥미롭게 묘사되고 있다. 남녀 차이의 확인이 결코 차별을 위한 음모가 아니라, 오히려 상보적이고 협력적이며 상생하기 위한 발판으로서 꼭 필요한 이해의 과정이라는 점을 누누이 강조하면서 말이다.

뇌 속에 스며든 남녀의 실루엣

저자들은 용감하다. 한 사람은 유수한 유전학자이고 한 사람은 BBC 방송의 기자다. 결코 가볍게 자신의 명망을 내덜질 사람들이 아니다. 그럼에도 불구하고 왜 이렇게 위험한 책을 썼을까? 벌거벗은 임금님을 누구도 벌거벗었다고 말하지 못 할 때 철모르는 아이가 결국 진실을 이야기한 것처럼 이들도 철이 없는 것일까?

그들은 그림자를 정확히 본 것 같다. 그림자를 확실히 보았기 때문에 그 그림자의 실체에 대한 확신이 선 것이다. 뇌가 실체이고, 그 뇌로 말미암아 만들어진 그림자는 바로 우리 자신과 우리가 바라보는 무수한 남자와 여자라는 사람들을 통해 확인되는 행동의 차이들이다.

뇌 속에 스며든 남녀 차이의 실체를 이토록 정확하게 실증적인 자료를 가지고 재미있게 묘사한 책은 아주 드물다. 오랜만에 숨죽여가며 흥미진진하게 읽은 책이다.

차이의 강조가 곧 차별의 신호탄이라는 편견은 이제 벗어나야 한다. 차이의 확인과 그에 대한 승화된 이해는 삶의 문화와 가치의 성숙, 풍요를 이루는 기반이라는 새로운 시대정신을 형성시켜야 한다. 이 책이 제시하는 화두는 바로 그런 것이다.

남성과 여성은 다르다. 함께 인간이라는 종에 속한다는 것만이 유일한 공통점이다. 남성과 여성이 동일한 재능이나 기술, 행동을 보일 수 있다고 주장하는 것은 생물학적으로 보았을 때 완전히 거짓말이다.

남성과 여성이 다른 원인은 뇌가 서로 다르기 때문이다. 인간의 생활과 정서를 관장하는 주요 기관인 뇌가 각자 다르게 조직되어 있다. 남녀의 뇌는 서로 다른 방식으로 정보를 처리하는 과정에서 인식과 가치의 우선순위, 행동에서 차이를 드러낸다.

지난 수십 년 동안 남녀의 차이가 왜 나타나는지에 대한 연구는 폭발적으로 증가했다. 그런데 의사, 과학자, 심리학자, 사회학자들의 개별적인 발견들을 한데 모아 보면 놀라울 정도로 일관성이 있다. 결론은 남성과 여성이 완전히 다르다는 것이다. 흔히 듣게 되는 '왜 여성은 남성과 동일할 수 없는가?'라는 절망적 탄식의 이유가 결국 존재하는 셈이다.

최근까지 성별에 따른 행동의 차이는 사회적 조건화의 과정으로 설명되었다. 이를테면 사회의 기대를 반영하는 부모의 기대가 반영되어 있었다. 남자는 울어서는 안 된다거나 최고가 되기 위해서는 남성적인 결단력과 공격성이 필요하다는 것 등이 그것이다. 신체가 곧 우리 자신을 만든다는 생물학적인 관점에는 거의 주의를 기울이지 않았다. 그러나 오늘날에는 새로운 생물학적인 증거들이 속속 발견됨으로써 사회의 영향 때문이라는 주장을 유지하기가 어려워졌다. 무엇이 '우리'를 '우리'로 만드는지에 대한 이해를 가능하게 해주는 종합적이고 과학적인 틀을 생물학이 마침내 제공할 수 있게 된 것이다.

'사회적 영향'이라는 설명은 불충분한 반면, 생화학적 주장은 좀더 설득력이 있다. 호르몬 때문에 우리가 특정적이고 전형적인 행동을 보인다는 주장 말이다. 그러나 호르몬만이 모든 답을 제시하는 것은 아니다. 차이를 만드는 것은 호르몬과 그것에 반응하도록 이미 태어나기 전부터 조직되어 있는 남성과 여성의 뇌 구조 때문이다.

이 책에 나와 있는 남녀 간의 차이에 대해 읽다 보면 우리는 은근한 자만심이나 분노를 느낄 수도 있다. 그러나 이 같은 반응은 잘못된 것이다. 여성이 분노를 느낀다면 그 대상은 과학이 아니어야 한다. 남녀 평등을 향한 여성들의 노력을 무의미하게 만드는 쪽은 과학이 아니라 그동안 여성의 본질을 오도하고 부인한 사람들이다. 지난 30~40여 년 동안 여성들은 옆에 있는 남성만큼 뛰어난 사람이 될 수 있고 되어야 한다고 교육받으면서 자랐다. 그 과정에서 여성들은 심각하면서도 불필요한 고통과 좌절과 실망을 겪어야만 했다. 2차적인 성의 지위를 갖게 만든 남성의 선입관과 억압을 떨쳐내기만 한다면 '동등한 성취'라는 약속된 땅의 관문이 활짝 열릴 것이라고 여성들은 생각해 왔다.

그러나 교육과 기회, 사회적 태도에서 여성은 더 유리한 입장에 있으면서도 30년 전에 비해 그렇게 '더 뛰어난 성취'를 보이고 있지는 않다. 마거릿 대처만이 예외에 해당할 정도다. 현재보다 1930년대에 오히려 영국의 내각에 더 많은 여성이 있었고, 지난 수십 년 동안 여성 의원의 수가 특별히 증가하지도 않았다. 어떤 여성은 남성과 권력의 공유라는 이상을 달성하지 못한 데 대해 여성이 실패했다고 생각할지도 모른다. 그러나 그렇지 않다. 여성은 남성과 같아지는 것에 대해서만 실패한 것이다.

이렇게 말하면 어떤 남성들은 자신들이 술집에서 떠드는 것들이 모두 옳았다고 생각할지도 모른다. 그러나 이것도 특별히 축하할 만한 일은 아니다. 여성이 남성만큼 숫자를 잘 읽지 못한다는 것은 사실이다. 그러나 여성은 사람을 더 잘 읽을 수 있다. 사람은 분명히 숫자보다 더 중요하다.

어떤 연구자들은 자신의 발견에 대해 솔직히 두려움을 느꼈을 것이다. 그 발견들 중 일부는 사회적 영향력 때문에 아예 공개되지 않거나 조용히 연구가 중단되기도 했다. 그러나 사실에 바탕을 두고 행동하는 쪽이, 사실이 아닌 주장보다는 낫다.

또 남성과 여성 간의 상호보완적인 차이를 환영하고 활용하는 쪽이 더 바람직하다. 여성은 남성성을 추구하는 일에 에너지를 낭비하기보다는 자신들의 특수한 재능을 이용하는 일에 힘을 쏟아야 할 것이다.

여성은 더 뛰어난 상상력으로 전문적인 문제든 가정에 관한 문제든 단 한 번의 직관을 통해 해결할 수 있다.

남녀의 차이를 인정하는 것이 바람직한 가장 큰 이유는 우리가 더 행복해질 수 있기 때문이다. 뇌에 관한 한 남성과 여성은 서로 다른 기원과 동기와 중요성을 가진다는 사실을 이해한다면 우리는 더 평화로워질 수 있다. 남성의 생물학적 특성을 고려했을 때, 결혼이라는 것을 몹시 부자연스럽게 받아들일 수밖에 없다는 사실을 인정한다면 우리는 더 훌륭하고 사려 깊은 아내나 남편이 될 수 있다. 아버지의 역할과 어머니의 역할이 서로 대체가 불가능하다는 진실을 이해한다면 우리는 더 훌륭한 부모가 될 수 있을 것이다.

행동에서 가장 큰 차이는 남성의 선천적인 공격성이다. 이는 왜 역사적으로 남성이 여성을 지배해 왔는지 설명해 준다. 남성은 여성과 벌일 전쟁을 위한 전략으로 공격성을 습득한 것이 아니다. 우리는 남자 아이들에게 공격적이 되라고 가르치지 않는다. 오히려 반대로 공격적이 되지 말라고 가르친다. 남녀의 차이에 대해 강력히 부인하는 연구자들조차도 공격성이 남성의 특징이라는 것, 또한 그것은 사회적 조건화로 설명될 수 없다는 점에 대해서는 동의한다.

작가인 몬로H. H. Monro는 아들의 선천적인 공격성을 완화시키기 위해 장난감 병정 대신 장난감 공무원과 교사를 제공한 진보적인 가정의 이야기를 썼다. 부모는 모든 일이 계획대로 진행되고 있다고 생각했다. 그러나 어느 날 놀이방을 몰래 들여다보자 아들은 장난감 공무원과 교사를 두고 격렬한 전쟁을 치르고 있었다. 결국 부모는 아들을 바꾸려 한 노력이 헛되다는 것을 깨달았다.

인간은 오만한 종種이다. 이성적으로 사고하고 분별할 수 있다는 이유로 다른 동물에 대해 갖는 우월감 때문에 우리는 스스로를 침팬지보다는 천사 쪽에 가깝게 여긴다. 아마도 그러한 생각이 우리의 운명을 스스로 결정할 수 있다고 보게 하는 듯하다. 그래서 신체의 생물학적 요구에 종속적일 수밖에 없다는 사실을 무시해버린다. 우리는 자신과 삶이 궁극적으로는 다른 동물과 마찬가지로 뇌에 전달되는 메시지에 의해 지배된다는 사실을 자주 잊곤 한다.

만일 우리가 남녀 차이를 인정한다면 세상을 더 효과적으로 조직할 수 있을 것이다. 그리고 이 구별되는 성정체성을 기반으로 삶을 더 잘 이끌어 갈 수 있을 것이다. 이제 남녀가 동일하게 만들어졌다는 무의미한 주장을 멈출 때가 되었다. 어떤 이상주의나 유토피아적 환상도 남녀가 서로 다르게 만들어졌다는 사실을 바꿀 수는 없다. 남성과 여성이 동일하다는 주장은 남녀 관계를 더 긴장시킬 뿐이다.

회의실에서든 침실에서든 여성이 취약한 분야에서 남성은 강할 수 있다. 마찬가지로 남성이 취약한 분야에서 여성이 강할 수 있다.

〈남성과 여성이 서로에 대해 이해하는 것들〉이라는 제목의 책은 몹시 얇고 내용은 텅 비어 있더라는 오래된 농담이 있다. 이제 그 책의 페이지들을 채워야 할 때가 되었다.

- 저자 앤 무어, 데이비드 제슬

Brain
Sex

제1장

클릭, 뇌 속으로

Brain
SeX

Brain
Sex

뇌가 치켜든 반기

아마도 100년 전이라면 재능, 기술, 능력 면에서 남성과 여성이 다르다는 주장에 사람들은 하품을 했을지도 모른다. 너무나 당연한 사실로 받아들여졌을 것이기 때문이다.

그러나 오늘날 그 같은 주장을 한다면 아주 다른 반응이 나타날지도 모른다. 만일 남성이 그런 말을 했다면 사회적으로 대단히 부적절한 발언이자 남녀 간의 정치적 관계에 대한 무지한 처사나 몰상식한 행위, 또는 어떤 반향을 불러일으키기 위한 서투른 시도 정도의 취급을 받을 것이다. 여성이 그 같은 모험을 했다면 남성과 동등한 지위와 기회를 얻고자 몇십 년 동안 투쟁하여 힘겹게 거둔 '승리'를 배신하는 반역자 취급을 받을 것이다.

그런데 이 분야를 연구하는 모든 과학자와 연구자들이 내린 결론은 남성과 여성의 뇌가 실제로 다르다는 것이다. 지적인 견해(남녀의 뇌는 같다)와 과학적인 사실(남녀의 뇌는 서로 다르다)이 이토록 차이가 나는 경우도 드물다.

자신의 연구 논문에 '남녀의 뇌는 실제로 다른가?'라는 제목을 붙인 캐나다의 심리학자 도린 기무라Doreen Kimura 교수는 그 질문에 대한 답이 자명하다는 것을 다음과 같이 기술했다.

당연히 서로 다르다. 남성과 여성의 신체 구조가 다르고 종종 놀라울 정도로 행동의 차이를 보이는 것을 고려할 때, 만일 남성과 여성의 뇌가 서로 다르지 않다면 오히려 그것이 더 놀라운 사실이 될 것이다.

우리 대부분은 직관적으로 남녀가 서로 다르다는 것을 안다. 그러나 이 사실은 보편적으로 공유되지 않는 하나의 죄스러운 비밀이 되고 말았다. 우리는 상식을 믿지 않게 된 것이다.

그러나 우리가 지구라는 행성을 점유해 온 기간 전부를 놓고 보면 사실 인간은 남녀를 구별하는 종으로 보아야 한다. 우리의 생물학적 특성은 호모 사피엔스에 속하는 남성과 여성에게 서로 다른 기능을 부여했고, 우리의 진화는 그러한 남녀의 차이를 더욱 두드러지고 정밀하게 다듬었다. 우리의 문명은 남녀의 차이를 반영하고 있고, 우리의 종교와 교육은 그것을 강화하고 있다.

그럼에도 불구하고 우리는 역사에 대해 두려움을 느끼고 저항한다.

우리가 두려움을 느끼는 것은 몇 세기 동안 지속된 성차별이라는 범죄에 동참하는 것처럼 보일 수 있기 때문이다. 또 우리가 저항을 하는 것은 동물이나 네안데르탈인과 같은 과거의 '중력권'으로부터 마침내 인류가 이탈할 수 있는 속도에 이르렀다고 믿고 싶어하기 때문이다.

지난 30년 동안 소수의 영향력 있는 사람들은 선의를 가지고 남녀의 차이에 대해 저항하도록 우리를 설득했다. 그들은 종교와 교육이 여성의 종속적인 지위를 유지하기 위한 남성의 음모라는 것을 알아냈다. 그들이 알아낸 것이 사실일 수 있다. 그들은 또 이른바 '문명'이라는 것이 남성의 공격성과 지배력에 바탕을 두고 있다는 것을 발견했다. 이 역시 사실일 수 있다. 여기까지는 별로 문제될 것이 없다.

그런데 이 같은 현상이 발생한 '원인'에 대해 설명하려고 들면 많은 문제가 생긴다. 만일 남녀가 옛날부터 동일하다면 어떻게 남성은 이 세계의 거의 모든 사회와 문화 구조에서 여성을 지배하는 상황을 그토록 성공적으로 만들어냈을까? 단지 남성의 근육과 체구가 지난 몇천 년 동안 여성을 지배할 수 있도록 만든 것일까? 아니면 몇 세기 전까지만 해도 여성이 대부분의 시간 동안 임신 상태에 놓여 있었기 때문일까? 혹시 남성과 여성의 뇌 차이가 현재 우리 사회와 모습의 바탕을 이룰 가능성은 없을까? 우리의 삶에는 성에 대해 아무리 진보적인 생각을 가지고 있는 사람이라도 도저히 무시할 수 없는 생물학적 측면이 있다. 남녀의 차이에 대해 필요 이상의 화를 내는 것보다는 순순히 인정하는 것은 어떨까? 그것을 이해하고 활용하며 때로는 즐기는 것이 더 나은 것은 아닐까?

지난 몇백 년 동안 과학자들은 남녀의 차이에 대해 설명하려고 수없이 시도했다. 그러나 남녀 뇌의 차이에 대한 초기의 연구들은 그 가정들만큼이나 조야한 방식으로 진행되었다. 단순한 두뇌 크기 측정을 통해 여성이 남성과 동등한 지성을 가졌다고 주장하기에는 대뇌의 발달이 불충분하다는 점이 증명된 경우도 있었다. 특히 독일인들은 줄자를 사용한 연구에 몰두했다. 신경의학자 베이어설Bayerthal은 외과 의사가 되기 위해서는 적어도 머리 둘레가 52~53센티미터가 되어야 한다고 주장했다. 그에 의하면 '52센티미터 미만의 머리 둘레를 지닌 사람에게는 지적인 능력을 기대할 수 없고, 50.2센티미터 미만의 머리 둘레를 지닌 사람에게는 정상적인 지능조차 기대할 수 없다'는 것이다. 같은 맥락에서 그는 또 '천재의 머리 둘레를 지닌 여성은 찾을 필요가 없다. 왜냐하면 아예 존재하지 않기 때문이다'고까지 주장했다.

프랑스의 과학자 구스타브 르봉Gustave Le Bon은 파리의 여성들이 남성보다는 고릴라에 더 가까운 크기의 뇌를 가지고 있다고 지적하면서 '여성이 열등하다는 사실은 너무나도 명백해서 그 누구도 이를 반박할 수 없다'고 결론 내렸다. 그는 불길한 느낌을 담아 다음과 같이 경고했다.

자연이 열등한 직업을 내려준 것을 제대로 이해하지 못하고 여성이 가정을 떠나 우리의 전투에 참여하는 바로 그날, 사회 혁명이 시작될 것이다. 그리고 가족의 신성한 유대를 지키던 모든 것들이 사라질 것이다.

그런데 그 같은 사회 혁명이 실제로 우리 곁에서 일어났고, 남녀 뇌 차이에 대한 과학적 연구에서도 혁명이 일어났다. 두뇌의 신비는 아직도 충분히 밝혀지지 않았으나 남녀 뇌 차이와 그 차이가 생기는 과정은 이제 분명히 밝혀져 있다. 물론 더 알아야 할 것이 남아 있고 더 자세한 설명이 추가될 수도 있다. 그러나 남녀 뇌 차이에 관한 본질과 원인은 이제 단순한 추정이나 선입관, 혹은 합리적 의심의 수준을 넘어설 수 있을 정도로 명백해졌다.

그러나 과학이 남녀의 차이와 그 차이의 원인을 설명해 줄 수 있는 바로 이 순간에도 우리는 마치 죄악시되는 생각처럼 그에 대한 가정을 포기하도록 요구받는다.

차이에 눈 뜨다

최근 몇십 년 동안 두 가지 상반된 일이 일어났다. 하나는 남녀의 차이에 대한 과학 연구의 진전이고, 다른 하나는 정치적으로 그런 차이를 부인해 온 일이다. 예상할 수 있겠지만 이 두 입장을 가진 사람들끼리는 서로 사이가 좋지 않다. 과학은 남녀의 차이에 대한 문제를 다루기 위해 스스로 모험을 감행하고 있다. 남녀의 차이를 연구하는 과학자들 중에는 '이 같은 연구가 이루어져서는 안 된다'라는 이유로 연구비를 지급받지 못하는 사람도 있다. 또한 과중한 정치적 압력 때문에 연구를 포기해야만 했던 사람도 있다. 반면에 어떤 연구자들은 인정하기에 너무 불편한 의미를 가진 과학적 발견들에 대해 심한 경멸을 보이기도 한다.

남녀의 차이를 조사하기 위한 최초의 체계적 검사는 1882년에 런던의 사우스 켄싱턴South Kensington박물관에서 일하던 프란시스 가톤Francis Gatton에 의해 이루어졌다. 그는 남성과 여성 사이의 중요한 차이를 발견했다고 주장했다. 그것은 남성이 여성보다 손아귀의 힘이 세고 날카로운 휘파람 소리에 예민하며, 압박을 받는 상황에서 일할 수 있는 능력이 더 우수하다는 것이었다. 반면 여성은 남성보다 고통에 더 민감하다는 것이다.

그로부터 10년 후, 미국에서도 심리학자 거레이Garai. J 박사와 샤인펠드Scheinfeld에 의해 이와 비슷한 연구가 이루어졌다. 연구 결과 여성이 남성보다 더 잘 들을 수 있고 정형화된 어휘를 주로 사용하며, 빨간색보다는 파란색을 좋아하는 경향이 있다고 말했다. 남성은 파란색보다 빨간색을 더 좋아하고 새로운 어휘를 많이 사용하며 추상적이고 일반적인 생각을 가지는가 하면, 여성은 실제적인 문제와 개인적인 과제를 선호한다는 것이다.

헤브락 엘리스가 지은 〈남성과 여성〉이라는 책은 1894년에 즉각적인 관심을 일으켜서 8판까지 출간되었다. 그의 주장에 의하면 여성은 남성보다 기억력, 교활함, 감정의 위장, 동정, 인내력, 깔끔함 등의 측면에서 더 우수했다. 한편 여성 과학자들의 연구는 남성의 연구보다 정밀했고 '제한된 범위 내에서 보았을 때에는 뛰어나지만 전체적인 범위나 독창성 면에서는 약간 부족한' 것으로 나타났다. 천재 여성은 남성의 친밀한 지원을 필요로 한다는 것이 엘리스의 주장이다. 그는 저명한 과학자의 아내였던 퀴리 부인Madame Curie의 예를 들었고, 시인 브라우닝Browning도 남편 브라우닝을 만난 후에야 훌륭한 시들을 쓸 수 있었다고 지적했다. 엘리스는 여성들이 '분석'이라는 본질적으로 지적인 과정을 싫어한다는 점을 발견했다. 그에 의하면 '여성은 미묘한 감정에 큰 영향을 받는데, 분석이라는 과정이 그것을 깨뜨릴지도 모른다고 본능적으로 느낀다'는 것이다.

만일 뇌에 대한 새로운 연구가 1960년대에 시작된 뒤 꾸준히 발달하지 않았더라면 이러한 관찰들은 단순한 호기심을 바탕으로 한 연구들로 남았을 것이다. 과학적으로 남녀의 차이에 대한 발견이 가장 활발히 이루어졌던 시기는 참으로 역설적이다. 그것은 바로 남녀 사이에 차별을 해서는 안 된다는 정치적 견해가 최고조를 이루었을 때였다.

또 하나 역설적인 사건은 남녀의 차이를 숨기려고 했던 과학적 동기가 오히려 남성과 여성의 차이에 대한 관심을 불러일으켰다는 점이다. 문제는 지능검사에서 비롯되었다. 연구자들은 지능검사에서 측정한 몇 가지 능력에 대해 지속적으로 한쪽 성별이 우위에 있음을 알아차리게 되었다. 그러나 이러한 발견은 과학자 공동체에서 환영을 받을 수 없었다. 그것은 지능의 정확한 측정을 방해하는 골칫거리로 간주되었다. 오늘날 가장 널리 사용되는 지능검사를 개발한 미국의 과학자 웨슬러D. Wechsler 박사는 1950년대에 30개 이상의 항목에서 '성차별적인' 결과가 나타난다는 것을 발견했다. 그런데 웨슬러는 남녀가 서로 다른 성취를 보인다는 연구 결과를 두고 검사 기법에 문제가 있기 때문인 것으로 간주했다.

웨슬러를 비롯한 몇몇 학자들은 남녀의 차이가 두드러지는 검사들을 모두 제거함으로써 이 문제를 무마시키려고 했다. 그러고도 '중립적인' 결과가 나타나지 않을 경우, 그들은 '남성 편향적' 또는 '여성 편향적'인 문항을 추가하여 남녀의 점수가 거의 대등하도록 만들려고 했다. 그러나 이것은 실험에서 원하는 결과가 제대로 나오지 않으면 데이터를 조작해서 원하는 결과를 얻는 것과 같은 날조된 연구 방법이었다. 운동 경기로 치자면, 개인의 기술이나 민첩성에 상관 없이 모든 장대높이뛰기 선수들이 동등하다는 것을 보여주기 위해 몇몇 선수들의 장대에 추를 달거나 길이를 서로 다르게 만드는 것과 같은 이치였다.

그러나 화학 약품이 뿌려진 들판에도 민들레는 다시 돋아나듯이, 이러한 방법을 동원해도 남녀의 차이는 꿋꿋하게 나타났다. 웨슬러는 몇 개의 검사 결과들로 여성이 남성보다 일반적인 지능이 높은 사실을 보여줄 수 있다고 결론 내렸다. 그러나 원시사회부터 문명사회에 이르기까지 전 세계의 이질적인 집단들을 모두 대상으로 삼더라도 미로 퍼즐을 해결하는 능력을 측정하는 105개의 검사 중 99개의 검사에서 남성이 우위에 있는 것으로 나타났다. 가장 안전하면서도 논쟁의 여지가 없도록 이 연구 결과들을 종합해 보면, 여성들은 미로 퍼즐처럼 바보 같은 일에 신경을 쓰기에는 너무 지적이라는 결론이 나온다.

중립적인 지능지수IQ 측정 방법을 찾는 데 몰두한 웨슬러는 남녀 사이에 차이가 있다는 증거를 단순한 골칫거리 정도로 받아들였다. 마치 애초에 동인도를 찾고 있었기 때문에 아메리카 대륙에 도착한 것은 별로 대단하지 않다고 치부했던 콜럼버스처럼, 웨슬러는 큰 비중을 두지 않고 다음과 같이 말했다.

> 우리의 발견은 시인이나 소설가가 종종 주장하던 것, 그리고 일반
> 사람들이 오랫동안 믿어 온 것, 다시 말해 남성은 여성과 행동하는
> 방식뿐만 아니라 '생각하는 방식' 또한 다르다는 사실을 확인시켜
> 준다.

영국의 선구적 사회학자 허트Hutt. C 교수가 '남녀의 차이라는 주제
에 대한 침묵의 음모'라고 불렀던 문제는 결국 사회학적인 주장에 묻
히고 말았다. 그에 따르면 아이들은 심리적으로 중립적인 상태로 태어
나지만 부모, 교사, 고용주, 정치인 등 사회의 여러 힘 있는 세력들이
깨끗하고 순수한 아이의 마음에 영향을 미치게 된다. 이 중립 이론을
주장하는 집단을 이끈 사람은 미국 존스홉킨스대학의 존 머니John Money
박사였다. 그는 다음과 같이 말했다.

> 태어날 때는 성별이 구분되지 않다가 성장 과정에서 겪는 다양한
> 경험에 의해 남성과 여성이 구분되기 시작한다.

만일 남성과 여성이 서로 다르다면 그것은 사회적인 조건들에 따른
결과라는 것이다. 사회학에서 늘 말하듯이 남녀의 차이는 결국 사회의
구조 때문에 발생한다는 얘기다.

남녀 25퍼센트의 편차

과학자들 사이에서 남녀의 차이가 발생하는 원인에 대한 논쟁은 아직 많지만, 차이가 있다는 사실에 대해서는 별다른 이견이 없다. 이 책에서는 '평균적인' 남성과 '평균적인' 여성에 대해 이야기하고 있다는 점을 명심하기 바란다. 우리는 남성이 여성보다 키가 크다고 말할 수 있다. 이 같은 사실은 사람들이 많이 모인 어떤 장소를 살펴보더라도 쉽게 알 수 있다. 물론 어떤 여성은 어떤 남성보다 더 클 수도 있고, 심지어 가장 큰 여성은 가장 큰 남성보다 더 클 수도 있다. 그러나 이것은 '평균적인' 사실이 아니다. 통계적으로 보았을 때 남성이 평균적으로 7퍼센트 더 크고, 또한 세상에서 가장 키가 큰 사람도 분명히 남자다.

앞으로 자세히 살펴보겠지만 기술과 재능과 능력에 대한 남녀의 차이에는 키보다도 훨씬 큰 통계적 편차가 있다. 언제나 평균에 대한 예외가 있을 것이고 '다른 성별'의 기술을 가진 예외적인 사람도 있을 것이다. 그러나 이런 예외가 있다고 해서 일반적이고 평균적인 규칙이 타당하지 않은 것은 아니다. 남녀의 차이는 실제적으로 이 사회와 밀접한 관련이 있다. 다양한 적성검사에서 남녀의 평균 점수는 25퍼센트까지 차이가 나기도 한다. 그런데 단지 5퍼센트의 차이만 있어도 남성 혹은 여성이 어떤 직업이나 활동에서 더 우수한 능력을 보이는 데 크게 영향을 미치는 것으로 나타난다.

남성과 여성 사이에 가장 큰 차이가 발견된 것은 과학자들이 '공간지각 능력'이라고 부르는 분야다. 이것은 어떤 사물의 모양과 위치, 배치, 비례를 머릿속에 정확히 그릴 수 있는 능력이다. 이 능력은 3차원의 그림이나 어떤 대상을 가진 작업에 반드시 필요하다. 사회과학자 해리스Harris. J는 이 주제에 대한 방대한 문헌을 검토한 뒤 '남성의 공간지각 능력이 더 우수하다는 사실에는 논쟁의 여지가 없다'고 결론 내렸다. 수백 가지의 과학 연구에서 이 사실이 확인되었기 때문이다.

공간지각 능력을 측정하는 전형적인 검사는 3차원의 기계 부품을 조립하는 능력으로 평가한다. 그런데 이 과제를 여성의 4분의 1만이 평균적인 남성보다 더 훌륭히 수행했다. 3차원의 기계 부품 조립 능력을 측정한 결과에서 최상위권에 속하는 사람들을 보면 남성이 여성보다 2배 많게 나타났다.

학령기 이후 일반적으로 남학생들은 여학생들보다 공간, 관계, 이론 등의 추상적 개념과 연관되는 수학 분야에서 더 높은 수행 능력을 보인다. 권위 있는 한 설문조사 결과에 따르면 수학의 최상위 수준에 있는 남학생의 수는 여학생의 수를 무색하게 한다. 미국의 심리학자 줄리안 스탠리Julian Stanley와 카밀라 밴보우Camilla Benbow 박사는 남녀 영재들과 함께 작업을 했다. 그 결과 그들은 가장 뛰어난 여학생이 가장 뛰어난 남학생을 결코 따라잡지 못한다는 것을 알게 되었을 뿐만 아니라, 수학 실력에서 남성과 여성의 놀라운 비율을 발견했다. 뛰어난 실력의 여학생 1명에 뛰어난 실력의 남학생이 13명 이상 분포하는 양상이었다.

과학자들은 인간의 행동에 대한 이론을 내놓을 때 언제나 사회의 민감한 부분을 건드릴 수 있음을 알고 있다. 그러나 남녀의 차이를 연구하는 과학자들은 그것을 사회의 영향 때문이라고 보는 공손한 설명을 점점 더 받아들일 수 없게 되었다. 밴보우 박사는 수학 능력에서 남학생 영재들이 우위에 있다는 사실을 발견한 자신의 연구에 대해 다음과 같이 말한다.

"15년 동안 환경의 영향으로 설명을 해보려고 시도했지만 그 성과가 전혀 없었다. 이제 이 방법은 포기하기로 했다."

그러면서 밴보우 박사는 능력의 차이가 생물학적 특성을 기반으로 한다고 기꺼이 인정했다.

남학생들은 구기 종목에 요구되는 손과 눈의 협응 능력에서도 우위를 차지한다. 이것은 곧 머릿속으로 어떤 대상을 쉽고 빠르게 상상하고 변화시키며 회전시킬 수 있음을 의미한다. 남학생들은 여학생들보다 더 쉽게 2차원의 설계도를 보고 블록으로 입체 모형을 만든다. 또 물주전자를 다양한 각도로 기울였을 때 그 속에 있는 물의 표면이 이루는 각도를 보다 정확하게 측정한다.

일반적인 전략에 가까운 어떤 패턴과 추상적 관계를 파악하는 데 남성은 여성보다 우위에 놓인다. 러시아처럼 남성과 여성 모두 체스를 즐기는 나라에서 남성이 그 종목을 석권하고 있는 이유를 설명할 수도 있다. 이에 관해 남녀의 차이에 대한 생물학적 근거를 부인하는 사람들은 그 대안으로 또 다른 해석을 내세운다. 남성이 체스를 지배한다는 사실에 여성들이 조건화되어 무의식적으로 자신에 대한 기대 수준을 낮추기 때문이라는 것이다. 그러나 이 같은 주장은 편견을 유지하기 위해 과학적인 증거를 애써 외면하는 양상이다.

남성의 뛰어난 공간지각 능력은 지도 읽기를 통해서도 설명할 수 있다. 이 실험에서 남성 운전자들이 가지고 있는 능력이 다시 한 번 증명된 것이다. 여학생과 남학생 각자에게 지도를 준 다음, 목표 지점에 가기 위해 특정 교차로에서 좌회전을 해야 하는지 우회전을 해야 하는지 가급적 지도를 돌리지 않고 말하도록 했다. 그 결과 역시 남학생들이 보다 높은 수행 능력을 보였다. 길을 찾을 때 여학생들은 자신이 가고 있는 방향에 맞추어 지도를 돌리는 경향이 많았다.

남성의 뇌가 사물이나 이론을 다루는 데 이점이 있다면, 여성의 뇌는 모든 감각의 자극에 더 예민하게 반응하도록 조직되어 있다. 언어능력검사에서 여성은 남성보다 더 높은 점수를 받는다. 여성은 더 광범위한 감각 정보를 받아들인다. 그리고 정보를 보다 쉽게 연결하며 인간관계와 의사소통에 우선순위를 둔다. 사회적인 문화가 이러한 여성의 강점을 더 강화시킬 수 있으나, 그 강점들은 어디까지나 선천적인 것들이다.

출생 직후에도 이러한 차이는 분명하게 나타난다. 여자 아기는 사람과 얼굴에 더 관심을 보이는 반면, 남자 아기는 자기 앞에 놓인 물체를 보는 것만으로도 만족해한다.

여자 아기들이 남자 아기보다 먼저 말을 시작하고 짧은 문장으로 이야기하는 것을 배운다. 그래서 학령기가 되면 일반적으로 여학생들이 남학생보다 말솜씨가 더 유창하다. 글을 읽는 것도 여자 아이들이 먼저 익히며, 언어의 바탕이 되는 문법이나 구두법, 철자법도 더 잘 습득한다. 읽기 교정 수업에 참여하는 남학생과 여학생 수의 비율은 4대 1 정도다. 이후에 여성은 외국어도 더 쉽게 습득하여 능숙해진다. 그리고는 더 유창하게 대화를 하게 된다. 말더듬기나 다른 언어 장애는 거의 남자 아이들에게만 나타나는 현상이다.

여성은 남성보다 더 잘 듣는다. 여성은 남성에 비해 소리에 훨씬 더 민감하다. 그래서 여성은 밤중에 수돗물 떨어지는 소리를 듣고 깨어날 수 있는 반면, 남성은 잘 들을 수가 없어 깨어나지 못한다. 특정한 음에 맞추어서 노래를 부를 수 있는 여자 아이의 수는 남자 아이보다 6배나 더 많다. 여성은 소리 크기의 변화를 훨씬 더 잘 알아차린다. 따라서 남성의 말투에 여성이 왜 그렇게 민감한지 이해할 수 있다.

남성과 여성은 어떤 것을 보는 방식도 다르다. 어두운 곳에서 여성은 남성보다 더 잘 볼 수 있다. 여성은 스펙트럼에서 빨간색 끝 부분에 더 민감하기 때문에 남성보다 빨간색을 더 많이 본다. 그리고 본 것에 대한 기억력도 더 뛰어나다.

반면에 밝은 곳에서 남성은 여성보다 더 잘 볼 수 있다. 흥미로운 사실은 남성의 시야는 좁고 한 곳에 집중되어 있다는 점이다. 남성은 여성보다 원근감이 좋다. 그러나 여성은 말 그대로 '숲'을 본다. 안구의 뒷부분에 있는 망막에 간상체와 원추체 수용기 세포가 많기 때문에 여성은 더 넓은 시야를 갖고 있는 것이다.

남녀의 차이는 다른 감각에서도 마찬가지다. 여성은 고통에 대해 더 빠르고 민감하게 반응한다. 하지만 오랫동안 불편한 상태를 견뎌내는 능력은 남성보다 더 뛰어나다. 젊은 성인을 대상으로 했을 때, 여성은 몸의 모든 피부에 가해지는 압력에 대해 남성보다 훨씬 더 민감하게 반응한다. 아동기와 청년기의 경우, 여성은 남성보다 훨씬 예민한 촉각을 지니고 있어서 일부 검사에서는 남성과 여성의 점수가 서로 일치하는 부분이 없다. 가장 예민하지 못한 여성이 가장 예민한 남성보다 더 예민하다.

미각에서도 남녀 사이에 차이가 있다는 증거가 있다. 여성은 쓴맛에 더 민감하고, 더 높은 농도와 더 많은 양의 단맛을 선호한다. 그런가 하면 남성은 짠맛을 더 잘 구별한다. 그러나 전체적으로 보면 여성의 미각이 더 섬세하고 예민하다. 그렇다면 식당의 주방장은 여성이 되어야 하는 것일까? 아니면 대부분의 남성 주방장들이 여성의 미각을 갖고 있는 것일까?

여성의 코와 입천장은 남성보다 더 민감하다. 주로 남성성과 관련이 있는 사향musk에 대한 여성의 감지 능력이 그것을 증명한다. 여성은 사향의 향기를 무척 매력적으로 느끼는데, 흥미롭게도 월경 주기의 결정적 시기인 배란기 직전에 그 감각은 최고로 예민해진다. 여성의 생물학적 특성이 남성에 대해 더욱 민감하도록 이루어져 있기 때문이다.

이렇게 다양한 감각에 대한 여성의 우위는 임상적으로 측정될 수 있다. 또한 초자연적이라고 할 수 있는 여성의 '직관'에 대해서도 설명할 수 있다. 간단히 말해서 여성은 남성이 보지도 듣지도 못하는 것들을 감지할 수 있는 능력을 갖고 있다. 그런데 여성의 감각이 우월한 것은 어떤 마법의 힘 때문이 아니다. 단지 상대적으로 둔감한 남성의 감각에 비해 더 민감할 따름이다. 여성은 대인관계에서 단서들을 더 잘 파악하고, 말투나 표정의 강도에 따라 미묘한 의미의 차이를 더 잘 포착한다. 때때로 남성은 자신의 말에 대한 여성의 반응에 화가 날 때도 있다. 그러나 남성은 자신이 말하고 있다고 여기는 것보다 훨씬 더 많은 것을 여성이 들을 수 있다는 사실을 깨닫지 못한다. 여성들은 사람의 성격을 더 잘 파악한다. 특히 나이가 많은 여성들은 사람의 이름과 얼굴을 더 잘 기억하고, 다른 사람이 선호하는 것에 더욱 민감하다.

남녀의 차이는 기억력에 있어서도 두드러진다. 여성은 짧은 기간 동안일 수 있지만 별다른 관계가 없는 임의의 정보도 기억 속에 저장할 수 있다. 그러나 남성은 정보 체계가 일관적인 형태로 조직되어 있어서 자신과 구체적으로 관계가 있지 않는 한 기억 속에 잘 저장하지 못한다.

남성은 자기중심적이라고 가정해 보자. 그렇다면 새로울 것이 무엇인가? 새로운 것은 남녀의 차이에 대한 이야기가 과학적인 근거를 갖는 일이다. 그러나 그러한 정치적 동기나 유행에 따르는 견해는 늘 공격을 받아 왔다.

뇌가 결정하는 인생

많은 사람들은 앞으로 보여주게 될 남녀의 차이에 대한 세밀한 생물학적 설명을 받아들이지 않을지도 모른다. 그렇더라도, '아마 호르몬과 관계가 있을 것 같다'라는 사실 정도는 받아들일 준비가 되어 있을 것이다.

그러나 그 같은 사실은 절반 정도밖에는 합당하지 않다. 앞으로 살펴보겠지만, 호르몬은 자궁에서 뇌가 성장함에 따라 남성의 형태를 가질 것인지 혹은 여성의 형태를 가질 것인지 결정하는 역할을 한다. 수정 이후 처음 몇 주 동안은 성별이 구분되지 않는다. 몇 주 후에야 자궁 속에서 뇌의 구조와 조직이 남성 혹은 여성의 형태를 띠게 되는 것이다. 유아기와 청소년기, 성인기를 거치면서 뇌 조직은 호르몬과 미묘한 상호작용을 하면서 개인의 태도와 행동, 지적 및 정서적 기능에 근본적인 영향을 미친다. 뇌의 신비에 대해 연구하는 많은 신경과학자와 연구자들은 미국의 신경과학자 리처드 레스탁Richard Restak 처럼 자신 있게 남녀의 차이를 주장할 수 있게 되었다.

뇌에 있어서 남성과 여성의 차이가 존재한다는 것을 더 이상 부인하는 것은 이제 비현실적인 이야기가 되었다. 남성과 여성의 신체가 서로 다른 것과 마찬가지로 뇌의 기능에 있어서도 커다란 차이가 있다.

뇌 구조는 우리가 생각하고, 배우고, 보고, 듣고, 느끼고, 의사 전달을 하고, 사랑하고, 성적인 관계를 갖고, 싸우고, 성공하거나 실패하는 방식을 결정한다. 인간의 뇌가 어떻게 만들어졌는지 이해하는 것은 결코 가벼운 문제가 아니다.

유아는 성별에 따라 적절한 행동을 그려 넣을 수 있는 '백지'가 아니다. 유아는 '남성' 또는 '여성'의 마음을 가지고 태어난다. 태아는 이미 자궁 속에서 글자 그대로 '마음'을 결정하고 있다.

　최근에 각각 독립적이면서도 같은 방향을 향하고 있는 두 가지 과학적 진보를 통해 남녀의 차이를 이해할 수 있는 새로운 틀이 형성되었다. 첫째는 뇌의 기능에 대한 이해의 커다란 진전이다. 그리고 둘째는 생물학적으로나 행동상으로 우리가 어떻게 남성이나 여성이 되는지에 대한 새로운 발견이다.

제2장

자궁 속에서 던져진 주사위

Brain
Sex

Brain
Sex
_____

뇌의 결정적 시기

임신 이후 6~7주가 되면 태아의 '마음'이 결정되고, 뇌는 남성 혹은 여성의 형태를 띠기 시작한다. 어두운 자궁 속에서 결정적 시기에 일어나는 일들이 뇌의 구조 및 조직을 형성하면서 차례로 마음의 본성을 규정 짓는다. 이것은 탄생과 삶에 대한 가장 놀라운 사실 중의 하나로, 아직까지 알려지지 않은 부분도 많다. 하지만 과학자들의 끈질긴 노력의 결과로 마침내 전체의 모습이 서서히 드러나기 시작했다.

우리는 그동안 이런 과정에 대해 부분적으로는 알고 있었다. 인간의 고유한 특성이 기호화된 청사진을 지닌 유전자가 우리를 남성이나 여성으로 만든다는 것은 이미 잘 알려진 사실이다. 남성과 여성은 몸의 아주 미세한 세포까지 모두 다르다. 왜냐하면 몸의 모든 조직은 남성과 여성에 따라 서로 다른 염색체를 지니고 있기 때문이다.

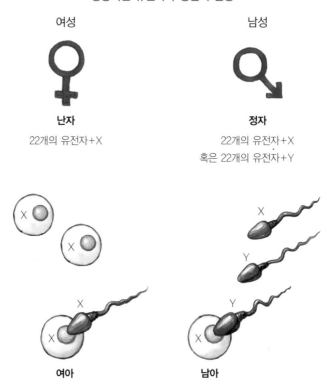

정상적인 유전자와 성별의 결정

여성

난자

22개의 유전자+X

남성

정자

22개의 유전자+X
혹은 22개의 유전자+Y

여아

남아

성별에 관한 청사진은 반이 어머니로부터, 반이 아버지로부터 물려받은 46개의 염색체로 구성되어 있다. 이 가운데 처음 44개의 염색체는 쌍을 이루어 눈동자의 색깔이나 코의 길이와 모양 같은 개인의 신체적 특성을 결정한다. 그러나 나머지 한 쌍의 염색체는 다른 역할을 한다.

어머니는 난자에게 X 염색체를 물려준다. 이 X는 염색체의 대략적

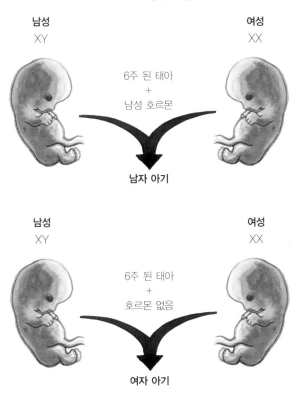

호르몬의 성별 결정

남성
XY

여성
XX

6주 된 태아
+
남성 호르몬

남자 아기

남성
XY

여성
XX

6주 된 태아
+
호르몬 없음

여자 아기

인 모양을 나타낸다. 그리고 만일 수정할 때 아버지도 X 염색체를 물려주게 되면 일반적으로 여자 아기가 탄생한다. 그러나 만일 아버지의 정자가 Y 염색체를 가지고 있으면 일반적으로 남자 아기가 탄생하게 된다.

　그러나 유전자만 아기의 성별을 결정하는 것은 아니다. 성을 결정하는 데 다른 요인인 호르몬이 작용하느냐 그렇지 않느냐가 영향을 미치기 때문이다. 태아의 유전자 형성과 상관없이 남성 호르몬이 존재하는 경우에는 남자가 되고, 남성 호르몬이 존재하지 않는 경우에는 여자가 된다.

이러한 사실은 선천적인 장애를 가진 사람들에 대한 연구를 통해 증명되었다. 어디에서 성장이 잘못되었는지 관찰하는 것으로 과학자들은 정상적인 성장 중에 어떤 일이 발생하는지에 대한 단서를 확보하게 되었다. 이 연구들에 따르면 남성 호르몬이 아이의 성별을 결정하는 데 중대한 요인이 된다. 만일 XX 유전자를 가진 여자 태아가 남성 호르몬에 노출되면 아기는 남자 같은 모습으로 태어난다. 그리고 만일 XY 유전자를 가진 남자 태아가 남성 호르몬에 노출되지 않으면 아기는 여자 같은 모습으로 태어난다.

조그마한 태아는 자궁 속에서 처음 몇 주 동안 성별을 가진 것처럼 보이지 않는다. 그러나 남자나 여자로 발달하기 위해 필요한 정관 흔적vestigial ducts과 신경로tracts 등은 가지고 있다. 몇 주가 더 지나면 유전자는 신호를 전달하기 시작한다. 모든 과정이 정상적으로 XY의 청사진에 따라 진행되면 염색체는 생식샘gonads을 고환testes으로 발달시키는 작업을 시작한다.

6주 정도 되었을 때 태아의 성별이 최종적으로 결정된다. 남자 태아는 안드로겐이라는 남성 호르몬, 특히 테스토스테론을 만드는 특수한 세포들이 발달한다. 이 남성 호르몬은 신체가 남성의 성기를 발달시키도록 촉진한다. 같은 기간에 XX 유전자를 지닌 여자 태아는 여성 생식기가 발달하게 된다. 남성 호르몬이 많이 분비되지 않기 때문에 태아는 여자 아기로 성장한다.

6주가 된 태아는 겉으로 봤을 때 남자인지 여자인지 분간할 수 없다. 이처럼 태아의 뇌도 특정 성별의 특성을 가질 때까지는 다소 시간이 걸린다. 만일 태아가 유전적으로 여자라면 뇌의 기본 조직에 큰 변화가 없다. 일반적으로 뇌의 선천적인 주형은 여성인 것으로 보인다. 따라서 여자 태아는 자연스럽게 여자 아기로 성장하는 것이다.

남성의 경우는 좀 다르다. 남성이 되려면 남성 호르몬이 있어야 하듯이, 타고난 여성의 뇌 구조를 남성의 형태로 바꾸기 위해서는 극적인 변화가 필요하다. 문자 그대로 이 '마음을 바꾸는 과정'은 다른 신체적 변화와 마찬가지로 호르몬의 작용에 의해 이루어진다.

자연의 섭리가 태아의 생식기를 발달시키는 일에 이러한 우선순위를 둔 이유에 대해서 사람들은 궁금증을 느꼈다. 결국 몇 년이 더 지날 때까지 생식기가 완전히 발달하지 않을 것이기 때문이다. 그런데 이에 대한 답은 생식기의 발달 자체가 목적이 아니라는 데 있었다. 일단 생식기가 형태를 갖추기 시작하면 뇌의 발달에 결정적으로 중요한 남성 호르몬을 분비하는 것이다.

남자 태아는 뇌가 형태를 갖추기 시작할 무렵 엄청난 양의 남성 호르몬에 노출된다. 이때 남성 호르몬의 양은 유아기와 아동기에 걸쳐서 나오는 양의 4배나 된다. 남성으로 성장하는 과정 중에는 각 단계가 끝날 때마다 남성 호르몬이 다량으로 분비된다. 성적인 발달이 최고조에 이르는 청소년기와 뇌가 형태를 잡기 시작하는 임신 후 6주가 그 대표적 시기다.

그러나 다른 신체 부위의 발달과 마찬가지로 태아의 발달 과정에도 문제가 생길 수 있다. 남성 호르몬이 태아의 생식기를 발달시킬 수는 있으나, 태아의 뇌가 남성의 구조를 갖도록 하기에는 부족한 경우가 그 예다. 이런 경우 태아의 뇌는 여성으로 남기 때문에 남자의 몸에 여자의 뇌를 가진 채로 태어나게 된다. 이와 마찬가지로 여자 태아가 자궁 속에서 많은 양의 남성 호르몬에 노출되는 경우가 있다. 그러면 태아는 여자의 몸에 남자의 뇌를 가진 채로 태어난다. 어떻게 해서 이런 일이 발생할 수 있는지에 대해서는 뒤에서 다루도록 하겠다.

얼마 전까지도 이 같은 주장은 단지 가설에 불과했다. 그러나 이제는 거의 모든 뇌 전문가와 신경과학자들이 이 연구 결과를 받아들이고 있다. 그러나 과학자가 아닌 대부분의 사람들은 생명의 탄생에 대한 이러한 근본적인 사실을 잘 모르고 있다. 만일 뇌가 다르게 조직된다는 사실을 모르면 사람들은 당연히 남녀의 차이를 인정하기 어렵거나 이해하기 힘들 것이다.

뇌를 만드는 호르몬

그러면 과학자들은 뇌가 자궁 속에서 성별을 결정한다는 사실을 어떻게 알게 되었을까? 자궁 속에서 비정상적인 양의 호르몬에 노출된 아이들과 동물에 대한 실험을 통해 그 원인이 발견되었다.

쥐는 인간에게 많은 해를 끼치기도 하지만 어떤 면에서는 그것을 만회할 만한 장점을 갖고 있다. 바로 실험에 적합한 이상적인 생물이라는 것이다. 쥐는 인간과 마찬가지로 유전자와 호르몬,중추신경계를 갖고 있다. 특히 중요한 점은 인간과는 달리 자궁 속에서 뇌가 발달하는 것이 아니라 출생 이후에 뇌의 형태가 결정된다는 것이다. 따라서 뇌의 발달 과정에서 무슨 일이 어떻게 일어나는지 관찰하기가 쉬울 뿐만 아니라, 그 과정을 통제하는 것도 가능하다.

수컷 쥐는 대략 7주 정도가 된 인간의 태아와 비슷한 발달 단계에 있는 뇌를 가지고 태어난다. 이때 생식기를 거세하면 쥐는 마치 암컷 쥐와 같은 상태가 된다. 그리고 쥐도 자신이 암컷이라고 생각하게 된다. 중성이 된 쥐가 자라면 다른 수컷 쥐보다 훨씬 덜 공격적이며, 적어도 쥐의 기준에서 봤을 때에는 더 '사회적인' 존재가 된다. 그래서 마치 엄마 쥐처럼 다른 쥐의 털을 다듬고 핥아 준다.

그런데 이보다 더 늦게 거세를 하면 쥐의 행동은 덜 여성적인 특성을 지닌다. 왜냐하면 뇌가 남성 호르몬에 노출될 기회가 더 많아져서 보다 남성적인 형태를 갖기 때문이다. 그러나 뇌의 발달 과정에서 결정적인 시기가 지나면 아무리 많은 양의 남성 호르몬에 노출시켜도 수컷 쥐는 원래의 남성성을 되찾을 수 없게 된다. 뇌 발달의 결정적 시기에 생식기를 제거당함으로써 뇌를 남성의 형태로 만들어주는 남성 호르몬이 분비되지 않았기 때문이다.

중성의 쥐가 어른이 되었을 때 여성 호르몬을 주입하면 수컷 쥐 앞에서 등을 구부리는 암컷의 전형적이며 복종적인 성적 행동을 보인다. 수컷 쥐이기는 하지만 암컷의 뇌를 갖고 있는 것이다.

반대의 실험을 할 수도 있다. 역시 특정 성별의 형태를 지니지 않은 뇌를 가진 새로 태어난 암컷 쥐에 남성 호르몬을 주입하면 뇌세포가 다량의 남성 호르몬에 노출되어 수컷처럼 성적으로 흥분하는 쥐로 성장한다. 쥐는 보다 공격적이며 다른 암컷 쥐를 올라타려는 행동을 보인다. 그러나 쥐에 여성 호르몬을 주입했을 때는 아무런 일도 일어나지 않는다.

이제 호르몬과 아직 형태를 갖추지 않은 뇌 사이의 결정적인 상호작용에 대한 전체적인 윤곽이 나타나고 있다. 발달 중인 남성의 뇌는 남성의 형태로 조직되기 위해서, 즉 남성적 행동을 보이기 위해서 남성 호르몬이 필요하다. 뇌의 발달 과정 중에 남성 호르몬이 없을 때만 원래의 여성의 형태를 유지한다. 정상적으로 발달한 여성의 뇌는 이후에 남성 호르몬을 주입해도 영향을 받지 않고, 정상적인 남성의 뇌 또한 여성 호르몬에 노출되어도 행동이 변화되지 않는다. 일단 뇌가 남성이나 여성의 구조를 갖게 되면 다른 성호르몬을 주입해도 영향을 받지 않는다.

호르몬과 인간의 행동 사이에 관계가 있다는 것을 발견한 후, 다음 단계는 뇌의 구조에서 차이가 있는지 살펴보는 일이다.

남녀의 뇌에 차이가 있는지 알아보기 위해 우선 성적 행위를 관장하는 부분부터 조사했다. 이 부분을 시상하부hypothalamus라고 부르는데, 현미경으로 관찰해야 볼 수 있지만 분명히 차이가 있는 것으로 나타났다. 수컷과 암컷 쥐 사이에 시상하부의 구조 및 세포의 형태가 확연히 달랐다.

과학자들은 남성과 여성의 뇌에서 신경세포망의 구조 차이를 관찰할 수 있었다. 신경세포가 연결되는 부분의 길이와 세포망의 형태, 호르몬의 화학 전달 물질이 뇌의 각 부분에 이르는 경로 등이 서로 달랐다. 수컷 쥐의 신경세포 줄기가 훨씬 조밀했는데 어떤 신경세포핵은 암컷보다 8배나 더 컸다.

과학자들은 쥐의 뇌에서 아주 중요한 부분인 시상하부를 다시 바꾸어 만들 수 있는지 호기심이 생겼다. 그들은 결정적 시기에 호르몬을 조절하면 남성은 여성, 여성은 남성의 행동을 보이게 할 수 있다는 것을 알고 있었다. 그런데 같은 방식으로 호르몬을 조절하면 뇌의 구조 자체도 바꿀 수 있다는 사실을 새롭게 알게 되었다. 성장 중인 수컷 쥐의 남성 호르몬을 제거하면 시상하부가 암컷의 형태를 갖게 되었고, 암컷 쥐에게 남성 호르몬을 주입하면 시상하부가 수컷의 형태를 갖게 되었던 것이다.

이후의 연구에서 남녀 뇌의 구조에 또 다른 차이가 발견되었다. 대뇌피질cerebral cortex은 뇌의 양반구를 감싸고 있는 외피와 같은 부분이다. 대뇌피질에는 비교적 복잡한 행동을 관장하는 중추들이 위치하고 있는데, 오른쪽 부분은 남성이 여성보다 더 두껍고 왼쪽 부분은 여성이 남성보다 더 두꺼웠다. 그리고 결정적 시기에 호르몬을 조절하면 이러한 형태 또한 반대로 바뀔 수 있었다.

남성 호르몬은 두뇌 세포망의 구조를 변형시킨다. 남성 호르몬이 있는 경우에는 남성의 형태를 갖게 되고, 남성 호르몬이 없는 경우에는 여성의 형태를 갖게 된다. 행동과 호르몬 그리고 뇌의 구조 사이에 적어도 어떤 연관 관계가 있다는 사실이 발견되면서 실험으로 증명된 것이다.

쥐 외에 다른 종에 속하는 동물에서도 이 과정이 분명히 나타나는 예가 있다. 새 중에서 수컷은 울지만 암컷은 울지 않는 새가 있다. 여기서 우는 능력은 남성 호르몬이 있는지 없는지로 결정된다는 것을 보여줄 수 있다. 암컷 푸른머리되새chaffinches와 암컷 카나리아canaries는 남성 호르몬인 테스토스테론을 주입하면 울 수 있게 된다. 여기서도 뇌의 세포망을 현미경으로 관찰하면 차이가 나타난다. 암컷의 뇌에는 울 수 있게 해주는 세포 간의 연결 부분, 즉 뉴런neuron이 없다. 그러나 남성 호르몬에 노출되면 암컷 푸른머리되새는 뉴런과 함께 울 수 있는 능력을 얻게 된다.

남녀의 차이에 대한 연구에서 많은 공을 세운 도린 기무라 교수에 의하면 뇌도 하나의 '성기sex organ'라고 할 수 있다.

동물 뇌의 성별과 행동을 결정하는 호르몬의 힘을 정확하게 보여주는 증거들은 많이 있다. 동물의 태아가 자궁 속에 있을 때 뇌 발달의 여러 단계에서 호르몬을 조절하면 특정 행동에 어떠한 영향을 미치는지 실험으로 증명된 것이다.

이 같은 실험에는 붉은털원숭이rhesus monkey가 적합하다. 왜냐하면 신경계가 인간과 비슷할 뿐만 아니라, 암컷들은 인간과 마찬가지로 28일의 월경 주기를 갖고 있기 때문이다.

원숭이를 연구하는 학자가 아니더라도 수컷 붉은털원숭이는 쉽게 감별할 수 있다. 암컷보다 더 거칠고 장난을 즐긴다. 그런가 하면 비슷한 연령의 암컷 원숭이나 어미 원숭이를 올라타는 행동을 더 자주 보인다.

과학자들은 임신한 어미 원숭이에게 인간과 마찬가지로 뇌의 형태가 조직되는 시기에 맞추어 남성 호르몬을 주입함으로써 새끼 원숭이의 행동을 근본적으로 바꿀 수 있었다.

남성 호르몬에 노출된 암컷 새끼들은 수컷처럼 대담한 행동을 보이게 된다. 흥미롭게도 임신 중 다양한 시기에 호르몬을 주입함으로써 수컷의 특정한 행동이 나타나게 할 수 있다. 암컷이 같은 연령의 원숭이는 올라타지만 어미 원숭이는 올라타지 않게 할 수도 있고, 장난을 칠 때는 공격적이지만 다른 원숭이들을 올라타지는 않게 만들 수도 있다. 다시 말해서 수컷의 행동이 단 한 번에 극적으로 형성되지 않는다는 얘기다. 뇌의 여러 부분에 걸친 형태와 기능을 호르몬이 시간을 두고 조금씩 변화시키면서 점차적으로 일어나는 것이다.

발달 중인 동물의 뇌에 호르몬을 주입하면 구조가 변형되고, 구조가 변형되면 행동에 차이가 나타난다.

그렇다면 이것은 우리에게 무엇을 말하고 있는가? 신경의학자 고스키Gorski. R. A 교수는 이렇게 지적한다.

설치류에서 영장류까지 수컷과 암컷 포유류의 뇌는 호르몬에 따라 신경 전달 물질의 양과 신경세포의 연결, 세포 및 세포핵의 크기에서 차이를 보인다. 이것은 인간의 뇌도 성별에 따라 구조와 기능의 차이를 보일 것이라는 바를 강하게 암시한다.

과학적으로 보았을 때 다른 동물에 대해 얻은 지식으로부터 인간의 특성을 유추하는 데는 신중을 기해야 한다. 그러나 인간은 행동에 있어서 다른 동물들과 유사한 점을 많이 보이고, 남자와 여자 아이의 활동에서 드러나는 차이가 다른 종에서 유사하게 나타나는 경우도 많다. 수컷 쥐만 공격적인 장난을 즐기거나 암컷 원숭이만 새끼 돌보는 일을 좋아하는 것은 아니다. 역으로 남성만 여성보다 지도를 더 잘 읽는 것도 아니다. 수컷 쥐 또한 미로에서 길 찾는 것을 더 잘한다.

뇌가 뒤바뀐 남녀

호기심으로 남녀에 대한 연구가 이루어졌던 초기에는 생물학적 특성이 우리의 행동과 태도에 미치는 영향이 상대적으로 적을 것이라는 생각이 보편적이었다. 우리는 남성도 여성도 아닌 백지와 같은 상태로 태어나고, 부모와 교사 그리고 사회가 인간에 대해 품는 기대치가 그것을 채울 것이라고 가정했다. 물론 우리 대부분의 마음과 신체 그리고 사회의 기대는 완전히 결합되어 있기 때문에 그것들을 따로 떼어서 생각하기는 어렵다. 그러나 오늘날 사회적 조건만으로 우리 마음의 성별이 결정되지 않는다는 것을 보여주는 증거는 수백 가지나 있다.

이런 사례 가운데 다수는 남성의 몸속에 여성의 마음이 있거나 여성의 몸속에 남성의 마음이 있는 경우들이다.

제인Jane의 사례

제인은 3명의 아이를 가진 행복한 가정의 엄마다. 그러나 그녀가 태어났을 때 의사들은 몹시 당혹스러웠다. 그녀는 완전히 발달되지 않은, 남성의 것도 여성의 것도 아닌 애매한 생식기를 가지고 있었다. 의사들은 혼란스러워서 유전자 검사를 해보았다. 제인은 XX 유전자를 가졌기 때문에 분명히 여자였다. 그래서 그녀는 수술을 받은 후 전형적인 여자 아이로 길러졌다.

그러나 제인은 결코 전형적인 여자가 아니었다. 어린 시절 그녀는 확실히 거칠게 놀았고 힘도 셌으며, 특히 야외에서 벌이는 신체적 활동을 좋아했다. 그리고 여자 아이보다 남자 아이들과 더 잘 어울렸으며, 인형을 가지고 놀기보다는 오빠의 장난감 자동차나 블록을 가지고 노는 것을 더 좋아했다. 학교 수업에서 그녀는 읽기와 쓰기 능력이 다른 여자 아이보다 뒤쳐져 있었으며 자주 싸움을 하기도 했다.

10대일 때 제인은 사촌누이의 결혼식에 들러리가 되는 것을 거부했다. 그리고 아기에 대해 관심을 보이지도 않았다. 자매들 가운데 유일하게 아기 돌보는 것을 거부했고 여자 옷은 절대로 입지 않으려고 했다.

결혼할 당시 제인은 결혼에 대해서 별로 낭만적이지 않은 아주 소박한 견해를 가지고 있었다. 그녀는 남편을 '가장 친한 친구'라고 생각했고, 아이를 가졌을 때는 가정과 직장에 균등하게 힘을 쏟으려고 노력했다. 그녀의 취미는 강한 체력과 정확한 방향 감각을 요구하는 야외 경기인 오리엔티어링orienteering이었다. 지도와 컴퍼스를 사용해서 정해진 지점을 빠른 시간 안에 찾아가는 경기 말이다.

비록 같은 환경에서 자랐지만 제인의 동생은 그녀와 닮은 점이 전혀 없었다.

그랬던 제인을 현재의 제인으로 만든 것은 무엇일까?

의사들이 그녀가 아기일 때 가졌던 문제들을 점검하던 중 신장의 부신(adrenal gland, 사람의 콩팥 위에 있는 한 쌍의 내분비 기관—역주)이 정상적이지 않다는 것을 발견했다. 이른바 부신성기증후군(adrenogenital syndrome, 부신피질이 항진되어 남성 호르몬을 지나치게 많이 분비해서 생식기에 이상이 생기는 증상—역주)이라고 불리는 증상 때문에 그녀는 어머니의 자궁 속에 있을 때 남성 호르몬과 유사한 물질을 분비했던 것이다. 이러한 경우 외적으로는 완전히 발달하지 않은 남성의 성기를 갖게 되고, 내적으로는 정상적인 여성의 생식기를 갖게 된다. 수술로 필요하지 않은 남성의 성기는 제거할 수 있으나 뇌에 미친 영향은 돌이킬 수가 없다. 자궁 속에 있을 때 발달 중이었던 제인의 뇌가 남성 호르몬에 노출되어 남성의 형태로 발달하도록 '지시'를 받은 것이다.

제인은 여성의 몸에 남성의 뇌를 가졌다. 그러므로 그녀는 아기를 가질 수는 있었으나 여성처럼 행동할 수는 없었고, 자신이 여성인 것처럼 느끼지도 않았다.

때때로 비정상적인 신장 때문에 남성 호르몬이 아주 많이 분비되면 유전적으로 여성(xx)인 아기도 남성의 성기를 가진 채로 태어나게 된다. 자연스럽게 그런 아기들은 남자로 길러진다. 사춘기에 이르러 소년이 성인 남성으로 성장하지 못하는 것을 깨닫게 되어서야 비로소 의사를 찾아가게 되고, 유전적으로 소년은 여성이라는 사실을 알게 된다.

이런 경우 부모는 대개 남성 호르몬을 보충하는 치료를 선택해 소년은 성인이 될 수 있다. 소년은 나중에 결혼을 할 수는 있으나 아기를 가질 수는 없다. 유전적으로는 여성이기 때문에 당연히 정자를 생산하지 않아 아버지가 되지 못하는 것이다.

그러나 유전자와 관계없이 그는 항상 남성의 마음을 갖게 된다. 남성 호르몬의 비정상적인 노출은 여자 아이가 될 사람을 남자로 만든다. 성기의 발달에 영향을 끼칠 뿐만 아니라, 태아의 뇌가 남성의 형태를 갖도록 만든 것이다.

여자 아이들과 마찬가지로 이러한 아이들은 마음을 결정 짓는 안드로겐 호르몬에 과다하게 노출되어 이미 뇌가 자궁 속에서 남성의 형태를 띠게 된다.

이 같은 증거들은 뇌의 성별이 정도의 문제라는 사실을 알려준다. 태아가 남성 호르몬에 많이 노출될수록 남성적인 행동을 더 보일 것이고, 반대로 남성 호르몬의 양이 적을수록 더 여성적인 행동을 보일 것이다.

2개의 XX 여성 염색체 중 하나가 없는 여성에게서도 이에 대한 증거를 찾을 수 있다. 이 같은 여성의 유전자는 XO로서, 이러한 증상은 터너증후군Turner's syndrome으로 알려져 있다. 이 증상을 가진 여성은 과도하게 여성적인 행동을 보인다. 정상적인 여자 태아의 난소는 미량의 남성 호르몬을 분비하지만, 터너증후군을 가진 태아에게는 난소가 없기 때문에 발달 중인 뇌에 남성 호르몬이 전혀 이르지 않는다. 그래서 뇌가 완전한 여성의 형태를 유지하는 것이다.

캐롤린Caroline의 사례

캐롤린은 터너증후군을 앓고 있다. 이 증상을 가진 대부분의 여자 아이들과 마찬가지로 그녀도 아이일 때 지나치게 여성적인 행동을 보였다. 그녀는 오로지 인형만 가지고 놀았고, 10대 때에는 어머니를 흉내내고 집안일 돌보는 것을 좋아했다. 그리고 언제나 아이 돌보는 일에 첫 번째로 지원했다. 좀더 성장했을 때의 그녀는 예쁜 옷과 화장, 겉모습 치장에 몰두했다. 지나치게 낭만적이어서 언제나 결혼하기를 갈망하고 무척이나 아기를 갖고 싶어했다. 그러나 애석하게도 그녀는 아기를 가질 수가 없었다. 지적인 측면에 대해 살펴보았을 때, 그녀는 언어지능 검사에서는 평균적인 여성의 점수를 보였으나 수학과 공간지각 능력검사에서는 보통 여자 아이들보다 훨씬 낮은 점수를 받았다. 그녀는 방향 감각이 거의 없었기 때문에 학교로 가는 길과 집으로 돌아오는 길을 익히는데도 오랜 시간이 걸렸다.

캐롤린의 불균형적인 호르몬은 지나치게 여성적인 뇌를 만들었고,

이에 따라 여성적인 행동과 여성의 마음이 갖는 강점과 약점이 더욱 강화되었다.

호르몬이 인간의 행동에 미치는 영향에 대한 증거는 인공 호르몬의 부작용에 대한 연구에서도 발견되었다. 1950년대와 1960년대에는 여성이 임신하는 일에 어려움이 따를 때 남성 또는 여성 호르몬이 자주 사용되었다. 앞에서 살펴보았던 동물에 대한 실험들과 아주 유사한 상황이라고 할 수 있다.

당뇨병이 있는 예비 임산부들은 자주 유산을 했다. 의사들은 이러한 문제가 당뇨병의 부작용인 여성 호르몬의 부족 때문에 일어난다는 사실을 알게 되었다. 그래서 예비 임산부들에게 합성 여성 호르몬인 디에틸스틸베스트롤diethylstilbestrol을 투여했다. 이러한 치료로 유산의 문제는 해결되었으나 시간이 지남에 따라 다른 증상이 나타난다는 사실이 발견되었다. 호르몬이 예비 임산부들에게서 태어난 남자 아이들의 뇌와 행동에 변화를 준 것이다.

짐Jim의 사례

당뇨병이 있어서 임신 중에 여성 호르몬을 투여받은 어머니들의 16살 된 아이들에 대해 조사한 적이 있는데, 그중 한 명이 짐이다. 짐은 조사 대상이 된 다른 아이들과 마찬가지로 수줍음을 잘 타고 내성적이이었다. 그리고 낮은 자아존중감, 즉 자신이 능력이 있고 성공을 할 수 있으며 가치 있다는 믿음이 부족했다. 그는 자신의 인기도와 영향력, 운동 및 신체 활동 능력이 학급에서 하위 25퍼센트에 속한다고 생각했다. 짐은 이성에 대한 감정은 별로 없었으나 동성에 대한 감정은 약간 있었다. 그는 자위를 할 때 본 적도 없는 누군지 알지 못하는 어떤 알몸의 여자를 떠올렸다.

조사를 하던 중 그의 어머니는 짐의 형인 래리와 짐을 비교했다. 래리를 임신했을 때 그녀는 호르몬 치료를 받은 적이 없었다. 어머니는 짐이 운동을 전혀 하지 못하고, 다른 남자 아이들로부터 겁쟁이라고 놀림을 받는다는 것을 알고 있었다. 다른 아이들에게 잘 덤비지도 못하고, 형인 래리와는 달리 전기나 화학 기구에 대해서도 전혀 관심이 없다고 말했다. 래리와 짐 둘 다 같은 문화적 환경에서 자란 한 가정의 아이들임에도 불구하고 이런 차이가 나타난 것이다.

짐에게 일어난 일은 발달 중이었던 뇌에 여성 호르몬이 주입되면서 여성적인 형태를 갖게 된 경우다. 과학자들은 이 과정에 대해 설명이 가능하다고 본다. 여성 호르몬은 남성 호르몬을 억제하거나 중화하는 작용을 한다. 짐에게 남성의 성기를 발달시킬 수 있을 정도의 남성 호르몬은 있었으나, 주입된 여성 호르몬 때문에 뇌가 남성의 형태로 발달하지 못한 것이다.

임신중독증toxaemia을 앓고 있는 임신부에게는 남성 호르몬이 투여된다. 그런데 이러한 치료는 고통을 덜어 줄 수는 있으나 태어나는 여자 아이에게 영향을 미친다는 사실이 알려졌다. 그렇게 태어난 여자 아이들은 비정상적인 신장의 기능으로 남성 호르몬을 분비했던 제인과 아주 유사한 행동을 보인다. 이들은 여성들이 전형적으로 좋아하는 것들에 대해 거의 관심이 없다.

오하이오에 있는 킨제이 연구소Kinsey Institute 소장인 심리학자 준 레이니시June Reinisch 박사는 "우리는 모두 태어나기 전의 화학적 발달에 의해 특성이 결정된다"고 말한다. 레이니시 박사는 남자 같은 여자 아이들이나 지나치게 옷과 인형, 아기에 몰두하는 남자 아이들, 동성의 다른 아이들보다 수학 점수가 높은 여자 아이들, 그리고 덜 공격적이고 내성적이며 운동을 잘 못하지만 집단을 위해 기꺼이 동료들과 협동하면서 자신을 희생하는 남자 아이들의 특성을 화학물질의 종류와 양, 주입 시기로 설명할 수 있다고 본다.

뇌에서 시작되는 성정체성

이 모든 사실들은 쉽게 받아들이기 힘든 암시적인 의미를 갖고 있다. 만일 호르몬의 영향이 이 정도로 강하다면 이제 우리는 어떻게 해야 할까? 아직 태어나지 않은 아이들의 뇌에 대해 그동안 무엇을 했고, 무엇을 하고 있고, 무엇을 할 수 있는 것인가? 우리는 호르몬의 조절을 통해 우리의 모습과 행동, 사고방식을 변화시킬 수도 있다. 출생 이전에 마인드 컨트롤을 하는 사회공학(social engineering, 사회행동에 대한 과학적 연구의 결과를 활용하여 실제 사회생활에서 당면하는 여러 문제를 해결하고자 하는 학문—역주)이 성행하기 바로 직전의 시점에 와 있다.

만일 우리가 남성과 여성의 현재 모습에 불만족스럽거나 전통적인 성역할이 사라지도록 사회를 바꾸기를 원한다면 얼마든지 가능하다. 남자 아이들에게 뜨개질을 가르치거나 여자 아이들에게 금속 가공을 가르치는 것보다 훨씬 수월한 인위적인 방법이 있다. 그것은 바로 주사기를 사용하는 일이다.

보다 더 직접적인 암시도 있다. 남녀의 차이가 생물학적 특성에 기인한다는 주장은 매우 중요하다. 이는 사회의 기대에 의해 우리가 영향을 받고, 성역할에 대한 사회의 편견을 변화시킴으로써 현재 우리의 모습을 바꿀 수 있다고 보는 일반적인 견해에 직격탄을 날린다. 여성 운동가들, 그리고 자신에게 주어진 사회적 역할에 불만을 가진 남성들은 대체로 우리가 성별과 관계없이 자신의 운명을 결정할 수 있다고 믿는다. 물론 남성과 여성의 뇌에 자유의지가 있을 수 있다. 그러나 그 의지만으로 현재의 모습을 변화시킬 수 있을까? 우리 뇌과학자들은 인간이 자신이 가고자 하는 방향을 바꿀 수는 있으나 생물학적 특성은 결코 변화시킬 수 없다고 본다.

이제 생물학적 특성보다는 사회적 조건과 문화에 의해 마음의 성별이 결정된다고 볼 만한 여지는 더 이상 없다. 화학적 이상 작용 때문에 여성과 같은 생식기를 가지고 태어나며 여자로 길러지는 남자 아이에 대한 연구만 보아도 그렇다.

주안Juan의 사례

주안의 이야기는 주로 뉴기니와 도미니카공화국에서 발견된 사례들 중 하나다.

주안이 태어났을 때 그의 음낭은 여성의 음순과 같은 모양을 가졌고, 그의 음경은 여성의 음핵처럼 안으로 들어가 있었다. 그리고 고환도 복부 아래에 들어가 있어 잘 보이지 않았다. 따라서 여자 아기가 태어난 것으로 간주되었고, 원시사회에서 전형적인 여성의 역할을 따르도록 길러졌다.

그러나 주안이 사춘기가 되었을 때 그의 부모는 주안 본인만큼이나 충격을 받았다. 주안의 목소리가 낮아졌고 고환이 밖으로 드러났으며, 음경도 빠르게 자라기 시작했기 때문이다. 주안이 여자가 아니라는 사실이 분명해진 것이다.

과거의 행동 이론은 성정체성은 아이가 4살 때쯤 완전히 확립된다고 보았다. 그런데 흥미로운 점은 여자 아이로 길러졌음에도 불구하고 주안처럼 여자에서 남자로 변한 아이들은 거의 모두 이르면 12살 때부터 자신의 성정체성에 대해 고민하기 시작한다는 것이다. 그리고 청소년기가 될 무렵 그들의 의심은 더욱 뚜렷하게 드러난다. 그들은 자신이 여자인 것처럼 느껴지지 않고 남자 옷으로 바꿔 입으며, 여자 아이들과 사랑에 빠진다.

그들이 자란 환경에는 자신이 남자 같다는 느낌이 어떤 것인지에 대한 단서가 전혀 없다. 그리고 엄격한 사회 규율에 따라 자신에게 주어진 성정체성에 충실해야만 한다. 그러나 그들은 마음속 깊이 자신이 여자가 아니라는 것을 알고 있다. 그리고 그 생각은 실제로도 옳다.

우리는 이제 자궁 속에서 태아에게 특정한 남성성을 갖게 만드는 여러 종류의 남성 호르몬이 있다는 사실을 알게 되었다. 앞의 사례에 나왔던 아이들은 남성의 성기를 돌출시키는 호르몬을 갖고는 있었으나 매우 적은 양이었기 때문에 사춘기가 될 때까지 음경과 고환이 안으로 들어가 있었다. 그러나 뇌의 성별을 결정하는 남성 호르몬은 자궁 속에 적절히 있었으므로 그들의 뇌는 남성적인 형태로 발달했다. 청소년기에 왕성하게 호르몬이 분비되고, 그 호르몬이 남성적인 마음과 접촉하면서 아이들의 뇌는 자신이 남성에 속한다는 사실을 인지하도록 만들었다. 그러나 아이들은 사회가 여성으로 간주하는 몸 안에 갇혀 있었다. 이는 결국 생물학적 특성이 사회적 조건화보다 우위에 있음을 의미한다.

남성의 뇌를 가질 것인지, 아니면 여성의 뇌를 가질 것인지는 유전자에 의해 결정되지 않는다. 우리는 유전자가 남성인 사람이 어떻게 여성의 마음을 가질 수 있는지, 혹은 이와 반대로 유전자가 여성인 사람이 어떻게 남성의 마음을 가질 수 있는지에 대해 살펴보았다. 결국 신체가 발달하는 과정에서 분비되거나 자궁 속에서 태아를 둘러싸고 있는 호르몬에 의해 뇌의 성별이 결정되는 것이다. 중요한 문제는 태아가 남성 호르몬에 어느 정도로 노출되는가 하는 점이다. 남성 호르몬에 보다 덜 노출될수록 타고난 여성의 마음이 더 유지된다. 정확히 말해서 호르몬의 농도와 분비되는 시기, 적합성에 의해 마음이 결정된다. 주사위는 자궁 속에서 던져진다. 이때 마음은 정해지고, 신체와 사회적 기대는 단순히 이를 보충하는 역할만 담당한다.

과학자들은 인간과 동물의 뇌가 성장하는 도중에 신경세포가 결정적으로 발달하는 시기가 있는데, 이 과정에서 남성 호르몬이 영향을 미친다고 결론 내렸다. 신경학자 로시Rossi. A. S 교수는 다음과 같이 말했다.

"이 결정적 시기에 호르몬이 미치는 영향은 성을 구별하는 데 매우 중요하다. 왜냐하면 뇌세포들이 출생 이후에는 쉽게 바뀌지 않는 구조를 갖게 되기 때문이다."

신경과학자들은 호르몬이 조직적으로 신경망에 영향을 미치기 때문에 출생 당시의 '남성의 뇌' 또는 '여성의 뇌'에 대해 언급한다.

만일 호르몬이 행동과 태도, 외적인 모습에 미치는 영향이 이렇게 크다면 그것은 우리의 성적 취향까지도 결정하는 것일까? 답은 '그렇다'이다. 그 이유에 대한 설명은 매우 흥미롭기 때문에 다른 장에서 더 다루도록 하겠다. 지금으로서는 임신 중에 복용한 약이 태아의 뇌 발달에 나쁜 영향을 줄 수 있듯이, 자궁 속의 화학적 불균형이 태아가 성인이 되었을 때의 성적 취향을 변화시킬 수 있다는 점을 인식하는 정도로 충분하다. 우리는 동성애를 하는 쥐와 원숭이를 만들 수 있다고 생각한다. 어떤 과학자들은 인간이 출생 이전에 동성애자가 되지 않게 하는 방법을 알고 있다고 주장하기도 한다.

물론 뇌 구조의 형태가 성적 취향에만 영향을 주는 것은 아니다. 그것은 우리를 남성이나 여성으로 만들기도 하고, 우리가 서로 다른 태도와 반응, 자신과 타인에 대한 감정, 우선시하는 가치를 갖게 하기도 한다. 여러 시대에 걸쳐 시인이나 작가, 아니면 일반인들이 특별한 과학적 지식 없이 이야기해 온 수백 가지의 차이점들 모두에 대해 영향을 미치는 것이다.

뇌 구조는 남녀가 어떻게, 그리고 왜 서로 다른 방식으로 사고하는지 설명해 준다. 그러나 이것을 이해하기에 앞서 남녀의 뇌가 갖는 서로 다른 메커니즘에 관해 좀더 자세히 살펴볼 필요가 있다.

제3장

베일 벗은 뇌 구조

Brain
SeX

Brain
Sex
_____

우뇌와 좌뇌의 기능

우리가 어떤 존재인지, 그리고 어떻게 행동하고 생각하며 느끼는지를 관장하는 것은 심장이 아니라 뇌다. 이미 살펴보았듯이 뇌는 구조와 기능에서 호르몬의 영향을 받는다. 남녀 간의 뇌 구조와 호르몬이 다르다는 점을 알았다면 남녀가 서로 다른 방식으로 행동을 해도 별로 놀랄 만한 일이 아니다. 뇌 구조와 호르몬, 그리고 우리의 행동 사이의 관계를 정확히 이해한다면 인류를 오랫동안 괴롭혀 왔던 질문들에 대한 해답을 찾아낼 수 있을지도 모른다. 우리는 바로 이것을 이해하기 시작했다.

첫 번째 단계는 호르몬이 뇌에 이중의 영향을 미친다는 사실의 발견이다. 자궁 속에서 뇌가 발달 중에 있을 때, 호르몬은 신경망이 조직되는 방식을 통제한다. 그리고 이후에 사춘기가 되었을 무렵 호르몬은 다시 뇌에 접촉하여 이전에 형성한 신경망에 신호를 보낸다. 이러한 작용은 마치 사진을 인화하는 과정과 같다. 자궁 속에서 음화(negative, 피사체와 반대의 명암을 가지는 사진의 화상―역주)가 만들어지면, 청소년기에 화학물질이 돌아와야만 그것을 사진으로 인화할 수 있게 된다. 인간 행동의 차이는 결국 호르몬과 뇌 사이의 상호작용에 의해 결정된다.

다음 단계는 남녀 행동의 차이가 뇌 구조의 차이를 반영하는 것인지 알아보는 데 있다. 만일 이것이 증명된다면 호르몬과 뇌, 그리고 인간의 행동은 논쟁의 여지가 없는 관계를 갖게 되기 때문이다.

이러한 작업은 결코 쉬운 것이 아니었다. 신체기관 중에서 가장 정밀한 뇌에 관해 우리가 지금까지 갖고 있던 지식은 기초적인 수준에 불과했다. 뇌는 두개골에 둘러싸여 있으며, 마치 커다란 호두처럼 생긴 1.36킬로그램 정도의 무게를 지닌 조직이다. 여성은 남성보다 뇌가 작으나, 이 차이는 별로 의미가 없다. 다른 동물과 인간을 구별하는 고등사고 과정은 뇌의 양반구를 덮고 있는 1.27센티미터의 두께를 가진 외피인 대뇌피질에서 이루어진다.

뇌는 시대마다 각기 다른 것에 비유되어 왔다. 19세기에는 뇌를 복잡한 직물제조기에 비유했고, 오늘날에는 뇌를 컴퓨터에 비유하고 있다. 새로운 연구 모형은 새로운 가설들을 낳았고, 이 가설들은 다시 반박되었다. 그러한 과정을 거치면서 보다 견고한 이해의 기반이 형성되었고, 많은 학자들이 수용하는 이론들이 나왔다. 오랜 시간에 걸쳐 검증된 주장들이 서서히 축적되고 있는 것이다.

우리는 남녀의 뇌 차이를 살펴보기 전에 인간의 뇌 구조에 대해 먼저 이해할 필요가 있다. 뇌의 각 부분이 남녀 간에 어떻게 다른지 알아야 한다.

뇌의 기능에 대한 초기의 단서들은 뇌에 손상을 입은 사람들의 행동을 관찰함으로써 얻을 수 있었다. 이로부터 뇌의 각 영역이 특정 기능을 통제한다는 사실을 알게 되었다.

좌뇌가 주로 언어 능력과 정보처리 능력을 담당하고 있다는 사실은 이제 널리 알려져 있다. 다시 말하자면 쓰기와 읽기 능력은 뇌의 왼쪽 부분에서 조절한다는 것이다. 좌뇌가 손상되면 언어와 관련된 여러 가지 문제들이 발생한다. 좌뇌는 논리적이고 순차적인 사고 과정을 통제한다.

우뇌는 주로 시각 정보를 담당하고 있으며 공간 능력과 관계가 있다. 우뇌가 손상된 사람은 방향 감각을 잃어서 집으로 가는 길도 찾을 수 없게 된다. 우뇌는 전체적인 그림이나 기본적인 모양 및 패턴을 파악할 수 있게 해준다. 그리고 추상적 사고 과정과 일부의 감정 반응을 통제한다.

이미 알고 있듯이 우뇌는 우리 몸의 왼쪽 부분을 통제하고 좌뇌는 우리 몸의 오른쪽 부분을 통제한다. 좌뇌의 손상은 몸의 오른쪽 부분에 대한 마비를 가져올 수 있다. 그리고 우리가 왼쪽 눈으로 보는 것은 우뇌에서 처리되며 오른쪽 눈으로 보는 것은 좌뇌에서 처리된다.

일반적인 뇌의 구조

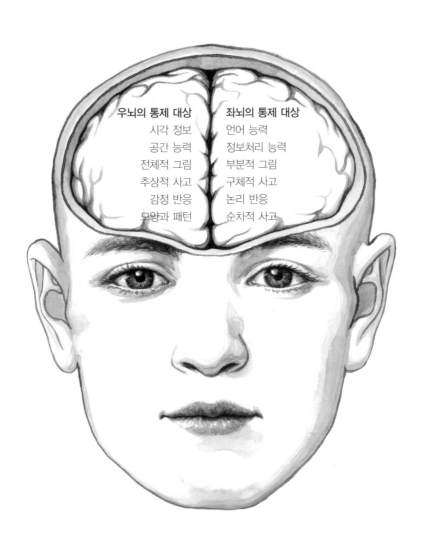

우뇌의 통제 대상
시각 정보
공간 능력
전체적 그림
추상적 사고
감정 반응
모양과 패턴

좌뇌의 통제 대상
언어 능력
정보처리 능력
부분적 그림
구체적 사고
논리 반응
순차적 사고

우뇌와 좌뇌의 역할

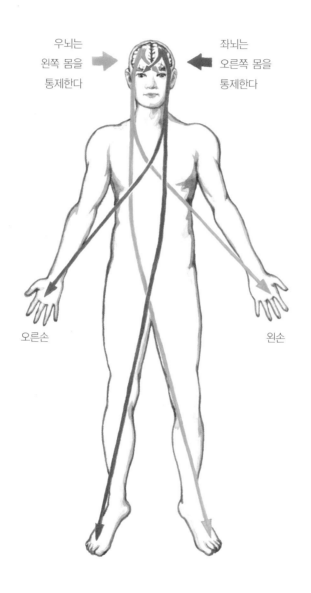

우뇌는
왼쪽 몸을
통제한다

좌뇌는
오른쪽 몸을
통제한다

오른손

왼손

좌우 따로 노는 남자 뇌

뇌의 각 영역이 어떤 기능을 조절하는가와 관련된 초기의 지식은 대부분 전쟁터에서 실험으로 얻어졌다. 과학적 관점에서 이러한 방법은 심각한 약점을 지니고 있었다. 전쟁에 가담하는 사람들이 거의 대부분 남성이기 때문에 여성에 대한 자료를 수집하지 못한다는 점이다. 따라서 초기에는 다른 여러 방면의 연구에서와 마찬가지로, 남성의 뇌에 관한 사실이 여성의 뇌에도 적용될 거라고 가정했다. 결국 여성의 뇌에 대한 연구는 비교적 최근에 이루어졌는데, 연구 결과 남녀의 뇌는 구조와 조직에서 큰 차이가 있다는 사실이 밝혀졌다.

남자와 여자의 뇌에 차이가 있다는 사실에 대한 암시는 이미 40여 년 전에 이루어졌다. 베테스다Bethesda의 메릴랜드연구소Maryland research centre에서 일하던 심리학자 허버트 랜드셀Herbert Landsell은 뇌의 같은 부분에 손상을 당하더라도 남성과 여성이 서로 다른 영향을 받게 된다는 사실을 발견했다. 그는 물체의 모양과 공간을 파악하는 우뇌의 일부분이 제거된 간질병 환자들을 대상으로 실험했다.

그 결과 우뇌에 손상을 입은 남성들은 공간지각 능력검사에서 낮은 점수를 보였으나, 같은 부분에 손상을 입은 여성들에게는 거의 영향이 없는 것으로 나타났다. 남성은 공간지각 능력을 상실했으나 여성에게는 변화가 없었던 것이다.

랜드셀은 언어 능력을 담당하는 좌뇌에 대해서도 실험했다. 이번에도 마찬가지로 좌뇌에 손상을 입은 남성들은 언어 능력을 대부분 상실했으나, 같은 부분에 손상을 입은 여성들은 언어 능력을 거의 대부분 유지하고 있었다. 정확히 같은 부분에 손상을 입었음에도 불구하고 남성은 여성보다 언어 문제를 겪을 가능성이 3배나 더 높았다.

이 연구를 통해 랜드셀은 여성의 언어 및 공간지각 능력이 좌뇌와 우뇌 양쪽 영역에서 통제된다는 결론을 내렸다. 이는 오늘날 모든 학자들이 받아들이고 있다. 반면에 남성의 언어 및 공간 능력은 뇌의 특정 영역에서 각각 담당하고 있다. 즉 우뇌에서는 공간지각 능력을, 좌뇌에서는 언어 능력을 통제하는 것이다. 이 발견은 이후의 많은 연구에서 검증되었다.

여성의 좌뇌와 우뇌 기능의 분화는 보다 덜 분명하다. 좌뇌와 우뇌 모두 언어 및 시각 능력을 담당한다.

이에 반해 남성의 뇌는 더 전문화되어 있다.

남성의 좌뇌는 언어 능력만을 통제하도록 되어 있고, 우뇌는 시각 능력만을 통제하도록 되어 있다. 예를 들어 남성은 추상적인 문제를 다룰 때 우뇌를 사용하지만, 여성은 우뇌와 좌뇌 모두를 사용한다.

남자 아이와 여자 아이들이 종이 한 장으로 어떤 3차원 모형을 만들 수 있는지 알아보는 실험을 했다. 그리고는 과제를 해결할 때 그들의 뇌에서 일어나는 전기적 활동을 측정해 보았다. 그 결과 남자 아이들의 경우에는 우뇌가 지속적으로 활동을 하는 반면, 여자 아이들은 우뇌와 좌뇌 모두 활동하는 것이 밝혀졌다. 남자 아이들은 문제가 왼쪽 눈에만 보이도록 제시되었을 때, 즉 그들의 전문화된 우뇌에만 정보가 주어졌을 때 더 잘 해결했다. 여자 아이들의 경우에는 어떤 눈, 즉 어떤 쪽 뇌에 제시되든지 별 차이가 없었다.

남성들은 시각적 공간지각 능력이 요구되는 예술적 능력에 대한 검사를 할 경우, 우뇌에 손상을 입었을 때 훨씬 낮은 점수를 받았다. 그러나 뇌의 같은 부위에 손상을 입은 여성들은 남성보다 높은 점수를 받았다.

또 한 가지 발견된 사실은 뇌가 여성적일수록 기능은 더 분산된다는 점이다. 터너증후군 연구로부터 이에 대한 증거를 찾을 수 있었다. 앞에서 말했듯이 이 증세를 앓는 여자 아이들은 지나치게 여성적인 행동을 보인다. 그들은 뇌 구조에 있어서도 매우 여성적인 것으로 나타났다. 정상적인 여자 아이들보다 시각 및 언어 능력이 좌뇌와 우뇌에 더 분산되어 있는 것이다.

자궁 속에서 평균보다 더 적은 양의 남성 호르몬에 노출된 남자 아이들도 뇌 기능의 분화에 있어서 여성적인 형태를 지니고 있는 것으로 나타났다.

그리고 새로운 연구를 통해 뇌 구조에서 남녀 간의 차이가 더 복잡한 형태를 띤다는 것을 알게 되었다. 남성과 여성은 좌뇌에서도 서로 다른 구조를 가진다. 심리학자 도린 기무라 교수는 문법이나 철자법, 발성 등 언어의 활용과 관련 있는 뇌의 기능들이 남녀 간에 다르게 조직되어 있음을 발견했다. 이 사실은 다른 과학자들에 의해서도 검증되었다. 남성의 경우에는 이 기능들이 좌뇌의 앞쪽과 뒤쪽에서 조절되는 데 반해, 여성은 이 기능들을 담당하는 부분이 좌뇌의 앞쪽에 더 집중되어 있었다.

남녀의 뇌 구조 차이는 남녀의 사고방식 차이에도 직접적으로 영향이 있는 것으로 알려졌다.

좌우 간섭하는 여자 뇌

뇌 구조가 남녀의 행동 및 능력 차이와 어떤 관계가 있는지 과학자들 사이에도 열띤 논쟁이 이루어지고 있다. 우리 연구자들은 이 분야에 대한 주요 전문가들과 이야기를 나눈 후 다음과 같은 가설에 이르렀다.

기능이 집중되어 있든 분산되어 있든 남녀가 어떤 방면에서 뛰어난 능력을 보이는가 하는 문제는 뇌의 특정 부분이 특정 활동을 담당하도록 얼마나 전문화되어 있는가에 의해 결정되는 것으로 보인다. 남성과 여성은 각각 뇌의 특정 부분에 의해 조절되는 특정 기능에서 보다 뛰어난 능력을 보인다. 그러나 남녀의 뇌에서 서로 다른 부분은 서로 다른 기능을 담당하고 있다. 이것은 뇌 구조가 남성과 여성 모두에게 장점도 되고 단점도 되는 것을 의미한다. 뇌의 기능이 더 전문화되어 있는 남성은 정보가 지나치게 많은 경우에도 쉽게 주의력을 빼앗기지 않는다.

그러나 남성이든 여성이든 인간의 뇌는 너무 많은 정보를 다룰 수는 없다. 우리가 뇌의 능력을 효율적으로 사용하는 데는 한계가 있다. 피아노 연주자들을 대상으로 한 연구에서 서로 다른 두 개의 곡을 각각 한 손씩 사용해 정확히 연주하는 것은 가능했다. 그러나 동시에 콧

노래까지 부르도록 하자 오른손의 정확성이 떨어지고 말았다. 이것은 콧노래를 부르는 것과 오른손의 움직임이 모두 좌뇌에 의해 조절되기 때문이다. 동시에 너무 많은 활동을 하려다 보니 좌뇌에 과부하가 걸려 그 활동들을 효율적으로 수행할 수 없게 된 것이다. 다른 활동들에 대해서도 마찬가지인데, 이것은 남녀의 뇌 구조의 차이가 특정 과제를 효율적으로 수행할 수 있는 정도에도 영향을 미칠 수 있다는 것을 의미한다.

뇌의 성별에 대해 연구하고 있는 산드라 위틀슨Sandra Witleson은 뇌 구조의 차이가 두 가지 활동을 동시에 수행하는 데 있어서 남성에게 이점을 줄 수 있다고 제안한다. 예를 들어 남성은 여성보다 더 수월하게 대화를 나누면서 동시에 지도를 읽을 수 있다. 남성의 경우에는 각각의 활동을 뇌의 서로 다른 부분에서 통제하나, 여성의 경우는 같은 활동을 양쪽의 뇌에서 통제하기 때문이다. 두 가지 활동이 서로 간섭하므로 여성은 대화를 나누는 동시에 지도를 읽는 일에 어려움을 느낀다.

많은 연구자들에 따르면 남성의 공간지각 능력이 더 뛰어난 이유를 뇌 구조로 설명할 수 있다. 여성의 공간지각 능력은 뇌 양쪽에서 통제하는데, 뇌에서 다른 활동을 관장하는 부분과 서로 겹칠 수 있다. 그러면 여성은 뇌의 한 부분으로 두 가지 일을 동시에 수행해야 하므로 공간지각 능력이 더 낮을 수밖에 없다. 그러나 남성은 뇌의 특정 부분에서 공간지각 능력을 통제하기 때문에 수행하는 활동이 서로 간섭할 가능성이 낮아진다.

또 여성들은 추상적인 수학 문제를 해결하는 데 언어기능을 활용한다는 점에서 남성과 다르다. 그러나 이 접근법은 같은 문제를 우뇌의 시각적 능력을 사용해 해결하는 남성에 비해 효과적이지 않다. 그와 같은 종류의 문제는 좌뇌보다 우뇌를 사용해야 더 빠르고 쉽게 해결할 수 있다.

여성이 언어 능력검사에서 더 높은 점수를 받는 이유도 뇌 구조의 차이로 설명할 수 있다. 여성의 경우 문법과 철자법, 쓰기 능력과 관계 있는 언어기능은 모두 좌뇌에서 담당한다. 그러나 남성의 경우 언어기능을 통제하는 영역이 뇌의 앞쪽과 뒤쪽에 분산되어 있기 때문에 여성보다 더 노력을 기울여야만 한다.

지금까지는 주로 언어 및 공간지각 능력에 대해 이야기했다. 그러나 뇌는 단순히 계산만 하는 기계가 아니다. 뇌는 우리의 정서 및 정서에 반응하고 표현하는 능력을 결정한다. 위틀슨은 먼저 우뇌에 입력한 후에 좌뇌에 입력한 정서에 관한 정보에 대해 사람들이 어떻게 반응하는지 연구했다. 그녀는 오른쪽 눈에만 제시된 시각 정보는 좌뇌에 전달되고, 왼쪽 눈에만 제시된 정보는 우뇌에 전달되는 것을 이용했다.

위틀슨이 사용한 시각 정보는 강한 정서를 유발하는 내용이었다. 그녀는 어느 쪽 뇌에 전달되든지 여성들은 그 내용을 인식하는 반면, 남성은 우뇌에 전달되어야만 그 내용을 인식한다는 사실을 발견했다. 여성은 정서 반응을 좌뇌와 우뇌 양쪽에서 조절하지만, 남성의 경우 정서와 관련된 기능은 주로 우뇌에서 담당하기 때문이다.

최근의 남녀 뇌 차이에 관해 발견된 사실들을 보면, 뇌 구조의 차이가 왜 정서에 중요한 영향을 미치는지에 대한 의문이 더욱 분명해진

기능	뇌 영역	특징
언어 기능 (말하기, 문법 등)	남성 : 좌뇌 앞쪽과 뒤쪽 여성 : 좌뇌 앞쪽	더 분산되어 있음 더 집중되어 있음
어휘력 단어 정의하기	남성 : 좌뇌 앞쪽과 뒤쪽 여성 : 좌뇌와 우뇌 앞쪽과 뒤쪽	더 집중되어 있음 더 분산되어 있음
시각 · 공간 인지	남성 : 우뇌 여성 : 우뇌와 좌뇌	더 집중되어 있음 더 분산되어 있음
정서	남성 : 우뇌 여성 : 우뇌와 좌뇌	더 집중되어 있음 더 분산되어 있음

뇌 구조의 차이

다. 이 차이는 뇌의 왼쪽과 오른쪽을 연결하는 신경섬유 다발인 뇌량 corpus callosum과 관계가 있다. 이 신경섬유는 좌뇌와 우뇌 사이에 정보를 교환할 수 있게 해준다. 그런데 여성의 뇌량과 남성의 뇌량은 매우 다르다.

부검을 통해 얻은 14개의 뇌를 가지고 블라인드 테스트(blind test, 남성의 뇌인지 여성의 뇌인지 모르는 상태에서 실시한 검사—역주)를 한 결과 과학자들은 여성이 남성보다 뇌량의 중요한 부분이 더 두껍고 크다는 것을 알아냈다. 전체적으로 뇌의 무게를 고려했을 때, 여성의 경우 정보의 교환이 이루어지는 이 핵심 영역이 남성보다 더 컸다. 그 차이는 중요한 의미가 있다.

여성이 남성보다 좌뇌와 우뇌가 더 잘 연결되어 있다는 사실은 여

뇌의 구성

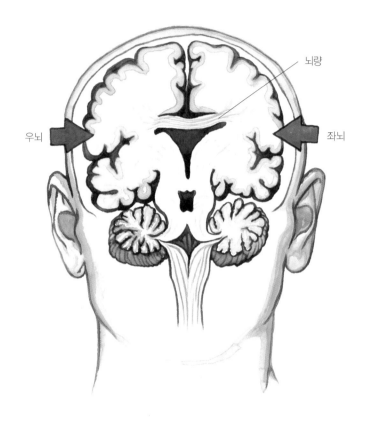

성의 뇌에서 더 많은 정보가 좌뇌와 우뇌 사이에 교환된다는 것을 의미한다.

생리의학자 하인스Hines. A 교수의 최근 연구에 의하면 좌뇌와 우뇌 사이에 연결되는 부분이 많을수록 더 명확하고 유창하게 말할 수 있다고 한다. 이러한 발견은 왜 여성이 더 뛰어난 언어 능력을 보여주는지 추가로 설명해 준다. 그렇다면 이 뇌량이 또 하나의 수수께끼, 곧 여성의 직관에 관한 비밀도 풀어줄 수 있지 않을까? 여성이 남성보다 더 많은 정보를 서로 연결시킬 수 있는 것도 결국 마법이 아니라 더 뛰어난 연결 장치를 갖고 있기 때문이 아닐까? 여성은 대체로 상대방의 목소리나 몸짓, 얼굴 표정에 드러나는 정서의 미묘한 차이를 더 잘 인식한다. 여성은 언어 정보와 시각 정보를 남성보다 더 잘 통합하고 연결시킬 수 있기 때문에 그 정보에서 더 많은 것들을 추론할 수 있다.

당신의 뇌는 남자일까 여자일까?

어떤 과학자들은 남녀의 정서 반응에서 나타나는 차이를 뇌 구조와 조직의 차이로 설명할 수 있다고 주장한다.

남성의 정서에 관한 기능은 우뇌에서 이루어지지만, 그 정서를 언어로 표현하는 기능은 좌뇌에서 담당한다. 그런데 여성보다 더 적은 수의 신경섬유가 우뇌와 좌뇌를 연결하고 있기 때문에 한 쪽에서 다른 쪽으로 전달될 수 있는 정보가 제한되어 있다. 따라서 남성은 언어를 담당하는 좌뇌로 정서에 관한 정보가 잘 전달되지 않기 때문에 자신의 정서를 표현하는 데 어려움을 느끼게 된다.

여성은 뇌 구조 때문에 정서와 이성을 구분하는 것이 오히려 어려울 수 있다. 여성의 뇌에서는 좌뇌와 우뇌 모두 정서 기능을 통제하고, 양쪽 사이의 정보 교환도 더 많이 이루어진다. 여성의 뇌는 정서를 담당하는 부분이 언어를 담당하는 부분과 통합되어 있다. 따라서 정서에 관한 정보가 언어를 담당하는 부분에 더 효과적으로 전달될 수 있기 때문에 자신의 정서를 언어로 쉽게 표현할 수 있다.

뇌 구조의 차이 때문에 나타나는 능력의 차이는 남성과 여성 모두 자신의 강점을 활용하여 문제를 해결하도록 만든다. 위틀슨은 이것을 '선호하는 인지전략preferred cognitive strategy'이라고 부른다. 이 말은 곧 마음이 가진 강점을 적절히 활용한다는 뜻이다. 위틀슨은 여성의 공간지각 능력이 약하고 다른 인지전략, 즉 뇌가 가진 다른 강점의 활용을 선호하기 때문에 여성 건축가의 수가 남성 건축가의 수보다 적은 것이라고 분석한다.

과학자나 수학자의 경우도 마찬가지다. 이러한 점은 여성 음악가가 여성 작곡가보다 더 많은 이유를 설명해 주기도 한다. 여성의 뇌는 손의 움직임과 목소리를 더 정교하게 조절하는 강점을 지니고 있기 때문이다. 이에 비해 작곡을 하기 위해서는 주로 우뇌의 기능인 패턴을 인식하는 능력과 추상적인 수학 능력이 요구된다. 물론 인류의 문화 및 역사도 이러한 현상에 영향을 미쳤을 것이다. 그러나 분명한 것은 우리의 생물학적 특성이 큰 영향을 미친다는 사실이다.

남성과 여성 사이에 서로 다르게 조직되어 있고 다르게 연결되어 있는 뇌에 대한 전체적인 그림이 곳곳에서 나타나기 시작하고 있다. 시간이 지남에 따라 지식은 더 축적되고 있고, 새로운 논문들이 학술지에 실리고 있다. 그런데 이러한 정보는 단지 학계에서만 오가기에는 너무나도 아까운 것들이다. 왜냐하면 그것은 바로 우리에 관한 것이

고, 남녀의 뇌가 다르기 때문에 서로 다른 차이가 생긴다는 것을 보여

주기 때문이다.

당신의 뇌 성별 검사
Brain sex Test

검사의 목적

이 테스트로 당신의 뇌가 얼마나 남성적인지, 혹은 여성적인지 알아볼 수 있다. 남성이나 여성이 얼마나 남성적이거나 여성적인 행동을 보이느냐는 뇌 구조가 남성적인 형태로 조직되어 있는지, 아니면 여성적인 형태로 조직되어 있는지에 따라 결정된다. 여성도 남성적인 마음을 갖는 것이 가능하다. 이것은 임신의 특정 단계에서 남성 호르몬이 존재했는지 존재하지 않았는지에 따라 결정되기 때문이다.

1. 고양이가 작게 우는 소리를 들었다. 소리가 난 쪽을 쳐다보지 않고 당신은 고양이의 위치를 손으로 가리킬 수 있는가?

   ⓐ 신경을 쓰면 가리킬 수 있다.

   ⓑ 바로 가리킬 수 있다.

   ⓒ 잘 가리키지 못할 것 같다.

2. 당신은 처음 들은 노래를 얼마나 잘 기억할 수 있는가?

   ⓐ 쉽게 기억하고 일부분을 따라 부를 수도 있다.

   ⓑ 노래가 간단하고 리듬이 분명하면 기억할 수 있다.

   ⓒ 잘 기억하지 못한다.

3. 몇 번 만나지 않은 사람이 전화를 걸어 왔다. 당신은 그 사람이 자신의 신원을 밝히기 전에 누구의 목소리인지 금방 알아차릴 수 있는가?

　ⓐ 쉽게 알아차릴 수 있다.

　ⓑ 대체로 알아차릴 수 있다.

　ⓒ 잘 알아차리지 못한다.

4. 당신은 결혼한 친구들과 함께 있다. 그런데 그 가운데 2명이 비밀리에 부적절한 관계를 갖고 있다. 이런 경우 당신은 그것을 쉽게 알아차리는가?

　ⓐ 거의 대부분 알아차린다.

　ⓑ 대체로 알아차리는 편이다.

　ⓒ 거의 알아차리지 못하는 편이다.

5. 당신은 큰 모임에 나가서 알지 못하던 사람 5명을 소개받았다. 만일 다음날 그들의 이름을 들으면 당신은 그 얼굴들을 쉽게 떠올릴 수 있는가?

　ⓐ 대부분 떠올릴 수 있다.

　ⓑ 몇 명 떠올릴 수 있다.

　ⓒ 거의 떠올리지 못한다.

6. 초등학교 때 당신은 받아쓰기와 글짓기를 잘하는 편이었는가?

　ⓐ 둘 다 잘하는 편이었다.

　ⓑ 둘 중 하나는 잘하는 편이었다.

　ⓒ 둘 다 잘하지 못했다.

7. 당신은 차를 후진해서 주차하려고 한다. 그런데 공간이 별로 없어 보인다. 이럴 경우 어떻게 하는 편인가?

　ⓐ 다른 곳을 찾아본다.

　ⓑ 조심스럽게 후진을 한다.

　ⓒ 쉽게 차를 후진한다.

8. 당신은 처음 와 보는 낯선 곳에서 3일 동안을 지냈다. 그런데 어떤 사람이 와서 북쪽이 어디인지 묻는다. 이런 경우 당신은 어떻게 하는 편인가?

　ⓐ 잘 대답하지 못한다.

　ⓑ 조금 생각해 보고 정확히 대답한다.

　ⓒ 바로 정확히 대답을 한다.

9. 당신은 당신과 동성인 사람 6명과 함께 치과에서 진료를 기다리고 있다. 이런 경우 당신은 그들과 얼마나 가까이 앉을 수 있겠는가?

　ⓐ 15cm 이하의 거리를 두고 앉을 수 있다.

　ⓑ 15~60cm 정도의 거리를 두고 앉을 수 있다.

　ⓒ 60cm 이상의 거리를 두고 앉을 수 있다.

10. 당신은 새로 이사 온 이웃집을 방문해서 그와 대화를 하고 있다. 그런데 수도꼭지에서 물 떨어지는 소리가 뒤에서 작게 들린다. 이런 경우 어떻게 하겠는가?

　ⓐ 그 소리를 무시하려고 할 것이다.

　ⓑ 그 소리를 들었다면 이웃에게 알려줄 것이다.

ⓒ 전혀 신경 쓰지 않는다.

점수 매기는 방법

남성의 경우 : ⓐ 10점　　ⓑ 5점　　ⓒ −5점

여성의 경우 : ⓐ 15점　　ⓑ 5점　　ⓒ −5점

모든 문항의 점수를 합산하고,

만일 답하지 않은 문항이 있다면 5점을 준다.

검사 결과 분석

남성은 대부분 0~60점을 받는다.

여성은 대부분 50~100점을 받는다.

겹치는 점수, 즉 50~60점은 남성과 여성의 사고방식이 양립 가능한 범위를 나타낸다.

0점 이하를 받은 남성과 100점 이상을 받은 여성은 이성과 매우 다른 구조의 뇌를 가지고 있다. 그러나 서로 매력을 느낄 수 있다.

60점 이상을 받은 남성은 여성에 가까운 뇌를 가지고 있고, 50점 이하를 받은 여성은 남성에 가까운 뇌를 가지고 있다.

그러나 이 모든 점수는 평균에 기초한 것이다. 따라서 남성이 60점 이상의 점수를 받았더라도 남성적인 뇌를 가질 수 있으며, 여성이 50점 이하의 점수를 받았더라도 여성적인 뇌를 가질 수 있다. 이처럼 간단한 검사에서는 잘 드러나지 않는 남녀의 차이가 있을 수 있다. 우리 연구의 궁극적인 목적은 바로 그 차이를 탐색하는 데 있다.

제4장

어린 시절의 갈림길

Brain
Sex

Brain
Sex
―――――

뇌 발달에 필수적인 자극

출생할 때부터 남녀는 서로 다른 마음을 갖는다. 선천적인 뇌 구조의 차이로 남성과 여성은 유아기부터 아동기에 걸쳐 점점 더 다른 길을 걷게 된다. 사회적 태도에 의해 더욱 두드러지는 생물학적 특성은 남성과 여성에게 서로 다른 가치, 야망, 행동 등을 보이게 만든다.

앞에서 살펴보았듯이 유아는 성별이 구분되는 뇌를 가진 채로 태어난다. 비록 발달의 과정을 더 거치기는 하지만, 기본적인 뇌의 청사진과 구조는 이미 정해져 있다. 이에 대해 생리학자 다이애몬드Diamond. M 박사는 이렇게 말한다.

남성과 여성은 호르몬으로 매개되는 유전적 행동 특성과 구조를 이미 보유한 채 세상에 태어난다.

타고난 성향은 뇌가 이 세계와 반응하면서 더욱 강화된다. 남녀가 성장하는 과정에서 인지하는 것과 사고하는 뇌의 '근육' 사이의 상호 작용은 운동이 신체의 근육을 변형시키듯이 뇌 구조에 영향을 미친다. 쥐는 회전틀이나 다양한 장난감이 있는 미로 같은 곳에 갇혀 있을 때 더 크고 두꺼우며 복잡한 신경계를 발달시킨다. 보다 간단한 환경의 공간 속에 갇혀 있거나 감각을 상실한 쥐의 뇌는 그처럼 복잡한 연결망을 지니지 못한다.

기능을 자주 실행시키지 않으면 뇌는 제대로 사용하지 않은 근육처럼 약해지고 쇠퇴하게 된다. 뇌가 발달하는 결정적 시기에 시각 자극이 부족하면 영구적인 결함이 생길 수도 있다. 어둠 속에서 길러진 고양이는 시간이 지나도 사물을 뚜렷하게 볼 수 없게 된다.

인간의 뇌도 출생 이후에 발달 과정을 거치게 된다. 모든 기본적인 세포들은 처음부터 존재하지만, 3살이 될 때까지 새로운 연결망이 형성되고 새로운 세포망이 출현한다. 성장 중인 아이는 말이나 언어와 같은 뇌의 기능이 발달할 수 있도록 적절한 자극을 필요로 한다. 미국에서 있었던 불행한 사례 하나가 이를 잘 말해 준다.

지니Genie의 사례

캘리포니아에 사는 12살의 소녀인 지니의 이야기는 비록 타고났더라도 뇌가 제대로 기능하기 위해서는 자극과 훈련이 필요하다는 것을 보여준다. 다시 말해서 생물학적 특성과 환경 사이에는 충분한 관계가 있으며, 어느 하나만으로 행동이 결정되는 것은 아니라는 의미다.

지니는 로스앤젤레스에서 침실에 갇힌 채 어린 시절을 보냈다. 그녀는 사람의 말을 들은 적도 없었고, 구조된 후에 여러 해 동안 훈련을 받았음에도 불구하고 언어를 잘 습득하지 못했다. 뇌가 발달하는 결정적 시기에 필요한 자극이 주어지지 않음으로써, 타고난 언어 능력이 정상적으로 발달하지 못한 것이다.

뇌는 경험에 적극적으로 반응한다. 경험이 채워지기만을 가만히 기다리고 있는 비어 있는 서랍장이 아니다.

그렇다면 경험에 대한 반응은 남녀의 타고난 뇌 구조의 차이와는 어떤 관계가 있는 것일까?

탄생 순간부터 남녀의 차이는 나타나기 시작한다. 어떤 감각은 몇 시간 만에 그 차이가 나타나기도 한다. 여자와 남자 아이가 다양한 것들을 서로 다른 방식으로 보고 느끼고 반응하는 것은 타고난 뇌의 성별이 따로 있다는 사실을 의미한다. 남녀는 어떤 의미에서 서로 다른 세계에 살고 있는 것이다. 이런 현상은 때로는 너무 명백해서 아주 초기에 관찰될 수 있다. 이는 타고난 특성보다는 사회적 조건화가 성별을 결정한다는 주장이 옳지 않다는 것을 증명해 준다.

애니Annie와 앤드류Andrew의 사례

길리안Gillian은 자신이 쌍둥이의 엄마가 될 것이라는 사실을 알았을 때, 성에 대한 편견을 극복하겠다고 다짐했다. 파란색이나 분홍색, 예쁜 치마나 헐렁한 바지 등과 같이 스스로 무의미하다고 생각하는 것들에 대해 따지지 않고 쌍둥이를 똑같은 방식으로 기를 작정이었다.

그러나 곧 그녀의 결심은 도전에 직면했다. 쌍둥이 아이들은 3분 차이로 태어났으나, 마치 다른 행성에서 온 아이들처럼 판이했다.

남자 아기인 앤드류를 재우기는 정말 힘들었다. 반면에 여자 아기인 애니는 비록 아주 작은 소리에도 잘 깼지만 다시 쉽게 잠들곤 했다. 자극이 중요하다는 것을 깨달은 길리안은 각 아이의 침대 위에 흔들거리는 모빌 장난감을 달았다. 앤드류는 누워서 몇 시간 동안이나, 심지어 기저귀를 갈아줄 때도 바라볼 정도로 그것을 좋아했다. 앤드류와는 달리 애니는 모빌 장난감보다 이야기하는 것을 더 좋아해서 길리안이 방에 들어갈 때마다 옹알이를 했다.

태어나서 몇 시간 지나지 않더라도 여자 아기는 남자 아기보다 촉각에 더 민감하다. 손과 손가락의 민감도에 대한 검사를 실시하면 남자와 여자 아기는 점수가 서로 겹치는 범위가 없을 정도로 큰 차이를 보인다. 소리에 대해서도 여자 아기가 더 예민하다. 어떤 연구자는 여자 아기가 남자 아기보다 소리를 2배나 더 크게 듣는다고 주장한다. 여자 아기는 소리나 고통, 불편함에 대해 남자 아기보다 더 쉽게 짜증을 내고 불안해한다.

그리고 여자 아기는 달래는 말이나 노래를 들을 때 더 쉽게 안정을 느낀다. 언어를 배우기도 전에 여자 아기는 그 말이 표현하는 정서를 남자 아기보다 더 잘 파악한다.

태어날 때부터 여자 아기는 다른 사람과 의사소통을 하는 데 더 큰 관심을 보인다. 태어난 지 2~4일 정도밖에 되지 않은 아기를 대상으로 한 연구에서 여자 아기는 아무 말을 하지 않는 어른과 눈을 맞추는 시간이 남자 아기보다 2배나 더 길었다. 물론 여자 아기는 말을 하는 어른을 바라보는 시간도 남자 아기보다 더 길었다. 남자 아기의 경우에는 어른이 말을 하든 안 하든 바라보는 시간에 차이가 없었다. 이것은 남자 아기가 들리는 것보다 보이는 것에 더 집중한다는 사실을 의미한다. 요람에 있을 때부터 여자 아기는 다른 사람에게 목을 꿀꺽거리는 소리를 낸다. 남자 아기도 대부분 말하는 것을 좋아하기는 하나, 장난감을 보면서 재잘거리거나 추상적인 기하학 모형을 보는 것도 마찬가지로 좋아한다. 남자 아기는 여자 아기보다 더 잘 깨어 있고 활동적이다. 이러한 것은 바로 남성의 형태를 가진 뇌가 활동하기 때문이다.

사람에 대해 관심을 보이는 여성의 특성은 다른 방식으로도 나타난다. 출생 후 4개월이 된 여자 아기는 대부분 자신이 아는 사람의 사진과 자신이 알지 못하는 사람의 사진을 구별한다. 그러나 남자 아기는 그렇지 못하다. 출생 후 1주가 된 여자 아기는 여러 소리가 같은 크기로 들리더라도 그중에서 아기가 우는 소리를 분간할 수 있다. 그러나 역시 남자 아기는 그렇지 못하다.

　이처럼 분명하게 나타나는 남녀 행동의 차이는 외부의 영향이 채 미치기 전부터 두드러진다. 이런 차이는 우리가 이미 살펴본 것처럼 타고난 뇌의 차이를 반영한다. 남성은 공간지각 능력이 뛰어나고 여성은 언어 능력이 뛰어나다는 것 말이다.

　그러나 남녀 뇌 차이에 대한 과학적 증거를 받아들이는 사람들 중에도 뇌 구조의 차이보다 사회적 조건과 양육 방식, 사회적 환경이 여전히 더 중요하다고 주장하는 사람들이 있다. 이들은 엄마들이 보통 남자 아이를 더 거칠게 다루며, 여자 아이와는 더 많은 시간 동안 대화를 나눈다는 것을 증거로 내세운다. 그에 따라서 남자와 여자 아기가 처음부터 서로 다른 방식으로 행동하게 되는 것이라고 결론 내린다.

　그러나 이 주장에 대해 다시 한 번 살펴보자. 엄마가 성별에 대한 선입관을 심어주는 것이 아니라 혹시 유아의 요구에 그렇게 반응하는 것은 아닐까? 엄마들은 여자 아기는 안아주었을 때 좋은 방응을 보이고, 남자 아기는 보다 거칠게 대했을 때 더 좋은 반응을 보인다는 것을 알게 되어서 그런 요구를 충족시키기를 원할 수도 있다. 여자 아기가 달래는 소리와 부드러운 얼굴에 더 반응을 하도록 만드는 것처럼 엄마들은 뇌가 선호하는 행동이 있다는 것을 인정하고 그것에 부응하려고 한다. 아기가 오히려 엄마를 조종하여 자신의 선천적 요구를 충족시키게 만드는 것이다.

　젖먹이 때부터 아기가 원하는 것이 정해져 있었다고 말하는 엄마들이 얼마나 많은가? 그런데 아무도 아기가 그런 성향을 갖도록 가르친

적이 없다. 아무도 남자 아기에게 말을 적게 하도록 가르친 적이 없는 것이다.

2살부터 4살 사이의 뇌

우리는 앤드류에 대해 걱정이 많았어요. 계속 보고 있지 않으면 서랍장 속에 들어갔다 나왔다 하고, 오븐의 버튼을 가지고 장난을 쳤지요. 애니는 쉴 새 없이 재잘거리는데 비해 앤드류는 말도 별로 하지 않았어요. 우리 부부는 혹시 앤드류가 정신 발육이 떨어지는 아이가 아닐까 생각하기도 했어요.

아이는 성장함에 따라 더 쉽고 자연스럽게 활용할 수 있는 뇌의 부분으로 삶을 바라보기 때문에 성별에 따른 특성이 지속되고 강화된다. 여자 아이가 사람에게 보이는 관심은 여러 가지 실험에서도 잘 나타난다.

아이들에게 쌍안경처럼 생긴 장치를 통해 왼쪽 눈과 오른쪽 눈에 각기 다른 그림을 보여주었다. 하나는 어떤 사물을 그린 그림이었고, 다른 하나는 사람을 그린 그림이었다. 아이들 모두에게 같은 그림을 보여주었으나, 무엇을 보았는지 묻는 질문에 그들은 각각 다르게 대답했다. 남자는 사물을 보았다고 답하는 아이가 많았고, 여자는 사람을 보았다고 답하는 아이가 많았다.

여자 아이는 말을 잘할 수 있는 뇌 구조를 가지고 있기 때문에 말을 더 빨리 배운다. 여자는 좌뇌의 앞부분에서, 남자는 보다 비효율적으로 앞부분과 뒷부분에서 말과 관련된 기능을 통제한다. 뇌에 말을 전문적으로 담당하는 부분이 있기 때문에 여자는 더 빨리 말을 시작할 뿐만 아니라 더 많은 단어를 배운다. 2살과 4살 사이의 아이들에 대한 연구에서 여자는 남자보다 문법의 세세한 사항, 이를테면 과거와 현재 완료 시제의 차이와 수동태 같은 보다 어려운 문법에 대해 더 잘 익히는 것으로 나타났다.

3살이 되면 여자 아이는 분명하게 이해할 수 있을 정도로 말을 한다. 그러나 남자 아이는 평균적으로 1년 더 걸린다. 아인슈타인은 5살이 되어서야 말을 제대로 할 수 있었다고 한다. 여자 아이는 더 길고 복잡한 문장을 사용할 수 있고, 문법상의 오류도 적게 보인다. 특정 글자가 들어간 단어를 최대한 많이 생각해내는 검사에서도 더 높은 점수를 받는다.

출생 후 여러 달이 지나고 일어설 수 있게 되면, 남자 아이는 여자 아이보다 자신의 '작은 세상'을 구석구석 탐험하는 데에 많은 관심을 보인다. 여자 아이보다 더 센 근육을 가지고 있기 때문에 더 멀리 돌아다닐 수 있고, 엄마가 있는 '기지'로 돌아오는 횟수도 더 적다. 과학자들은 놀이방에 장애물을 설치해서 엄마와 아이를 떼어 놓는 실험을 했다. 이렇게 했을 때 여자 아이들은 장애물 가운데 서서 우는 반면, 남자 아이들은 장애물 가장자리로 가서 혹시 돌아서 갈 만한 길이 없는지 살펴보았다.

아이들은 그들의 뇌가 시키는 대로 자신의 마음이 지닌 강점을 활용해 이 세상을 탐험한다. 호기심 많은 쥐들이 여기저기 돌아다니면서 뇌의 '근력'을 향상시키듯이 아이의 성향도 더욱 강화된다. 아이들은 대부분 정신적으로 성별에 대한 선입관에 따르게 되는데, 이 선입관은 진보적인 사회에서 추구하는 것이 아니다. 사실상 그들은 자신의 목소리와 내부의 세계, 그리고 뇌가 중요하다고 알려주는 것들에 귀를 기울인다. 그리고 자신의 강점을 활용하며, 반복적으로 자신이 선호하고 자연스럽게 느끼는 방식으로 세계를 바라봄으로써 타고난 성별의 특성을 더욱 강화한다. 사회과학자 해리스 교수는 말한다.

남자 아이는 공간지각 능력을 향상시키는 경험을 자연스럽게 더 많이 하고, 여자 아이는 대인관계에 필요한 능력을 강화하는 경험을 더 많이 한다.

뇌가 시키는 대로 남자 아이는 여러 분야와 공간, 또는 사물을 탐색하는 것을 좋아한다. 그러나 여자 아이는 말을 하거나 듣는 것을 좋아한다.

입학 전 남녀의 뇌

저는 앤드류를 놀이방에 보내지 않는 것이 안전하겠다고 생각했습니다. 교사와 다른 아이들에게 피해를 줄 것이기 때문이었지요. 앤드류는 아주 파괴적인 아이였습니다. 그리고 저하고는 시간을 같이 보내려고 하지 않아서 정말 속상했습니다. 만일 트럭 장난감과 저를 바꿀 수 있다면 아이는 기꺼이 그렇게 했을 것입니다.

유아는 성별에 따라 노는 방식이 다르다. 허트 교수의 연구에 의하면 놀이방 문 앞에서 엄마에게 인사를 한 후 남자 아이는 바로 놀이터로 뛰어간다. 이에 관해 조사한 바에 따르면 여자 아이는 평균 92.5초가 걸리고, 남자 아이는 평균 36초가 걸리는 것으로 나타났다. 거기에서 남자 아이는 여자보다 더 활발하게 놀고, 노는 데에도 더 많은 공간을 차지한다. 놀이방 안에서 남자 아이는 블록으로 건물을 만들고, 문고리든 전기 스위치든 어떤 도구를 가지고 노는 것을 좋아한다. 반면에 여자 아이는 앉아서 하는 놀이를 더 좋아한다. 어떤 구조물을 지을 때, 남자 아이는 높게 만드는 반면 여자 아이는 길고 낮은 구조로 만든다.

어떤 성별이든지 새로 놀이방에 온 아이가 있으면 여자 아이는 그 아이를 따뜻하게 맞이하고 호기심을 나타내지만, 남자 아이는 별로 관심을 보이지 않는다. 새로온 아이가 남자 아이를 따라다니면 아마 화를 낼 것이다. 그러나 여자 아이들은 자기 집단에 들어오는 것을 기꺼이 환영한다.

4살쯤 되면 여자와 남자 아이들은 따로 놀기 시작한다. 남자 아이들은 자기 집단에 속한 아이를 좋아하든 좋아하지 않든 별로 신경을 쓰지 않는다. 쓸모만 있으면 집단의 일원이 될 수 있다. 그러나 여자 아이들은 착하지 않은 아이를 따돌린다. 또한 남자 아이는 더 나이가 많은 아이들이 있는 집단에 들어가려고 한다. 여자 아이는 친구들의 이름을 모두 알고 기억하는 반면, 남자 아이는 친구의 이름을 모를 수도 있다.

남자 아이는 때리고 부수고 나쁜 짓을 하는 이야기를 만들어내고, 여자 아이는 집과 가족과 감정에 초점을 맞춘 이야기를 만들어낸다. 만일 남자 아이가 어떤 이야기를 도둑의 입장에서 한다면, 여자 아이는 도둑을 당한 사람의 관점에서 이야기한다.

남자 아이의 놀이는 시끄럽고 폭력적인 장난과 신체 접촉, 끝없는 활동, 갈등, 큰 공간 그리고 긴 시간 동안의 참여 등과 관련이 있다. 다른 아이를 적극적으로 방해한 정도에 따라 승부가 결정되고 목표가 확실하며, 승자와 패자가 분명히 갈린다. 반면에 여자 아이는 놀이를 할 때 차례를 지키고 단계가 정해져 있으며, 간접적인 경쟁을 한다. 여자 아이가 좋아하는 놀이로는 사방치기가 있고, 남자 아이가 좋아하는 놀이로는 술래잡기가 있다.

물론 우리는 놀이터에서 이처럼 전형적인 특성을 따르지 않은 남자와 여자 아이들을 떠올릴 수 있다. 그들은 보편적인 여자 아이나 남자 아이와 매우 달랐기 때문에 우리의 기억 속에 뚜렷이 남아 있는 것이다. 일반적인 성별의 특성을 따르지 않는 아이들의 행동은 호르몬으로 설명될 수 있다.

맨디Mandy의 사례

> 맨디는 다른 아이들과 잘 어울리지 못하는 예쁘게 생긴 6살의 여자 아이였다. 맨디는 여자들의 줄넘기 놀이에는 곧 지루함을 느꼈고, 남자 아이들과 같이 축구하기를 원했다. 그러나 남자 아이들은 마지못해서 그녀에게 점수를 기록하는 역할을 주었지만 맨디는 그것에 만족하지 못했다.

제2장에서 살펴본 제인과 마찬가지로 맨디는 신장의 이상으로 남성 호르몬과 유사한 물질을 비정상적으로 분비하는 부신성기증후군을 앓았다. 뇌 발달의 특정 시기에 호르몬에 노출됨으로써 맨디의 뇌는 보다 남성적인 형태를 띠게 되었다.

여자 아이는 자신이 돌볼 수 있는 인형을 더 좋아하고 남자 아이는 비행기나 로봇 모형을 더 좋아한다. 새 장난감을 주었을 때 남자 아이가 그것을 더 독창적으로 가지고 노는 것으로 발견되었다. 남자 아이는 사물의 기능과 그것이 작동하는 방식에 관심이 많아 부모가 화가 날 정도로 자주 분해를 한다.

남자 아이는 새 장난감에는 관심이 있으나 새로 만난 사람에 대해서는 별로 관심이 없다. 남녀의 차이를 처음으로 연구한 사람들도 '남자 아이는 주로 사물이나 활동에 관심이 많은 반면, 여자 아이는 사람에 관심이 많다'고 결론 내렸다. 이를 뒷받침하는 증거가 수백 가지나 있다. 놀이방에 있는 아이들에 대한 사회심리학자 맥기네스McGuiness. D 박사의 연구에서 다수의 남자 아이들은 장난감을 분해했으나 여자 아이는 1명도 분해하지 않았다. 그리고 퍼즐 조각을 맞추거나 다른 3차원의 물체를 조립할 때 남자 아이는 여자 아이보다 2배 더 빠르고 실수도 2배 더 적게 했다.

남녀의 차이를 의도적으로 무시하고 서로의 역할을 대신할 수 있다고 주장하는 이스라엘의 키부츠(집단농장 형태의 공동체 자치 조직으로, 여기서 아이들은 집단생활을 하며 교육을 받음—역주)에서도 연령과 관계없이 여자 아이는 협동하고 공유하며 애정을 보인다. 반면에 남자 아이는 다른 친구의 장난감을 빼앗는 등 갈등을 일으킬 만한 행동을 더 많이 하는 것으로 나타났다. 한 연령을 제외한 모든 집단에서 남자 아이는 더 공격적인 행동을 했고 말을 듣지 않았으며, 폭력이나 욕설을 사용했다. 남자 아이에게 이 세상은 도전을 하고 실험을 하며, 탐험해야 할 대상인 것이다.

따라서 남자 아이에게 학교에서 하는 훈육은 자연스러운 과정으로 받아들여지지 않는다.

초등학생 남녀의 뇌

앤드류는 오랜 시간이 지나서야 읽기를 할 수 있었어요. 이전에 작은 징후를 보였을 때 진작 알아차려야 했는데, 어쨌든 우리는 다행히도 아이가 학습하는 데 문제가 있다는 것을 알게 되었어요. 저는 앤드류가 더 자율적으로 학습하고, 더 주의를 기울이며, 더 집중을 했으면 좋겠어요. 제가 남자 아이와 여자 아이를 똑같은 방식으로 키우려고 노력하더라도 만일 우리 아이들이 그것을 따라주지 않으면 무슨 소용이 있겠어요?

여자 아이가 남자 아이보다 더 빨리 읽기를 시작한다는 사실은 남자가 더 뛰어난 시각 능력을 가지고 있다는 주장에 반대되는 것으로 받아들여졌다. 오랫동안 연구자들은 읽기가 주로 시각적 상징 인식과 관계가 있다고 여겼기 때문이다. 그러나 소수의 연구자들은 읽기의 바탕이 되는 능력은 시각이 아니라 청각이라는 사실을 발견했다.

여성의 뇌 구조는 말을 익힐 때와 마찬가지로 읽기 능력을 습득하는 데도 강점을 지닌다. 읽기 능력을 관장하는 것은 좌뇌로서 생물학적으로 여성이 강점을 보인다. 여기에는 여성이 선호하는 인지 전략인 듣기 능력을 필요로 한다. 맥기네스는 이점을 지적하고 있다.

남녀의 차이에 대한 여러 연구들은 여성이 읽기에 있어서 중요한 청각의 기능을 더 효과적으로 활용한다는 것을 말해준다.

청각 검사를 실시하면 여성이 남성보다 우위에 있음을 보여주는 흥미로운 결과를 얻게 된다. 남자 아이는 동물의 소리를 여자보다 더 잘 인식한다. 아마도 수천 년 동안 사냥을 하면서 진화해 왔기 때문일지도 모른다. 남자 아이는 여자 아이만큼 말을 할 수는 있으나, 동물이나 자동차 소리를 모사하는 것을 더 좋아한다. 이에 반해 여자 아이는 다른 사람과의 의사소통을 더 좋아한다. 놀이터에서 남자 아이들은 비행기처럼 양팔을 펴면서 엔진 소리를 내고, 여자 아이들은 구석에서 남자 아이들이 얼마나 바보처럼 보이는지 이야기한다.

읽기 장애를 가진 아이 5명 중 4명이 남자인 것은 상대적으로 남자가 미숙하기 때문이 아니다. 과거에는 남자 아이가 더 늦게 읽기를 배우는 것은 멍청하거나 게으르기 때문이라고 가정했기 때문에 사람들이 오해를 하기도 했다. 하지만 그들이 결코 지진아이기 때문에 그런 것이 아니다. 여자 아이는 읽기를 하는 데 적합한 도구인 청각 기능을 잘 사용하는 반면에, 남자 아이는 청각보다는 시각 기능이 발달되어 있기 때문이다. 그리고 맥기네스가 말하듯이, 읽기를 배우는 데 있어 시각을 활용하는 것은 효과적인 방법이 아니다.

읽기와 시각 정보의 처리는 서로 관계가 없는 것이 확실하다. 사실 시각 기능에 의존하는 것은 읽기 능력을 습득하는 데 방해가 될 수도 있다.

한 문단에서 특정 글자에 동그라미를 치거나 밑줄을 긋도록 하는 검사에서는 남자 아이가 여자보다 더 높은 수행 능력을 보인다. 왜냐하면 이것은 남성의 뇌가 강점을 보이는 시각을 이용하는 과제이기 때문이다. 그러나 여러 단어를 읽어주고, 그 가운데 어떤 단어에 특정 글자가 들어 있는지 묻는 검사에서는 여자 아이가 더 뛰어난 능력을 보인다. 왜냐하면 이것은 여성의 뇌가 강점을 지닌 청각을 이용하는 과제이기 때문이다. 이러한 현상은 사회적 영향으로는 잘 설명이 되지 않는다.

'선생님이 말할 테니 너희들은 들어라'는 식으로 교육이 이루어지면 일정한 나이가 될 때까지는 여자 아이가 더 유리할 것이다. 또 교사와 상호작용을 통해 간접적으로 정보를 받는 형태의 교육도 여자 아이가 더 자연스럽게 받아들일 것이다. 언어에 강한 여자 아이는 질문을 할 것이고, 또 교사의 답을 받아들일 것이다. 반면에 남자 아이는 미로에서 길을 찾는 호기심 많은 쥐와 같이 자신의 강점인 시각과 연관성 찾기 능력을 이용하려고 한다. 남자 아이는 태어난 지 하루가 되었을 무렵 사람에게 무관심했던 것과 마찬가지로 교사와 자신의 관계에 대해서도 보다 관심을 적게 가진다. 남자 아이의 뇌 구조는 호기심을 일으켜 직접 모험을 하면서 스스로 알아내는 데 익숙하기 때문이다.

여자 유아의 옹알이는 이후 아동기 때 높은 언어 지능으로 발전한다. 여자 아이는 언어를 처리하는 데 자신이 지닌 강점을 발견하고 이를 즐기며 강화한다. 반면에 남자 아이는 사물의 모양과 공간, 작동 방식에 대한 자신의 관심을 즐긴다.

남자 아이는 열등한 언어 능력을 다른 포유류와 마찬가지로 사물의 모양을 파악하거나 올바른 길을 찾는 데 요구되는 공간지각 능력으로 보완한다. 6~9살 사이의 남자 아이는 같은 연령의 여자 아이보다 움직이는 물체에 빛을 더 잘 비춘다. 그리고 9~10살의 남자 아이는 더 능숙하게 어떤 형태를 걸음걸이로 바닥 위에 표현할 수 있다. 미국에서 실시한 한 검사에서 남자 아이는 여자보다 점화기와 병마개를 훨씬 잘 조립했다. 모든 부모는 유아 때부터 자기 아들이 기계에 호기심을 가진다는 사실을 알아차린다.

그러면 이제 다시 놀이터로 돌아가 보자. 10살 정도의 남자와 여자 아이가 태어나기 6개월 전에 물려받은 재능을 훈련하고 강화함으로써 어떻게 서로 다른 길을 가는지 살펴보자.

여자 아이들은 한쪽에 모여서 다른 친구들의 말을 듣고 이야기하고 비밀을 공유한다. 남자 아이들보다 더 적게 싸우지만, 만일 싸움이 벌어질 경우 밀거나 주먹으로 때리는 것이 아니라 주로 말로 따진다. 한 명이 우두머리 노릇을 하려고 할 수도 있으나, 대체로 협동적이면서 비경쟁적으로 놀이를 한다. 집에 돌아가면 자신과 친구에 대한 일기를 자세히 쓰기도 한다. 의사소통과 다른 사람과의 관계를 중시하는 그들만의 세상 속에 살고 있는 것이다.

남자 아이들은 경주를 하거나 활동적이고 경쟁적이며, 남을 지배하는 놀이로 호르몬에 의한 공격성을 드러낸다. 남자 아이는 더 넓은 활동 범위를 가지며 더 독립적이다. 공간과 그 안의 사물에 대한 호기심을 지닌 그들은 손이 눈의 기능을 확장하여 만지고 조립하며 분해하는 것을 좋아한다. 이르면 6살 때부터 우뇌의 우위를 확인할 수 있는데, 우뇌가 통제하는 오른손보다 왼손을 사용했을 때 모양을 더 잘 구별한다. 남자 아이는 오두막집이나 요새, 우주 기지를 만들고, 만일 일기를 쓴다면 잃어버린 주머니칼이나 승리한 경기의 점수 등에 대해 간결하게 내용을 작성한다. 그리고 컴퓨터 게임을 특히 좋아하는데, 학교에서 철자법이나 글짓기로 좌절을 경험하고 있을 때면 집에 가서 화성인의 우주선을 부수는 시간이 오기만을 기다릴 것이다.

남자 아이의 세상은 활동과 탐험, 사물로 이루어져 있다. 그러나 학교에서는 조용히 앉아서 듣거나 설치지 말고 생각에 집중할 것을 요구한다. 사실 이는 남자의 뇌가 원하는 것과 모두 정반대다. 우리는 언어로 전달된 정보를 수동적으로 받아들여야 하고, 질문과 답으로 이루어지는 현재의 교육제도가 여성의 마음에 유리하다는 것을 이미 앞에서 검토했다. 글씨 쓰기와 같이 손으로 하는 과제도 남자 아이보다 더 섬세한 운동 기능을 가진 여자에게 더 적합하다. 심리학자 맥기네스는 현재의 교육은 남자 학생의 재능과 선호에 반하는 일종의 '음모'와 같다고 말한다.

초등학교 저학년 교육은 여자에게 대체로 유리한 읽기와 쓰기에 집중된다. 따라서 읽기 보충학습반은 거의 남자 아이들로 채워진다. 철자법을 제대로 익히지 못하며, 여자 아이보다 4배나 더 많이 독서 장애를 가졌거나 학습 부진아인 것으로 간주된다.

지나치게 활동적인 것으로 진단되는 아이들의 95퍼센트 이상이 남자 아이들이며, 여자에게서는 이런 증상을 거의 찾아볼 수 없다. 그런데 우리가 남성과 여성의 뇌에 대해 알고 있는 것을 생각해 보면 이 같은 현상은 별로 놀라울 것이 없다. 맥기네스는 교육자들이 떳떳하지 못해서 이 사실을 너무나 오랫동안 숨겨 왔다고 말한다.

성별에 따라 학습 능력에 차이가 있다는 사실을 숨김으로써 지금까지 득보다는 실이 많았다. 여자 아이에 비해 읽기 능력을 더 늦게 습득하는 많은 '정상적인' 남자 아이들이 고통을 당했다. 더 심각한 것은 이 치료법이 없는 '질병' 때문에 남자 아이들에게 약이 처방되었다는 사실이다.

남자 아이의 기본 언어 능력은 결국에는 여자 아이와 같은 수준이 되지만, 여자만큼 유창해지지는 않는다. 그리고 남자 아이가 습득한 언어 능력은 완전히 발달한 시각 및 공간지각 능력과 합쳐진다. 언어와 수학을 활용해 드디어 남자 아이는 생각들을 인식하고, 여러 생각들 사이의 관계를 파악하는 자신의 뛰어난 능력을 발휘하기 시작한다.

그러면 그동안 여자 아이에게는 어떤 일이 일어날까? 여자의 시각 및 공간지각 능력은 특별히 더 발달하지 않기 때문에 이를 활용할 수 없다. 다음 장에서 살펴보겠지만, 수학이 단순히 계산하는 차원을 넘어서 이론의 추상적인 패턴을 인식하는 것과 관련이 되면 여자 아이는 옆에 있는 남자 아이에게 우위를 양보해야만 한다. 남자 아이의 언어 기능은 여자와 비슷한 수준이 되었으나, 여자 아이가 우위에 있던 개념 파악 능력은 마치 어둠 속의 새끼 고양이들처럼 힘을 잃게 된다.

따라서 초기에 남자를 차별하던 교육제도가 이후에는 여자를 차별하게 된다. 이런 사실에 사회학자는 매우 실망할 것이다. 그리하여 앞의 사실이 지니는 의미와 증거를 받아들이지 않을지도 모른다. 그렇다면 우리는 이 같은 현상을 어느 정도 변화시킬 수 있을까? 아니면 어느 정도 변화시켜야 하는 것일까? 이론상으로는 태아의 호르몬을 조절하면 된다. 주사기를 잘만 활용하면 여자처럼 행동하는 남자 아이와 남자처럼 행동하는 여자 아이를 만들어낼 수도 있다. 20세기 말의 최신 생물학 기술에 나치가 추구했던 원칙들을 적용시키기만 하면 되는 것이다.

교육 방법의 변혁은 남녀의 차이를 어느 정도 보완할 수 있다. 그리하여 더 많은 여자 건축가나 더 많은 남자 사회사업가를 만들어낼 수 있다. 그러나 그러기 위해서는 그동안 많은 교육자들이 인정하지 않은 남녀의 차이를 인정해야만 한다. 아울러 철학적이면서 정치적인 문제를 야기할 수 있는 '긍정적 성차별'도 어느 정도 받아들여야 한다.

우리는 남자 아이의 본질적인 '남자다움'이나 여자 아이의 '여자다움'을 바꿀 필요가 없다. 남자와 여자 아이 모두 성별에 따른 타고난 재능의 '근육'을 활용한다. 그들은 어떤 정교한 정치나 사회 이론이 아닌, 그전에 남성이었고 여성이었던 수많은 세대들이 가진 역사와 경험에 따라 만들어진 세상에 발을 들인다. 만일 세상이 남녀를 구별한다면 그것은 지금의 세상을 만든, 이전에 존재했던 남성과 여성들이 남녀를 구별하는 방식으로 살았기 때문이다. 남녀를 구별하지 않는 방식으로 세상을 다시 만들고자 한다면 자연스러운 행위가 아니기 때문에 아마도 상당한 노력이 필요할 것이다. 그렇게 하는 것이 하나의 사회적·정치적 혁명이 될 수는 있겠다. 그러나 혁명은 뇌를 조직할 수 없다. 오로지 호르몬만 가능하다.

초등학교에 다니는 아이들이라 해도 이들은 이미 '작은 여성'이자 '작은 남성'이다. 물론 이들은 앞으로 사춘기가 되었을 때 몸에서 호르몬이 분비되고 순환하면서 급격한 신체 변화의 과정을 겪는다. 2개의 서로 다른 엔진은 그렇게 설계되고 개발되었다. 이제는 그 엔진들에 연료를 넣고 점화시켰을 때 어떤 일이 일어나는지 살펴볼 차례다. 남자와 여자 아이의 차이는 매우 크고 분명하며 돌이킬 수 없다. 그러나 그보다도 더 큰 차이가 아이의 성장과 더불어 발생하기 시작한다.

제5장

사춘기의 극적인 뇌 변화

Brain
Sex

Brain
Sex

멀어져만 가는 남녀 뇌

어린아이일 때는 호르몬이 남자와 여자의 마음을 다르게 조직하면서 일정한 차이가 생기게 한다. 그러나 청소년기에 이르면 그 차이는 훨씬 더 벌어진다.

사춘기가 시작되면서 인간의 신체는 청사진의 단계를 지나게 된다. 그 시기에 이르면 호르몬은 인간의 뇌와 행동을 자극하고 더욱 활발하게 하며, 정보를 전달하는 두 번째 역할을 수행하게 된다. 이 시기에는 남녀의 차이가 상당히 커지기 때문에 2개의 장으로 나누어서 살펴보도록 하겠다. 제5장은 남녀의 행동이 어떻게 달라지는가에 관한 것이고, 제6장은 호르몬이 남녀의 능력과 재능에 각각 어떠한 영향을 주는가에 관한 내용이다.

뇌가 호르몬의 영향을 받을 때 이에 대한 인간의 반응은 쥐나 원숭이에게서 찾아볼 수 있는 것보다 훨씬 정교하다. 왜냐하면 인간의 지능은 우리가 생물학적 특성의 지배를 덜 받으면서 정서를 직접 통제할 수 있는 단계까지 진화했기 때문이다. 물론 우리들 중 아무도 생물학적 영향으로부터 완전히 자유로울 수는 없다.

우리가 앞서 남녀 유아의 차이에 대해 살펴보았듯이, 사춘기 이전에 여자와 남자의 몸에서는 같은 종류의 호르몬이 같은 정도로 순환한다. 그러나 일단 호르몬의 양이 증가함에 따라 급격한 변화가 발생하게 된다. 여자 아이의 경우에는 8살 정도가 되었을 때 여성 호르몬의 양이 늘어나기 시작한다. 따라서 신체가 더 곡선적인 형태를 띠고 가슴이 부풀기 시작하며, 13살 정도에는 월경을 시작한다.

남자 아이의 호르몬은 여자 아이보다 2년 정도 늦게 늘어나기 시작한다. 이 무렵 여자와 마찬가지로 신체 변화에 동반하는 심리적 충격을 겪게 된다. 남자는 피리같이 높은 소프라노 소리를 내다가 서투른 테너처럼 목소리가 낮아진다. 이마 위쪽에 털이 덜 나기 시작하며, 고환과 성기가 커져서 의식적 혹은 무의식적 욕구에 반응하여 마치 그 자체가 생명이 있는 것처럼 느끼게 된다.

우리가 성인이 되는 과정에서 겪는 생화학적 과정의 심리적 영향에 대해서는 누구도 부인하지 않는다. 그러나 신체의 변화가 마음에 영향을 미치듯이, 생화학적 작용 자체가 남녀의 행동과 인식과 정서와 능력을 변화시킨다는 사실을 우리는 이제야 이해할 수 있게 되었다. 호르몬은 마음을 바꾸는 화학물질이다. 호르몬은 뇌에 영향을 주어 신체를 변화시킨다.

남자의 경우, 이 과정과 주로 관련이 있는 호르몬은 테스토스테론 testosterone으로 자궁 속에서 뇌를 남성의 형태로 발달시켰던 물질과 동일한 것이다. 단백동화 스테로이드anabolic steroid인 테스토스테론은 몸을 커지게 하여 근육과 뼈의 복구 및 성장에 중요한 칼슘과 인, 기타 영양소의 저장 용량을 증가시킨다. 그리하여 10대 남자 아이의 몸에 단백질과 지방의 비율이 40퍼센트대 15퍼센트가 되게 한다. 남자는 사춘기를 급속히 겪게 된다. 테스토스테론의 양은 여자 아이의 20배로 솟아오르며 이에 따라 몸집도 갑자기 커지기 시작한다. 또한 남자는 여자보다 더 많은 적혈구 세포를 발달시키는데, 이 적혈구 세포가 에너지를 태우는 산소를 신체 곳곳에 운반하기 때문에 생리적으로 우위에 놓이게 되어 보다 활동적이고 격렬한 삶을 살 수 있게 된다.

　　주요 여성 호르몬은 에스트로겐oestrogen과 프로게스테론progesterone이다. 이 호르몬들은 단백질과 음식의 지방을 분해하고, 신체에 지방을 재배분하는 역할을 한다. 여자는 남자와 달리 신체의 단백질과 지방의 비율이 23퍼센트대 25퍼센트다.

　　어떤 운동선수들은 근육을 강화하여 더 우수한 성적을 거두기 위해 남성 호르몬을 사용한다. 그리고 농부들은 가축에 여성 호르몬을 사용해 살을 찌워서 더 높은 가격에 팔기도 한다.

　　그러나 우리는 대부분 운동선수가 아니며 더욱이 가축인 사람은 아무도 없다. 마음을 바꾸는 호르몬의 화학물질이 뇌에 영향을 미쳐서 행동을 변화시키는 것이다. 생리의학자 멜리제스Meleges. F. T와 함부르크Hamburg. D. A는 자신들의 연구에서 이 과정을 다음과 같이 요약했다.

신체의 변화와 가슴의 발달, 월경을 가져오는 호르몬이 동시에 뇌에 영향을 주기 때문에 여자가 정서적, 지적으로 반응하는 것이다.

이 연구에서 말하듯이, 자궁 속에서 뇌는 신경의 구성에 지속적인 효과를 미치는 호르몬에 의해 조직된다. 그리고 여기서 '효과'는 뇌가 사춘기 때 특정 남성 또는 여성 호르몬에 반응하도록 조직되는 것을 의미한다. 여성 호르몬은 그것에 더 민감하게 반응하도록 설계된 뇌에 더 큰 영향을 미치는 반면, 남성의 뇌는 남성 호르몬에 더 반응하도록 설계되어 있다.

예전에는 호르몬이 뇌에 영향을 주지 않는다는 견해가 지배적이었다. 아마도 과학자들은 그리스인들의 의학적 전통으로부터 벗어나는 것을 두려워한 듯하다. 영적인 존재로 모호하게 정의된 '기질'이 우리를 무기력하거나 명랑하게, 또는 화나거나 우울하게 만든다는 고대 그리스 의학의 전통 말이다. 우리는 이제 호르몬이 마치 상상 속의 '기질'처럼 신경계에 들어와 인간의 행동에 영향을 미친다는 사실을 알고 있다.

호르몬의 흐름은 연구자들이 가장 먼저 남녀 차이를 발견한 뇌의 시상하부에 의해 조절되는데, 이 부분은 성별에 따라 호르몬을 각각 다르게 구성한다. 간단히 말해서 시상하부는 뇌하수체pituitary gland에 성 호르몬이 흐르는 밸브를 열거나 닫으라고 지시한다. 남성의 경우에는 호르몬 양을 일정하게 유지하는 역할을 하는데, 테스토스테론이 너무 많으면 흐르는 양을 줄이게 한다. 학자들은 이 같은 과정을 '음성반응

negative feedback'이라고 부르며, 이 과정은 호르몬의 양을 유지하는 기능을 한다.

이와 달리 여성의 경우에는 '양성반응positive feedback'이 일어난다. 시상하부에서 뇌하수체에 명령을 전달하는 체계가 마치 제정신이 아닌 사람이 수문을 여닫는 것처럼 보인다. 왜냐하면 물의 양이 많아질수록 오히려 수문을 더 크게 열기 때문이다. 그래서 여성의 호르몬 양과 여성의 행동 변화폭이 큰 것이다. 남성의 시상하부는 호르몬을 일정하게 유지하려고 하는 반면, 여성의 시상하부는 대략 28일마다 정기적으로 주기 체계가 나타나게 한다.

남성과 여성 호르몬은 치료의 목적으로 행동을 변화시키기 위해 사용될 수 있는데, 2가지 모두 본질적으로는 같은 기능을 한다. 그런데 어떤 여성들의 경우에는 호르몬의 변동이 너무 심해서 무력감을 느끼기도 한다.

여성의 행동이 호르몬의 영향을 받는다는 것을 인정하지 않으려는 전통적 견해가 있었다. 연구 초기에 의사가 모두 남성이었을 때, 비록 여성들이 감정적이라는 것은 알아차렸지만 그들의 신체에 어떤 일이 발생하는지는 이해하지 못했다. 그 후 페미니즘이 성행하기 시작했을 때는 생물학적으로 결정된 정서를 인정하면 평등을 주장하는 대세에 도움이 되지 않을 것이었기 때문에 남녀의 차이를 부인하려고 했다.

그러나 사실 월경 주기 때 여성의 신체에서는 마음을 바꿀 수 있는 호르몬 양의 변화와 같은 아주 중요한 일들이 발생한다. 따라서 이에 대해 다루지 않는다면 이 연구는 불합리하게 느껴질 것이다.

월경 주기의 처음 절반 동안에는 난소의 난포에서 배출되는 난자의 성장을 촉진하는 에스트로겐만 분비된다. 에스트로겐의 양은 배란이 일어나고 난자가 배출될 때 절정에 달했다가 감소하기 시작한다. 그리고 난자가 원래 성장했던 곳에서 두 번째 중요한 호르몬인 프로게스테론이 분비된다. 프로게스테론의 기능은 건강하고 성공적인 임신을 촉진하기 위한 조건을 형성하는 것이다. 에스트로겐과 프로게스테론의 양은 모두 서서히 증가하여 또 한 번 절정에 달했다가 월경이 시작될 때 빠르게 감소한다. 그러나 만일 난자가 성공적으로 수정된 경우에는 프로게스테론과 에스트로겐 모두 높은 양을 유지한다.

이제 사람들은 여성의 성격에서 나타나는 정기적인 변화가 월경 주기의 단계와 관련 있다는 사실을 받아들이고 있다. 어떤 여성들은 사회적 요인과 관계없이 매우 긍정적인 정서와 매우 부정적인 정서 사이를 오간다. 햇빛이 밝게 비추고, 직업이 만족스러우며, 예쁜 집이 있고, 아이들도 착하며, 친절하고 사랑스러운 남편이 있더라도 여성은 생화학적으로 발생하는 우울함에 사로잡힐 수 있다.

에스트로겐은 특히 뇌세포의 활동을 촉진시킨다. 따라서 월경 주기의 첫 단계에서 에스트로겐의 분비가 증가되면 뇌는 예민해져서 더 많은 정보를 수집하고 분석할 수 있다. 또한 시각, 촉각, 미각, 후각 등이 민감해지는데, 이 단계에서는 높은 행복감과 주의력, 자아존중감, 쾌락, 성적 흥분을 느끼게 된다. 여성은 진화로 말미암아 임신을 위한 최적기가 되었을 때 쾌락과 만족감을 느끼는 존재다.

반면에 프로게스테론은 뇌의 활동을 억제하는 효과를 가지고 있다.

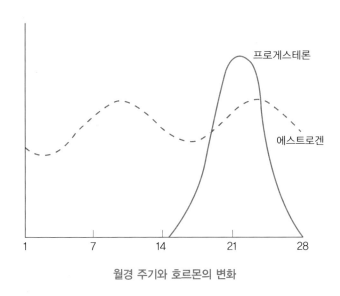

프로게스테론

에스트로겐

1   7   14   21   28

월경 주기와 호르몬의 변화

실험에 의하면 이 호르몬은 마치 바르비투르산염barbiturate(중추신경계를 억제 시켜서 사람을 진정시키거나 무감각 상태로 만드는 물질—역주)에 의한 감각상실anaesthesia 상태와도 같이 뇌의 혈류와 산소 및 포도당 소비를 현저히 감소시킨 다. 에스트로겐은 뇌를 더 밝고 수용적으로 만드는 데 비해 프로게스 테론은 뇌를 더 둔하게 만든다. 또한 성욕도 감퇴시키고 불안감과 피 로감으로 우울함을 느끼게 하며, 정서를 진정시키는 효과를 가지고 있 다. 이 같은 증상은 프로게스테론의 양이 절정에 달하는, 월경 주기의 나머지 절반에 해당하는 시기에 전형적으로 나타난다.

월경 4~5일 전에 프로게스테론과 에스트로겐의 양은 모두 빠르게 감소하는데, 이로 인해 극적인 증상이 나타난다. 이 월경 전 단계에서 는 정서를 진정시키는 프로게스테론과 행복감을 느끼게 하는 에스트로겐이 갑자기 줄어들면서 프로게스테론에 의해 억제되었던 적대감과 공격성이 나타난다. 심한 우울증을 느끼게 되며 때로는 정신 질환을 앓기도 한다.

뇌와 호르몬의 화학작용

수잔나Susannah의 사례

> 수잔나와 그녀의 가족들은 매달 나타나는 수잔나의 기분 변화에 익숙해졌다. 일주일 동안 그녀는 긴장감이 높아지고 쉽게 지치며 무기력해진다. 그리고 때때로 경미한 두통을 앓기도 한다. 게다가 쉽게 화를 내고 약간 우울해지며, 동작이 서툴어지고 자주 울기도 한다.
> 이제 이러한 증상들에 대해 잘 알고 있기 때문에 수잔나는 자신의 행동이 이성적이지 않다는 것을 스스로에게 상기시킬 수 있게 되었다. 그녀의 남편과 아이는 수잔나가 평소의 아내이자 엄마가 아니라는 것을 받아들이게 되었다.

진화론적 입장에서 보았을 때 이러한 문제는 근래에 와서야 나타난 것이라고 할 수 있다. 임신할 수 있는 기간이 더 짧고 아이를 양육하는 기간이 더 길었던 선사시대의 여성들은 평생 동안 열 번 정도 월경을 했다. 오늘날의 여성은 300~400번 정도 월경을 한다. 곧 300~400개월 동안 정서, 인지, 감각 등이 몸 안의 화학적 변화에 의해 영향을 받는다.

PMT, 즉 월경전긴장증premenstrual tension은 히포크라테스의 〈여성의 질병Diseases of Women〉이라는 저서에서 처음으로 기술되었으나, 이것이 완전히 이론화되고 받아들여진 것은 1960년대에 들어서였다. 이 증상은 프랑스의 형법에 '일시적인 정신이상'의 범주에 속해 있다. 영국에서는 PMT에 의한 변호가 2차례 인정되어 살인 혐의가 과실치사죄로 낮추어진 적도 있다.

대부분의 여성에게 이 같은 증상은 수잔나의 경우처럼 매달 겪는 하나의 소동에 불과하다. 그러나 25퍼센트의 여성에게서는 심한 증상이 나타나며, 10명 중 1명 꼴로 아주 심각한 상황을 겪는다. 한 연구에 의하면 월경 전과 월경 중에 병원 치료의 50퍼센트 정도가 이루어지는 것으로 나타났다. 그리고 이 시기에 여성 죄수의 절반 정도가 범죄를 저질렀는데, 26번이나 유죄 판결을 받은 한 술집 여자는 월경 전의 기간 동안 거의 모든 범죄를 저지르기도 했다. 격리를 필요로 하는 정도의 심각한 폭력을 일삼은 여성 죄수도 대부분 월경 전 시기에 사고를 저질렀다. 이 시기에 자살이나 폭력 행사도 빈번히 일어난다. 여성 조종사의 경우에는 비행기 추락 사고가 일어나는 회수도 더 많다. PMT에 대한 멜리제스와 함부르크의 핵심적인 연구는 다음과 같이 적고 있다.

월경 주기에서 월경 전 시기에 일어나는 민감한 여성의 심리적 변

> **기분의 변화** : 가벼운 우울증을 겪고 쉽게 화를 낸다. 잘 울거나
> 무기력한 증세를 보인다.
> **신체의 변화** : 피곤해하며 쉽게 어지럼증을 느낀다.
> 목이 아프거나 두통, 근육통 등을 호소한다.

매월 나타나는 호르몬의 효과 – 정상적인 경우

> **기분의 변화** : 비이성적이고 통제하기 힘든 분노를 느낀다.
> 사랑하는 사람들에 대한 증오를 느끼고,
> 사소한 자극에 대해서도 폭력적인 반응을 보인다.
> 평소에 보이지 않던 도둑질, 구타 등 일탈 행위를 한다.

매월 나타나는 호르몬의 효과 – 심각한 경우

화는 크게 보면 이 사회에 심각한 결과를 초래할 수 있다. 그것은 결코 사소한 것으로 간주되어서는 안 된다.

모리아Moria의 사례

모리아는 귀엽고 영리하며 매력적인 여자 아이였다. 어릴 때 그녀는 친절하고 주위에 사랑을 많이 베풀곤 했다.

그러나 그녀가 15살이 되었을 때 성격이 급변하기 시작했다. 그녀는 화를 잘 냈고 무기력한 모습을 보이며, 한 달에 2주 동안은 침대에 누워 지냈다. 그리고 그녀는 부모에게 혐오를 느끼면서 해를 끼치고 싶어했다. 최악의 2주 동안에 그녀는 집에 불을 내서 부

모를 죽이려고도 시도했었다.

모리아의 부모는 경찰의 힘을 빌어 그녀를 영국 최고의 PMT 전문가인 카타리나 달톤 박사에게 데려갔다. 모리아에게는 월경 주기의 후반부에 주로 분비되는 여성 호르몬인 프로게스테론이 처방되었다.

그러자 모든 증상은 사라졌다. 하지만 모리아는 완전히 치료된 것은 아니었다. 정기적인 프로게스테론의 투여가 그런 증세들을 억제하고 있는 것뿐이었다.

생화학적인 현상에 의해 남녀의 행동에 차이가 생긴다는 사실은 이제 더 이상 설명하지 않아도 될 것이다. 그런데 이상한 점은 월경 주기의 맥락 안에서는 이런 차이가 받아들여졌으나, 다른 영역에 대한 심층적 연구는 거의 이루어지지 않았다는 사실이다. 생물학적으로 결정되거나 설명이 가능한 남녀의 차이가 또 있지 않을까?

남성과 여성의 차이에서 가장 명백한 것은 남성의 공격성인데, 이것은 사회의 영향보다는 생물학적 특성에 의해 압도적으로 지배된다. 여자 아이가 호르몬의 반복적인 증감이 행동에 미치는 영향에 대처해야 하듯이, 남자 아이도 내분비계에 의해 기분이 좌우되는 것을 경험하기 시작한다. 사회학자인 버스Buss. A. H 박사는 이렇게 지적한다.

쥐부터 사람까지, 몇몇의 예외를 제외하고는 남성이 더 공격적이다. 인간의 공격성은 본질적으로 여성이 아니라 남성에게 문제가 된다. 전쟁을 하고 격렬한 경쟁을 하며 개인적으로 싸우기도 하고, 수년이나 수세기 동안 원한을 유지하는 것은 대개 남성이다.

이제 과학자들은 왜 이런 현상이 발생하는지 알게 되었다. 이번에도 그들은 동물에 대한 실험과 사고를 당한 사람들로부터 단서를 찾을 수 있었다.

첫째로 과학자들은 쥐가 반사회적 행동을 보이도록 만들었는데, 이 과정은 보통 우리가 생각하는 것보다 훨씬 어려웠다. 한 가지 방법은 쥐 한 마리를 일정한 기간 동안 상자 안에서 혼자 지내게 하다가, 다른 쥐를 그 상자 속에 집어넣는 것이었다. 그러면 다 자란 수컷 쥐는 새로 나타난 쥐를 받아들이지 않고 공격한다. 그러나 이와 같은 행동도 통제할 수 있다. 만일 수컷 쥐를 거세하면 온화한 쥐가 되고, 그 쥐에 남성 호르몬을 투여하면 다시 공격성을 회복한다.

그런데 이것은 단순히 호르몬에 관한 문제가 아니다. 공격성이 나타나기 위해서는 호르몬에 반응하는 남성의 뇌가 필요하다. 만일 호르몬이 수컷 형태의 뇌를 만들기 전에 쥐를 거세하면 아무리 남성 호르몬을 많이 투여해도 인위적으로 공격성을 보이지 않는다. 쥐의 뇌가 발달하는 시기에 남성 호르몬에 노출되지 않아 호르몬의 자극에 공격적인 반응을 보이도록 뇌가 조직되지 않았기 때문이다.

이와 마찬가지로 암컷 쥐의 뇌가 발달하는 시기에 남성 호르몬을 투여하면 수컷만큼이나 거칠고 공격적인 행위를 보인다.

쥐는 출생 이후 시간이 어느 정도 지나야 뇌가 수컷 또는 암컷의 형태를 띠기 때문에 통제하기가 쉽다. 그러나 붉은털원숭이는 사람과 마찬가지로 뇌가 출생 이전에 수컷 또는 암컷의 형태를 띠게 된다. 이 경우에는 자궁 속에서 태아가 자라고 있을 때, 즉 뇌가 수컷이나 암컷의 구조를 가지려고 할 때 어미에게 남성 호르몬을 투여함으로써 아직 태어나지 않은 암컷 원숭이를 공격적으로 만들 수 있다.

붉은털원숭이의 행동을 바꾸는 과정에는 2단계가 있다. 첫째는 자궁 속에 있을 때 남성 호르몬을 투여하여 수컷 형태의 뇌를 갖게 하는 것이고, 둘째는 출생 후에 추가적으로 남성 호르몬을 투여해서 뇌가 공격적인 행동을 보이도록 하는 것이다.

완전히 여성인 사람에게 나타나는 남성적인 행동에 대해서는 학자들 사이에 많은 논쟁이 있다. 그러나 임상실험에서 나타난 발견은 이에 대해 설명할 수 있는 한 가지 구실을 제공한다. 왜냐하면 이런 경우는 대부분 뇌 성장의 결정적 시기에 자궁 속에서 비정상적인 남성 호르몬에 노출된 여성이기 때문이다.

부디카(Boudicca, 고대 브리튼의 이케니 부족을 이끌었던 여왕으로 로마의 침략에 항쟁했음—역주)는 확실히 부드러운 여성성과 거리가 먼 여자였다. 그녀가 자궁 속에 있을 때 혹시 남성 호르몬을 투여받은 것이 아닐까? 고대 로마의 기록에 의하면 그녀는 살아 있는 여성 포로들의 유방을 잘라서 그들의 입 속에 쑤셔넣은 후 입술을 꿰매고 그들이 죽기를 기다렸다고 한다. 잔 다르크나 플로렌스 나이팅게일 또한 수동적인 여성은 아니다.

에리카Erika의 사례

에리카의 어머니는 두 번 유산을 경험한 후, 남성 호르몬과 효과가 유사한 인공 프로게스틴progestine을 처방받았다. 에리카가 태어났을 때 그녀는 해부학적으로 다소 남성화된 것처럼 보였지만 그렇게 심한 정도는 아니었다.

에리카와 여동생 사이의 가장 큰 차이는 지나치게 대담한 장난을 한다는 점이었다. 에리카는 거칠게 몸을 뒹구는 놀이와 추격하는 게임을 즐기고, 높은 곳을 기어오르거나 남의 집에 들어가는 것과 같은 활동적인 놀이를 좋아했다. 또한 남자 옷을 입고 남자 아이들과 어울리는 것도 선호했다. 에리카는 놀이방에서 단 한 번 인형을 가지고 논 적이 있는데, 그것도 욕조 안에 넣고 물에 뜨는가를 확인하기 위해서였다. 놀이방의 교사들은 에리카가 너무 난폭하다고 불평했다. 에리카는 다른 아이들과 자주 싸움을 벌이면서 폭력적인 기질을 보였다. 에리카는 자신감이 넘치고 독립적이며, 남을 통제하기 좋아하고 야망에 차 보였다.

다음의 사례는 이와는 반대의 증상을 보여준다. 이번에는 뇌 발달의 결정적 시기에 여성 호르몬이 투여되면서 약하지만 지속적인 영향을 미친 경우에 해당한다.

콜린Colin의 사례

콜린은 조용한 소년이다. 책 읽는 것을 좋아하고 수줍음을 잘 타며, 게임 같은 것은 좋아하지 않았다. 그렇지만 몸집은 크고 단단해서 여자 아이처럼 보이지는 않았다. 콜린의 친구들은 그를 괴롭히지 않았으며, 오히려 그를 피하는 편이었다. 콜린은 신체 접촉을 해야 하는 운동 경기에는 관심이 없었고, 놀이터에서 다툼이 일어나면 슬그머니 피하는 편이었다.

콜린의 어머니는 아들에게 좀더 자신의 입장을 분명히 해야 한다고 타일렀다. 16년 동안 콜린이 싸움에 휘말린 적은 단 한 번밖에 없었다고 한다.

콜린의 어머니는 임신 기간 동안 인공 여성 호르몬을 투여받았는데, 이것은 지난 20년 동안 당뇨병을 치료하기 위해 널리 사용된 방법이었다.

여성 호르몬을 추가로 투여하면 남성 호르몬의 기능이 중화된다. 자궁 속에서 콜린의 뇌가 성별을 가지려고 할 때 이 호르몬이 투여된 것이 거의 확실하다.

킨제이연구소 소장 레이니시 박사는 남성이나 여성 호르몬에 추가적으로 노출된 아이들의 행동 패턴을 연구했다. 자궁 속에 있을 때 남성 호르몬에 추가로 노출된 남자 아이들은 그렇지 않은 다른 형제에 비해 공격성이 2배나 더 강했고, 여자 아이의 경우에는 자매보다 50퍼센트 정도 더 거칠었다.

출생 이전에 남성 호르몬에 노출되면 공격성만 강해지는 것이 아니다. 레이니시는 다른 연구에서 독립심이나 자기주장과 같은 행동 특성에 대해서도 살펴보았다. 자궁 속에 있을 때 남성 호르몬에 노출된 여자 아이의 어머니들은 딸이 독립심과 자율성이 강하고, 의존성은 낮다고 보고하고 있다.

임신했을 때 남성 호르몬을 추가로 투여받은 어머니의 자녀는 표준 인성 검사에서 자신에 대해 더 만족하고, 더 자신감이 있는 것으로 조사되었다. 또한 독립적이면서 개인주의적인 것으로 나타났다. 여성 호르몬을 투여받은 어머니의 자녀는 집단 활동을 선호했고, 다른 사람에 더 의존하는 편이었다.

가장 차분한 여자 아이는 남성 호르몬의 영향을 전혀 받지 않은, 성염색체를 절반만 가지고 태어난 터너증후군을 갖고 있었다. 그들은 남성과 여성 호르몬을 분비하는 생식샘을 갖고 있지 않기 때문에 자궁속에서 남성 호르몬에 노출된 적이 없다. 그들은 다른 여자 아이들보다 확실히 더 온화하며 지나치게 수줍음을 타고 내향적이다. 그런 아이들의 어머니 중에 딸이 싸움을 먼저 시작한 적이 있다고 보고한 사람은 아무도 없었다. 남을 공격하는 것을 피하고 자신을 방어하기만 하는 편이었다.

남성의 뇌 구조가 공격성을 보이도록 조직되어 있다는 것에 대해서는 분명한 증거가 있다. 호르몬에 반응하도록 조직되어 있는 뇌의 신경망에 남성 호르몬이 작용함으로써 공격성이 생긴다. 반대로 여성의

남성 호르몬의 증가	여성 호르몬의 감소
공격성	
경쟁심	
자기주장	
자신감	
독립심	

성호르몬의 증가와 감소에 따른 변화

경우에는 성호르몬이 덜 공격적으로 만드는 데 중요한 역할을 한다. 예를 들어 에스트로겐은 공격성을 보이게 하는 테스토스테론을 중화시키는 작용을 한다. 여성 호르몬은 폭력적인 남성에게 극단적인 공격성을 보이지 않게 할 수 있다는 사실이 임상연구에서 밝혀졌으며, 남성 성범죄자의 행동을 통제하는 데 사용되기도 한다.

과학자들은 정확히 뇌의 어떤 신경망이 공격성과 적극성의 정도를 결정하는지는 아직 밝혀내지 못했다. 그러나 그들은 자궁 속에서 호르몬에의 노출이 남녀의 뇌 구조와 행동을 서로 다른 방식으로 변화시키듯이 신경망에도 분명히 차이가 있을 것이라고 확신한다.

남성 호르몬인 테스토스테론의 양은 사춘기 때 급격히 증가하며, 이에 따라 공격성도 매우 강해진다. 가장 범죄율이 높은 연령 집단이 13~17세인 것은 결코 우연이 아니다. 남성 호르몬은 성욕보다도 공격성에 더 큰 영향을 미치기 때문이다.

비이성적이고 지나치게 감정적인 여성들이 여성 호르몬을 많이 분비한 것처럼, 청소년기에 폭력적인 행위를 한 범죄자들은 높은 양의 테스토스테론을 분비한 사람들이었다. 정상적인 청년을 대상으로 한 연구에서 테스토스테론 분비율과 적대감 및 공격성 등에서 나온 점수는 매우 의미 있는 관계를 갖는다. 따라서 청년기의 혼란이 얼마나 성욕 못지않게 공격성과 관계가 있는지 더 고려할 필요가 있다. 이제 여성의 PMT가 문제를 일으킬 수 있다는 사실이 법적으로 인정되기 시작했다. 그렇다면 남성도 VMT, 즉 폭력적인 남성 테스토스테론violent male testosterone으로 형을 경감받는 날이 올지도 모르는 일이다. 이것은 여성의 심한 월경전긴장증이 문제를 일으킨다는 점을 조롱하려고 하는 말이 아니다. 다만 남성도 생물학적 특성의 결과로 유사한 반응을 보일 수 있다는 점을 지적하고자 하는 것이다.

호르몬이 기가 막혀

지금까지 살펴보았듯이, 결정적으로 중요한 것은 호르몬이 그것에 반응하도록 조직되어 있는 뇌 구조에 미치는 영향이다. 예를 들어 정상적인 여성이라면 테스토스테론을 투여한다고 해도 남성만큼 공격적이 되지는 않을 것이다. 왜냐하면 그녀의 뇌는 그 화학물질에 반응하도록 조직되어 있지 않아서 강한 반응을 보이지 않기 때문이다. 그러나 공격적이지 않은 남성은 테스토스테론을 투여하여 더 공격적으로 만들 수 있다. 그 호르몬에 민감한 반응을 보이는 뇌를 가지고 있기 때문이다. 노르웨이에서 성범죄로 거세당한 남성들에게 테스토스테론을 투여했더니 원래의 남성적인 태도를 회복했다는 보고가 있다. 그런데 그 정도가 심하여 한 연구자는 "그들이 다시 반사회적 성향을 띠게 되어 아이를 구타하고 싸움을 걸며 창문과 가구를 부수었다"고 화를 낸 일이 있다.

남성의 경우, 수용적인 뇌에 미치는 호르몬의 영향 때문에 공격적이 되고 남을 지배하려고 하며 자기주장이 강해진다. 뿐만 아니라 추가로 테스토스테론을 분비하게 되어 원래의 공격적 성향이 더욱 강화된다. 운동선수는 경기를 시작할 때보다 끝마칠 때 테스토스테론의 양이 더 많아진다. 경쟁은 테스토스테론의 양을 증가시키고 공격성을 강화시키는 것이다.

공격성은 사춘기 무렵 호르몬의 양이 증가하기 이전에 매우 일찍 나타난다. 심리학자들은 어린이를 위한 동화를 예로 든다. 여자 아이의 경우에는 대개 '모두 그 후로 행복하게 살았답니다'로 끝나는 이야기를 좋아하지만, 남자 아이의 경우는 '그래서 엄마를 난로 위의 프라이팬에 놓고 다 탈 때까지 튀겼습니다'로 끝나는 이야기를 좋아한다는 사실에 주목했다.

또 다른 검사에서는 아이가 친구를 설득하여 아주 맛이 없는 과자를 먹게 하면 상을 주도록 했다. 남자와 여자 아이들 모두 이 과제를 받아들였다. 여자 아이는 "저 사람들의 생각이지, 내 생각이 아니야"라고 스스로 변명을 하고 직접적으로 거짓말하는 것을 피하면서 그 과자를 나누어 먹자고 친구를 초대했다. 반면에 남자 아이는 거짓말을 하고 친구를 위협하거나 도발적인 모습을 보이는 등 도전적 입장을 보였다. 어느 평론가는 이 검사에서 여자 아이는 보험 판매원처럼 행동하고, 남자 아이는 중고차 매매상처럼 행동한다고 말한다.

남자 아이들은 성장과 더불어 더욱 거칠어지고 난폭한 놀이를 좋아한다. 어떤 때는 이 공격성에 잔인한 면이 보이기도 한다. 예를 들어 남자 아이는 노약자나 장애인에게 더 적대적이고, 어떤 사람이 고통으로 울부짖어도 그것을 성가시게 여기는 것으로 나타났다. 여자 아이는 고통을 느끼는 사람을 보면 불쌍하게 여겼다.

남자 아이는 텔레비전을 시청할 때도 폭력적인 장면에서 얼굴이 더 밝아지고, 영화의 폭력적인 장면을 여자 아이보다 더 잘 기억하는 것으로 보고되었다. 남자와 여자 아이는 좋아하는 책도 서로 다르다. 그래서 성별을 구분하지 않는 책을 만들어도 그들의 행동에 영향을 끼칠 가능성이 낮다.

영국의 젊은이들에 대한 연구에 따르면, 싸움을 하는 것은 남자 청소년의 삶에서 빠질 수 없는 부분이다. 여자는 무단 입장이나 패거리 모임처럼 갈등이 발생할 수 있는 상황을 인지하면 가급적 그것을 피하려고 한다. 반면에 남자 아이는 모험과 도전을 찾아다니면서 호르몬이 시키는 대로 근육을 움직인다. 미국의 심리학자 모이어Moyer. K. E 교수는 자신의 연구에서, 갈등이 개입되는 가상의 상황에서 성별에 따라 보이는 반응을 조사했다. 남성의 69퍼센트가 신체 혹은 언어 공격을 택한 반면에, 여성의 69퍼센트는 그 상황에서 벗어나거나 다른 공격적이지 않은 방법을 택했다.

운전을 할 때도 남성은 자기 앞의 차가 지체할 때 더 자주 경적을 울린다. 극단적인 행위의 경우를 보면 남성은 살인을 저지를 가능성이 여성보다 5배나 더 높고 도둑질을 할 가능성도 20배나 더 높다.

언어로 공격을 하는 경우만 남녀가 비슷한 빈도를 보였는데, 이것은 아마도 여성의 우월한 언어 능력을 반영하기 때문일 것이다. 모이어 교수는 학생들에게 만일 길거리에서 누가 다가와서 때린다면 어떻게 반응할 것인지 물었다. 이때 언어를 사용하는 반응과 신체를 사용하는 반응 등 여러 가지 선택 사항이 주어졌는데, 언어 쪽을 택한 학생의 비율은 남녀가 비슷했으나 신체 공격을 택한 학생들은 대부분 남성이었다. 여성은 언어를 통한 공격에 이어 경찰에 신고하는 것처럼 공격적이지 않은 방법, 그리고 상황의 회피 순으로 응답했고, 신체를 사용하겠다고 답한 비율이 가장 낮았다.

남성이 공격적인 원인에 대해서는 진화의 과정이 어느 정도 설명해준다. 중요한 자원을 지키고 부족끼리의 다툼을 해결하며 야영지를 방어하기 위해 공격성이 필요했을 것이기 때문이다.

우리가 보았을 때 완전하지 못한 또 다른 주장은 물론 문화적 조건 때문이라는 것이다. 이에 따르면, 일정한 방식으로 남성이 행동하기를 모두가 기대하기 때문에 남성이 그렇게 행동한다는 것이다. 그러나 사실상 우리는 그와 같은 행동을 오히려 받아들이지 않는 편이다. 남자아이가 여자 아이보다 벌을 받을 때가 훨씬 많다. 부모들은 자녀에게 도둑질, 음주, 마약 복용, 무분별한 성행위, 싸움 등을 피하라고 가르친다. 그러나 이런 행위를 하는 사람은 남성이 압도적으로 많다. 미국의 심리학자인 월터 고브Walter Gove 박사는 간결하게 말한다.

사회학자들은 왜 일탈 행위를 남성들이 주로 하는지 제대로 설명하지 못한다.

남성과 여성이 세상에 대해 반응하는 방식의 차이는 단순히 공격성의 차원에서만 나타나는 것이 아니다. 지배 욕구와 강한 주장이나 야심도 공격성과 유사한 행동 특성이며, 같은 생물학적 근원을 가진다. 모든 동물을 통틀어서 우두머리는 공격적인 결단력으로 정상의 자리에 오른다. 생물학자 벨Velle. W 박사의 말이다.

두목 원숭이들을 조사한 결과, 혈장(plasma, 혈액의 투명한 액체 성분으로 영양소나 호르몬, 항체 등을 운반하는 기능을 함―역주) 내의 테스토스테론 양과 서열 및 공격성 간에는 분명한 상관관계가 있는 것으로 나타났다. 많은 양의 테스토스테론을 자연적으로 분비하는 것이 높은 서열에 오르는 데 결정적 요인이 된다는 사실에는 의심의 여지가 없다.

과학자들은 낮은 서열에 있는 원숭이에게 테스토스테론을 투여함으로써 서열에 혼란을 일으키고 '정치적 쿠데타'를 뒤에서 조종할 수 있을 것이다.

청소년에게서도 이와 유사한 현상이 나타난다. 더 일찍 성숙한 남자 아이, 곧 남성 호르몬의 양이 더 많은 아이가 동료 집단 내에서 더 강한 세력을 가진다. 헌팅포드Huntingford. H와 터너Turner. K는 갈등 상황에 대한 자신들의 연구에서 10대들이 '언어 및 신체 공격을 바탕으로 비교적 안정적인 위계질서를 형성한다'고 설명한다. 멀리서 찾을 필요 없이 축구장의 야단스러운 입석 쪽만 봐도 알 수 있다. 좋은 자리를 차지하는 것은 보다 나이가 많고 강하며 테스토스테론을 많이 분비하는 남자 아이들이다.

시카고대학에서는 10대의 여름 캠프를 통해 남성과 여성의 위계질서에 대해 자세히 조사했다. 남자 아이의 경우, 분명한 위계질서가 형성되기 전인 처음 2일 동안에는 자주 싸움이 일어났다. 그 이후에는 일찍 성숙한 아이들이 점차 우위를 차지하기 시작했는데, 집단 내에서는 힘과 운동 실력 등에 의해 서열이 결정되었다. 시간이 지남에 따라 권력 구조가 더 명확해졌고 신체나 언어 공격의 필요성은 줄어들었다. 아이들은 자신의 위치를 알았으며, 주로 비슷한 비공식적 서열을 가진 다른 아이들과 친구가 되었다. 공부를 잘하거나 말을 잘하거나 대인관계가 좋은 아이도 성숙하고 힘이 세며 운동을 잘해야만 지배적인 위치에 설 수 있었다.

여자 아이의 경우는 전혀 달라서 더 자유롭고 유동적인 체계를 따랐다. 언어나 신체적 힘으로 다른 아이들을 지배하려는 아이는 거의 없었고, 집단의 우두머리에 해당하는 아이도 없었다. 어떤 아이는 일을 가장 잘 처리하는 사람으로서 존중을 받았고, 또 다른 아이는 정신적 지도자로서 인정받았다. 남자 아이들에게 정신적 지도자는 전혀 의미가 없었다. 여자 아이들은 서로 원만한 관계를 맺는 것이 캠프 일을 거들 사람을 선발하는 것만큼이나 중요하다고 여겼기 때문에 두 가지 역할 모두 존중한 것이다. 여자 아이에게 집단이란 개인적인 관계를 비공식적으로 합한 것이었다. 그래서 남을 지배하거나 자신의 서열을 알기 위해서 의식적인 노력을 하는 경우가 없었다.

이 연구 결과를 사무실이나 회의실에 적용해 보면 중요한 단서를 찾을 수 있다. 여자는 남자에게 가장 중요한 지배적 우위에 대해 별로 신경을 쓰지 않는다. 그리고 서로 접촉을 하게 되었을 때 여자들은 위계질서 내에서 위치를 정하는 일을 남자들에게 맡긴다.

다른 연구에서는 2명의 친구에게 단어 맞추기 같은 단순한 언어 과제를 주고 서로 경쟁하도록 했다. 모든 참여자에게 '친구가 지금 다른 방에서 자기가 이길 수 있도록 좀 속도를 줄여 줄 것을 요청했다'고 전했다. 그러자 남성은 대부분 그 요청을 거절했으나 여성은 대부분 그것을 받아들였다.

권력에 대한 추구는 지배적이자 보편적인 남성의 특성이다. 미국의 스티븐 골드버그Stephen Goldberg 박사는 저서 〈불가피한 가부장제 Inevitability of Patriarchy〉에서 이 같은 특성을 쇠와 자석에 비유했다. 쇠는 자석에 반응할 '필요'를 느끼지는 않지만 물리적 특성상 자석에 반응하도록 되어 있다. 이와 마찬가지로 남성도 생물학적 특성 때문에 여성보다 더 공격적인 행동을 보일 수밖에 없다는 것이다.

남성의 지배욕과 자기주장이나 공격성은 단순히 근육의 힘으로 생기는 것이 아니다. 만일 야망을 달성하기 위해 폭력을 사용해서는 안된다고 하면 남성은 다른 수단을 사용할 것이다. 만일 선거에서 당선되려면 아기들에게 뽀뽀를 해야 한다고 하면 남성들은 여성보다 더 활발하게, 그리고 부끄러움을 덜 느끼면서 기꺼이 아기들에게 뽀뽀를 할 것이다. 위계질서 내에서 더 높은 자리에 오르기 위해 남성은 여성보다 시간, 즐거움, 휴식, 건강, 안전, 감정 등을 훨씬 더 희생할 준비가 되어 있다.

행동을 보면 뇌가 보인다

생물학적 증거에 대해 확신이 서지 않는 사람들은 여성의 상대적 수동성을 여전히 사회문화적 영향으로 설명하려 들 것이다. 그들은 남성이 지배적인 것은 여성에게 주어진 성역할, 곧 아기를 출산하는 것이 방어적이고 순종적이며 자상함을 미덕으로 여기는 문화 때문이라고 주장한다. 그러나 골드버그 박사의 연구에 의하면 가정을 돌보지 않아도 되는 여성들도 성공하려는 데 있어 남성보다 덜 활동적이고 덜 헌신적이다. 학계에서 '성공'은 주로 발표한 논문의 수에 의해 평가되는데 여성 학자들은 논문을 더 적게 발표하는 것으로 나타났다. 이것을 더 자세히 분석했더니 여성은 성취와 관련이 적은 요인, 예를 들어 학생들의 복지나 장학금 유치, 학교에 대한 봉사 등을 더 중요시한다는 사실이 밝혀졌다.

시몬 드 보봐르Simone de Beauvoir는 이기적인 남성과 이타적인 여성의 차이에 대해 '여성은 아기를 낳는 성별로서 인류가 그들의 생명을 먹고 살았기 때문에 모든 사람들을 위해 살아야 했던 반면, 남성은 자신을 위해 살기만 하면 되었다'고 말했다. 그런데 흥미롭게도 남을 지배하고자 하는 남성의 욕구는 여성 사이의 다른 차이와 더불어 나이가 들어감에 따라 점차 사라진다. 남성은 나이가 들면 부드러워진다고 얼마나 자주 들었던가? 이는 더 나은 사람이 되기보다는 덜 남성적이 되는 과정이다. 남성은 50살부터 남성 호르몬의 양이 점차 감소하면서 덜 공격적이고 자기주장도 덜 강한 쪽으로 서서히 바뀐다.

그러나 여성은 폐경기가 되는 45~50살 정도에 호르몬의 양이 급속히 감소한다. 이때 대부분 불편함을 겪지만 지속적인 것은 아니다. 쉽게 화를 내고 불안을 느끼면서 기분의 변화를 경험한다. 또 두통과 안면 홍조, 심장의 두근거림, 현기증 등을 느낀다. 여성 호르몬은 뇌졸중으로부터 여성을 보호하는데 폐경기에는 이에 취약하게 되며, 뼈는 부러지기 쉬워지고 피부는 탄력을 잃는다. 폐경기에 많은 여성은 나이의 영향을 덜 받기 위해 인공 호르몬에 의존하기도 한다. 인공 호르몬을 투여받으면 피부와 관절이 유연성을 유지하고 뇌졸중의 가능성도 증가하지 않는다. 그러나 호르몬 대체 치료에 대해서는 여전히 논쟁이 심하고 자궁암에 걸릴 가능성을 더 높이는 것으로 추정되고 있다.

여성의 폐경기에 나타나는 흥미로운 현상은 더 이상 부신에서 만들어지는 소량의 남성 호르몬을 중화시키는 여성 호르몬이 분비되지 않기 때문에 얼굴에 수염이 더 많아진다는 점이다. 그리고 보다 공격적으로 변하며 자기주장이 강해진다.

노년기에는 호르몬의 영향이 사라짐에 따라 남녀의 행동이 점차 유사하게 된다.

분노와 침착함, 공격성과 온화함, 사교성과 개인주의, 지배와 순응, 복종과 자기주장, 이 모든 것들을 합하면 대체로 우리가 '인성'이라고 부르는 것이 만들어진다. 그리고 이 인성의 각 측면에서 남녀 간에 현격한 차이가 나타나는데, 이것은 우리가 알다시피 뇌의 형태가 다르기 때문이다.

　남녀는 서로 다르다. 남녀가 어떤 사회에서 성장하는가도 영향을 미치지만, 이것은 본질상 남녀의 타고난 차이를 더 강화시키는 데 지나지 않는다. 이러한 차이는 화학작용을 통해 우리에게 각인된다. 우리는 대부분 완전한 남성성 혹은 여성성을 지니지는 않는다. 호르몬의 양에 따라 남성의 마음도 여성적인 측면을 어느 정도 가질 수 있고, 여성의 마음도 남성성을 어느 정도 보일 수 있다. 그러나 사회적 가치나 10대 때 분비되는 호르몬이 영향을 미치기 훨씬 이전부터 모두의 뇌는 특정한 방식으로 조직되어 각자의 행동에 영향을 준다.

제6장

남녀 두뇌 능력의 차이

Brain
Sex

숫자 뇌와 언어 뇌

사춘기 무렵 남녀의 행동 및 사회적 태도가 극적으로 구분되듯이, 호르몬은 정신 능력이나 재능의 차이를 더 분명하게 드러내는 역할을 한다. 우리는 화학작용이 뇌의 구조와 그 기능의 성향을 결정한다는 것을 알았다. 그렇다면 뇌 차이가 생각의 힘과 정신적 능력을 얼마나 효율적으로 활용할 수 있는지에 지대한 영향을 미친다고 해도 별로 놀라운 일은 아니다.

선구적인 덴마크의 심리학자 니보르크Nyborg. H는 뇌와 중추신경계에 작용하는 성호르몬이 '관심과 인지 양식, 성역할 등에서 나타나는 남녀 간의 차이를 생화학적으로 발생시키며, 이 모든 특성들은 성호르몬이 제때 제자리에 적합한 양으로 존재하는지에 따라 결정된다'고 설명한다.

제때 제자리에 적합한 양으로 존재하는 호르몬이 뇌를 조직하는 일에 얼마나 중요한 역할을 하는지 가늠할 수 있다. 사춘기에 성호르몬은 그 역할을 완수한다. 호르몬은 공격성이나 정서적인 면에서 남녀 간에 서로 다르게 행동하도록 만들 뿐만 아니라, 남녀가 서로 다른 과제에서 강점이나 약점을 보이게 만든다.

이상적으로 본다면 모든 사람에게는 자신이 원하는 일을 훌륭하게 할 수 있는 기회가 주어져야 한다. 사람들은 자신이 이처럼 이상적인 세계에 살고 있다고 믿으며 남성이나 여성 모두 어떤 일이라도 달성할 수 있다고 여긴다. 그들은 인간이 동등하게 태어나지는 않았으나 잠재력은 동일하다고 생각한다. 그러나 우리는 같은 기회가 주어져도 어떤 사람들은 훌륭한 성취를 거두지 못한다는 사실을 이미 알고 있다. 아무리 없어지기를 원해도 성별에 따른 불평등은 언제나 존재할 것이다. 우리는 이런 불평등이 기본적인 생물학적 특성 때문에 나타난다고 본다. 남녀의 뇌는 전체적으로 서로 다른 과제를 수행하는 데 더 적합한 것이다.

이미 앞에서 살펴본 바와 같이, 남자 아이는 처음에는 학교에 입학해 뛰어난 성취도를 보이지 못한다. 그러나 사춘기에 이르면 극적인 변화가 생긴다. 그들은 여자 아이의 언어와 글쓰기 능력을 따라잡으며 수학 능력은 오히려 앞서게 된다. 남자 아이의 지능은 14~16살에 갑자기 높아지나, 여자 아이의 지능은 원래의 수준을 유지하거나 때로는 떨어지기도 한다.

가장 극적인 차이는 청소년기 이전에도 어느 정도 나타나지만, 수학과 과학을 학습하는 데 바탕이 되는 능력이다. 학계에서는 이를 '시각적 공간지각 능력visuo-spatial ability'이라고 부른다. 이미 언급했듯이, 이 능력을 담당하는 뇌의 영역은 남성이 여성보다 더 정교하게 조직되어 있다.

여자 아이가 숫자 세는 법을 먼저 배우지만 남자 아이가 곧 수학적 추론 능력에서 우위를 보인다. 이밖에도 다른 많은 것들을 여성은 더 일찍 습득한다. 그러나 계산에서 이론으로 수학의 본질이 바뀌면 초기에 여성이 가졌던 강점은 사라지기 시작한다.

존스홉킨스대학은 영재를 모아 능력 검사를 실시했다. 여기에는 언어지능이나 수학 능력이 상위 3퍼센트에 드는 11~13살 아이들 수천 명이 참여했다.

수학 능력 검사에서 남자 아이들이 더 높은 점수를 보였는데, 점수가 올라감에 따라 남자의 비율은 증가했다. 800점 만점에 420점 이상의 점수를 받은 남녀의 비율은 1.5대 1이었고, 500점 이상의 점수에서는 2대 1을 넘었으며, 600점 이상에서는 4대 1을 넘었다. 그리고 최상위 점수인 700점 이상을 받은 남녀의 비율은 13대 1이었다. 남녀의 차이는 연령이 올라감에 따라 더 두드러졌다. 남성 호르몬은 시각적 공간지각 능력을 향상시키지만 여성 호르몬은 그것을 저하시키기 때문에 남성이 완전히 성숙했을 때 수학 점수의 차이가 더 현저하게 나타나는 것이다.

이 연구에 참여했던 카밀라 밴보우 박사와 줄리안 스탠리Julian Stanley 교수는 이런 현상을 남녀 간의 사회적 차이로만 설명하는 가설은 호응을 얻지 못하고 논쟁을 가져올 뿐이라는 점을 인정했다. 그들은 이러한 차이가 단순히 사회적이고 환경적인 요인 때문이 아니라는 것을 증명하려고 시도했다.

우선 그들은 학교에서 성별에 따라 서로 다른 수학 교육과정을 채택하기 때문에 남자가 추론에 강하고 여자가 단순 계산에 강하다는 주장을 조사했다. 그러나 그들은 남녀 간의 차이가 서로 다른 교육과정을 채택하기 이전부터 나타난다는 사실을 발견했다. 수학 교사가 남성이기 때문에 언어와 가르치는 태도가 남성적일 것이고, 이에 따라 여자 아이들은 수학이 자신에게 맞는 과목이 아니라고 결론을 내릴 것이라는 주장에 대해서도 살펴보았다. 그러나 남자들이 더 우위를 보임에도 불구하고 뛰어난 성취를 보이는 여자 아이들은 수학이라는 학문을 선택한다는 점에서 이 주장도 받아들여지지 않았다.

분명히 사회의 편견이 타고난 강점과 약점을 강화시킬 수는 있다. 그러나 수학 영재인 딸을 둔 부모들이 여성이 수학에 열등하다는 것을 딸이 받아들이도록 조건화시켰다고 보기는 어렵다. 게다가 남성이 총체적인 공간 정보의 처리, 혹은 수학적 추론에 전문화된 우뇌를 가졌기 때문에 이 강점을 활용했을 거라는 사실을 부인하기는 더욱 어렵다.

흥미로운 사실은 영재 다수가 공식적으로 대수를 배우지 않았음에도 불구하고 직관적으로 대수의 방법, 곧 상상의 수학을 활용하여 문제를 해결했다는 점이다. 남자 아이들은 대부분 여자 아이들과 다른 접근법을 사용했다. 남자 아이들은 개념과 패턴을 인식할 수 있었으며, 서로 다른 분야 간의 추상적 관계를 찾아내어 연결시켰다. 반면에 여자 아이들은 각 분야를 개별적인 것으로 다루었으며, 한 분야를 습득한 후 다음 분야로 넘어갔다. 더 독립적인 분야나 수학의 계산적 요소와 관계 있는 특정 문제의 해결에 있어서는 남녀 간에 능력의 차이가 훨씬 적었다.

남성은 더 큰 도형에 숨어 있는 기하학적 도형을 쉽게 찾아내는 것처럼, 방해를 하는 다른 정보로부터 추상적인 아이디어나 이론을 분리하여 쉽게 집중할 수 있다. 이런 사실은 미국, 영국, 네덜란드, 프랑스, 이탈리아, 홍콩에서 이루어진 연구를 통해서도 증명되었다.

생물학적인 우성 뇌

다른 연구에서는 다량의 남성 호르몬을 가진 여자 아이가 다량의 에스트로겐을 가진 아이에 비해 모든 과목에서 더 뛰어난 성적을 거두는 것으로 나타났다. 남성적인 여자는 특히 남성이 강점을 지녀 온 공간지각 능력과 관련된 분야에서 뛰어난 성취를 보였다. 그리고 공격성, 독립심, 자신감, 자기주장과 같은 남성적인 특성을 지닌 여자 아이가 더 학업 성적이 높다는 사실을 뒷받침하는 연구 결과도 계속 이어지고 있다. 간편하고 남성스러운 파란색 스타킹을 좋아하는 아이들이 높은 성취도를 보이는 것은 출생하기 몇 달 전에 남성 호르몬의 영향을 이미 받았기 때문일 것으로 분석되었다.

임신 중에 남성 호르몬을 투여받은 어머니를 둔 10대의 여자 아이들은 전체적으로 지능지수가 더 높고 대학 입시에서 합격할 가능성도 더 높다. 그들은 또한 여느 여자 아이들과 달리 과학 과목에 관심을 보인다. 평균 이상의 성적을 가진 79명의 아이 중에 남성 호르몬에 노출된 여자 아이들은 다른 아이에 비해 성적이 더 좋았다.

이러한 호르몬에의 비정상적인 노출은 앞의 제2장에서 살펴보았듯이, 치료를 위한 어머니의 인공 호르몬 투여나 자궁 속에서 성장하고 있는 아이의 신장 이상으로 나타날 수 있다.

캐서린Catherine의 사례

캐서린은 언제나 활발한 소녀였다. 그런데 그녀는 때때로 가정과 학교에서 통제하기가 어려운 아이였다. 언니와 달리 그녀는 격렬한 실외 활동을 좋아했고, 나무를 오르거나 가시덤불을 뚫고 지나다가 청바지가 찢어진 채로 집에 돌아오는 경우도 종종 있었다. 학교에서 캐서린은 평균 정도의 성적을 거두었는데, 교사들은 그녀가 조금 더 얌전하고 침착하면 더 높은 성적을 거둘 수 있으리라고 확신했다. 캐서린은 특히 두 과목에서 아주 뛰어난 성취를 보였다. 그것은 목공예와 수학이었다.

캐서린은 선천성 부신과형성증을 앓았는데, 이것은 그녀의 신체에서 너무 많은 남성 호르몬이 분비된다는 것을 의미한다.

부신과형성증 환자들을 대상으로 실시한 연구에서는 이 증세를 가진 여자 아이와 다른 아이들의 공간지각 능력에 이렇다 할 차이가 나타나지 않았으나, 이 연구들은 대부분 청소년기 이전의 환자들을 대상으로 한 것이었다. 이미 살펴보았듯이, 남녀의 차이는 주로 사춘기에 호르몬이 서로 다른 구조의 뇌를 활성화함으로써 나타나기 시작한다. 1986년에 이루어진 생리의학자 슈트Shute. V. J 교수의 연구는 청소년기의 아이들을 대상으로 실시되었다. 그는 남성 호르몬에 노출된 여자아이들과 노출되지 않은 형제나 자매, 사촌으로 구성된 통제집단을 주의 깊게 비교했다.

연구에서 그는 모든 참여자의 공간지각 능력을 검사했다. 남성 호르몬에 노출된 여성은 숨은 패턴을 찾거나, 머릿속에서 사물을 회전시켜 각도에 따라 어떻게 보일 것인지 기술하는 검사에서 보통의 여성보다 눈에 띄게 높은 점수를 받았다. 남성 호르몬이 분비된 양이 많을수록, 그리고 여자 태아가 남성 호르몬에 노출된 시기가 빠를수록 성인이 되었을 때 공간지각 능력이 더 많이 발달했다. 뇌가 남성 호르몬에 보다 많이 노출될수록 더 남성적인 구조를 지니게 되기 때문에 공간지각 능력이 훨씬 좋아진 것이다.

그렇다면 남성 호르몬을 전혀 분비하지 않은 여성에게는 어떤 일이 일어날까?

우리는 앞에서 난소가 없어서 보통 여자들처럼 소량의 남성 호르몬조차 분비하지 않는 터너증후군을 가진 여자 아이들에 대해 살펴보았다. 수학과 공간지각 능력을 강화시키는 호르몬이 전혀 없기 때문에 터너증후군을 가진 여자 아이들은 매우 낮은 성적을 거둘 것이라고 예상할 수 있다.

실제로도 그렇다. 터너증후군을 가진 여자 아이는 전형적으로 손에 있는 물건의 모양을 파악하지 못하고, 어떤 사물의 그림을 보고 다른 각도에서 어떻게 보일지 생각하지 못한다. 또 자신이 보는 것을 기준으로 자신의 위치를 판단하지도 못한다. 뿐만 아니라 왼쪽과 오른쪽을 혼동하며, 수학이나 공간지능 검사에서 낮은 점수를 보인다.

터너증후군을 앓지 않은 쌍둥이 자매와 비교했을 때, 터너증후군을 가진 여자 아이들은 공간지각 능력검사에서는 낮은 점수를 보였으나, 언어지능 검사에서는 비슷한 점수를 보였다. 이 발견 또한 남성 호르몬의 존재 여부가 특정 공간지각 능력의 발달과 관련된다는 것을 증명한다.

지네트Ginette의 사례

지네트는 17살의 터너증후군을 가진 여자 아이였다. 터너증후군을 가진 다른 아이들과 마찬가지로 지네트도 낭만적인 꿈을 갖고 있었다. 그녀는 유치원 교사가 되고 싶어했고, 당시에는 어머니의 일을 주로 돕고 있었다. 약간 수줍음을 타는 편이고 예민하며 내성적이었던 지네트의 지능지수는 지극히 정상적인 수준으로 판명되었다.

지네트는 언어 사용은 유창했으나, 만일 어떤 검사에 공간지각 능력과 관련된 부분이 포함되면 혼란을 느꼈다. 다시 말해서 그녀는 읽고 쓰는 것은 완벽히 했으나, 예를 들어 '숲-갔다-그리고-속으로-나뭇꾼은-약간-구했다-나무를'과 같이 낱말의 순서가

섞인 문장을 주고 완전한 문장이 되도록 다시 배열하라고 하면 어떻게 해야 할지 전혀 갈피를 못 잡았다.

정상적인 여자 아이의 경우, 뇌 구조는 공간지각 및 수학 능력과 관련 있는 문제를 해결하는 데 불리하게 작용한다. 청소년기에 여성 호르몬이 분비될 때, 그 호르몬은 두뇌의 조직과 상호작용하여 공간 및 수학 능력에 더욱 큰 영향을 미친다. 그리고 월경 주기에 따라서 약간의 변동이 생기는데, 에스트로겐의 양이 가장 적을 때 문제를 아주 쉽게 해결하고 가장 많을 때 문제 해결이 아주 어려워진다. 일반적으로 청소년기의 호르몬에 대한 노출은 여자 아이 대부분의 수학 능력을 저하시킨다.

남녀의 능력 차이가 나타나는 데 호르몬은 결정적 역할을 한다. 여자 아이는 대부분 공간과 관련되는 일에 자연적으로 불리하다. 남성 호르몬이 전혀 없는 여자의 경우에 특히 그러하며, 비정상적으로 많은 남성 호르몬을 가진 여자 아이는 보다 덜 불리하다. 우리는 이 과정이 거꾸로 여성 호르몬에 노출된 남성에게도 해당되는지 검토했다. 결과부터 말하면 '그렇다'이다.

여성 염색체를 추가로 지닌 XXY 유전자를 보유한 남자 아이는 비정상적으로 많은 여성 호르몬을 분비하는데, 남성 평균보다는 떨어지고 여성 평균과 유사한 수준의 공간지각 능력을 보였다.

임신 중 당뇨병을 치료하기 위해 여성 호르몬을 투여받은 어머니를 둔 남자 아이도 평균 남성보다 공간지각 능력 점수가 낮았다. 6살일 때는 이런 약점이 나타나지 않으나, 16살 정도가 되었을 때 남성 호르몬이 분비되어도 여성화된 뇌는 커지지 않기 때문에 공간지각 능력의 저하가 더 분명하게 나타났다.

정상적인 성인 남성의 경우, 뇌가 이미 출생 전에 공간 및 수학 능력에 강점을 보이도록 형성되어 있다. 여성 호르몬의 양이 여성의 능력을 결정하듯이 남성 호르몬의 양 또한 남성의 능력을 결정한다. 남성 호르몬이 지나치게 적을 때도 공간지각 능력을 저하시킨다. 하지만 남성 호르몬인 테스토스테론의 양이 아주 많다고 해서 공간지각 능력 검사에서 반드시 높은 점수를 얻게 되는 것은 아니다. 공간지각 및 수학 능력의 발달에 가장 최적인 테스토스테론의 양은 가장 많은 수준에서 한 단계쯤 아래라고 보면 된다.

공간지각에 탁월한 뇌

대부분의 사람들에게 공간지각이나 수학 능력은 그렇게 큰 의미를 지니지는 않는다. 왜냐하면 우리는 대부분이 수학자나 물리학자, 건축가나 분자생물학자가 아니기 때문이다. 그렇다면 이러한 능력에서 나타나는 남녀의 차이에 관해 우리가 너무 길게 기술한 것처럼 보일 지도 모르겠다. 그러나 그렇게 길게 기술한 이유는 두 가지였다. 첫째는 평균적으로 남성과 여성의 뇌에 관한 실험으로 확인 가능한 차이가 있다는 것을 보여주기 위해서였다. 둘째는 수학, 시각, 공간의 세계가 오로지 학문과 관련 있는 것만은 아니기 때문이다.

수학, 시각, 공간에 관한 능력은 일상생활에도 많은 영향을 미친다. 남성이 사물의 구조에 대해 더 관심이 많다고 해서 반드시 이등변 삼각형에 대해서만 흥미를 보이는 것은 아니다. 그들은 새 자동차 같은 것에도 관심을 보인다. 그리고 남성이 지리적 공간에 더 관심이 있으므로 이웃의 정원이 자신의 영역을 침해하려고 할 때 여성보다 더 신경을 쓴다. 만일 남성이 여러 수학 개념 사이의 관계에 더 관심이 많고 그런 관계를 더 잘 찾아낸다면 다른 지적 연관성을 발견하는 데도 훨씬 능숙할 것이다.

한편 사춘기에는 호르몬의 흐름이 증가하기 때문에 남자 아이들이 교실에서 집중을 하지 못하고 공격성을 내보이느라 바쁠 것이라고 생각할 수도 있다. 그러나 테스토스테론은 임상적으로 기록된 또 하나의 장점을 가지고 있다. 그것은 바로 뇌가 쉽게 피로하지 않게 하면서 한 가지 일에 집중할 수 있도록 하는 기능이다.

심리학자 호잉거Hoyenga. B는 남녀 지원자에게 테스토스테론과 위약(僞藥, 생리작용이 없는 가짜약—역주)을 투여하는 실험을 실시했다. 실험에서 테스토스테론을 투여받은 집단과 위약을 투여받은 집단 모두에게 여러 개의 뺄셈을 시켰다. 이는 정신적, 신체적 노력이 그다지 요구되지 않지만 일정한 시간이 지나면 지루함이나 피곤함을 느끼고 집중력을 잃게 되므로 수행 능력이 점차 떨어지는 유형의 과제다. 이와 비슷한 범주의 '자동화 행동'에는 걷기, 말하기, 균형 잡기, 관찰하기, 글쓰기 등이 있다. 실험 결과, 테스토스테론을 투여받은 집단은 시간이 지남에 따라 과제 수행 능력이 덜 떨어지는 것으로 나타났고 위약을 투여받은 집단은 실수를 더 많이 하고 더 쉽게 지치는 것으로 나타났다.

이 연구는 테스토스테론이 더 광범위하게 기능한다는 것을 의미한다. 물론 우리는 살아가면서 뺄셈보다 훨씬 많은 일들을 해야 한다. 일반적으로 자동화 과제에서 뛰어난 수행을 보이는 사람은 남성일 가능성이 높다. 더 많은 남성 호르몬은 자동화 능력을 뛰어나게 하고, 보다 뛰어난 자동화는 성공을 가져온다. 심리학자 브로버맨Broverman. D. M 박사는 이렇게 정의한다.

연령과 교육 수준, 지능을 통제했을 때 자동화 능력이 뛰어난 사람은 그렇지 못한 사람보다 더 높은 수준의 직업과 사회적 지위를 갖는 것으로 나타났다. 또한 자동화 능력이 뛰어난 사람은 그렇지 못한 사람보다 더 높은 사회적 지위를 지향했다.

테스토스테론은 구조상 여성보다 더 전문화되어 있는 남성의 뇌를 더욱 집중시키고 활성화한다는 점에서 남성에게 큰 강점을 제공한다. 앞에서 보았듯이, 남성의 뇌는 각 기능을 특정 영역에서 담당하도록 조직적으로 구성되어 있어서 쉽게 주의가 분산되지 않는다. 정신을 집중시키고 피로에 강하게 만드는 호르몬은 남녀 간에 뇌 기능의 차이를 더욱 두드러지게 한다.

여성의 집중력과 응용력은 월경 주기에 따라 달라지는데 에스트로겐의 양이 많으면 확실히 이런 능력이 저하된다. 여성 호르몬을 가장 많이 분비하는 11~15살의 여자 아이들은 집중력과 응용력이 떨어지는데 반해, 남자 아이들은 이런 능력이 더 향상된다.

대화 능력에 익숙한 뇌

그렇다면 인간의 생물학적 특성 역시 사회적 조건화와 마찬가지로 여성이 전통적으로 남성의 영역이라고 간주되던 역할을 맡을 수 없게 만든다고 할 수 있다.

다른 검사에서는 여성이 에스트로겐을 다량 분비할 때 강점을 갖는 부분도 있음을 보여준다. 다량의 여성 호르몬은 여성의 신체 조정 기능을 향상시키는 듯하다. 그리하여 여자 아이들은 유창한 언어와 표현 능력을 필요로 하는 과제뿐만 아니라, 빠르고 능숙하며 섬세한 움직임을 요구하는 과제에서도 일찍부터 우위를 보인다.

자궁 속에서 뇌가 조직된 방식은 특정 기능을 실행할 수 있는 방법과 잠재력을 형성한다. 그러나 이러한 방법이 완전히 활용되고 잠재력이 완전히 발휘되는 것도 사춘기가 되었을 때다. 물론 유전이나 환경적 요인도 영향을 미칠 것이다. 그러나 분명한 것은 생물학적 특성도 마찬가지로 중요하다는 것이다. 이러한 요인들은 서로 겹쳐서 영향을 주는 경우가 많다. 예를 들어 남성적인 뇌는 남자 아이가 사물과 공간을 통해 세상을 탐험하게 하는데, 사춘기 때 호르몬과 중추신경계의 상호작용에 의해 이러한 특성이 더 강화된다.

사춘기가 되면 남녀 뇌의 차이가 분명해져서 행동, 정서, 야심, 공격성, 기능, 재능에서 차이가 벌어진다. 자주 비난을 받는 남성과 여성에 대한 편견은 사회에 의해 형성되기도 하지만, 남성과 여성의 특성으로부터 비롯된 것이기도 하다. 성별을 구별하지 않고 아이를 양육하는 '이상'을 달성하는 데는 한계가 있다.

남자 아이는 사물을 가지고 노는 것을 좋아하고 여자 아이는 사람들과 대화하기를 원한다. 남자 아이는 무엇인가를 성취하고 남을 지배하기를 원하고 여자 아이는 대부분 정상의 자리를 차지하는 데는 관심이 없기 때문에 남자에 순응한다. 학령기의 아이에 대한 연구에서 여자에게는 성공이나 성취보다 '인기'가 더 중요한 것으로 나타났다. 이런 현상은 영리한 여자 아이가 인기가 낮다는 주장으로는 설명할 수 없다. 왜냐하면 여자 아이의 지능이 사회적 성공과 밀접한 관계가 있다는 사실이 연구에서 밝혀졌기 때문이다. 여자 아이는 다른 사람이 자신을 어떻게 생각하는지에 대해 관심 있는 경우가 많고, 남자 아이는 인생의 목표를 앞으로 갖게 될 직업 및 사회적 지위와 연관해서 정의하기 시작한다. 남자 아이는 '앞으로 내가 무슨 일을 할까'를 궁금히 여기는데 비해, 여자 아이는 '어떤 사람이 내 남편이 될까'에 더 관심이 많다. 사회적 조건화는 남녀의 차이를 분명히 강화하지만, 이 차이를 인위적으로 바꾸려는 노력은 성공하지 못했다. 예를 들어 사회적 교정의 일환으로 여자 아이들에게 리더십 수업을 실시했는데 사회적 책임이나 수용적인 태도와 관련이 있지 않은 한 그들의 리더십에 대한 열망은 강해지지 않았다.

시간이 지남에 따라 이러한 성향은 더욱 강화된다. 남자 아이는 학업 성취를 점점 더 중요하게 생각하나, 여자 아이는 오히려 덜 중요하게 생각한다.

학교를 졸업한 후, 아무리 동등한 기회가 제공되더라도 남성과 여성은 여전히 자신에게 더 끌리는 종류의 일을 선택한다. 남성은 대부분 기계나 이론과 관계 있는 직업을 택하게 된다. 여성은 요식업이나 사회사업가, 비서, 교사와 같이 대부분 사람을 상대하는 직업을 택한다. 사회 결정론자들은 하위의 성별인 여성이 하위의 직업을 택할 수밖에 없게 된다고 주장한다. 그러나 이 주장을 뒤집어서 살펴볼 필요가 있다. 여성이 선택하는 특정 종류의 직업은 남성의 지배 욕구와 공격성, 위계를 중요시하는 의식 때문에 하위의 것으로 간주된다는 점이다. 생물학적 특성 때문에 여성은 특정 직업을 선택하게 되는데, 단순히 편견에 의해 그 직업의 가치가 낮다고 여겨지는 것이다.

이제 하나의 패턴이 서서히 드러나고 있다. 남성은 사물과 이론과 권력에 몰두하고, 여성은 사람과 도덕성과 대인관계에 더 관심이 많다.

남녀는 이렇게 우선순위에 차이가 나기 때문에 서로를 오해할 가능성이 크다. 다음 장의 주제인 '남녀 간의 관계'가 그만큼 매력적이면서도 우리에게 좌절을 주는 것도 그 때문이다.

제7장

뇌가 원하는 이성의 모습

이성의 조건

호가무스 히가무스, 남성은 폴리가무스(polygamous : 일부다처제)

히가무스 호가무스, 여성은 모노가무스(monogamous : 일부일처제)

— 철학자 윌리엄 제임스William James가 아산화질소를 마시고 기록한 말

남자와 여자는 신체가 다르기 때문에 서로 끌리게 된다. 어떤 문화 속에서 온 남성이든 여성의 매력을 평가하라고 하면 자신처럼 밋밋하기보다는 곡선적이고, 자신처럼 강하기보다는 부드러우며, 볼록하게 솟아 있는 신체를 가진 사람을 선택할 것이다. 물론 이것은 과학뿐만 아니라 미학적인 문제이기도 하다. 마찬가지로 여성도 넓은 어깨에서 시작하여 엉덩이 쪽으로 갈수록 좁아지는 역삼각형의 체형을 가진 남자를 선호하는 경향이 있다. 물론 많은 예외가 있으나 일반적으로 이

같은 규칙을 따른다. 심리학자 윌슨Wilson. D과 니어스Nias. B의 연구에 의하면 음주를 즐기지 않는 남성은 가슴이 작은 여성을 선호한다는 분석도 있다.

그러나 우리는 다른 측면에 대해서는 남녀가 서로 유사할 때 더욱 끌릴 것으로 예상한다. 데이트를 위한 온라인 중매에서는 지적인 남성을 지적인 여성과 연결시키려 할 것이다. 그리고 '저 남녀는 서로 잘 맞는다'라는 표현을 자주 쓰곤 한다. 따라서 남녀가 모든 측면에서 얼마나 다른지 알게 되면 일종의 실망을 느낄 수밖에 없다. 컴퓨터는 단순히 같은 음식을 좋아하고 같이 오페라를 즐기며 흡연자를 싫어하기 때문에 두 사람을 맺어주지만, 몇 주 뒤면 서로 완전히 다른 사람이라는 것을 알게 될 수밖에 없다.

원래 남성과 여성은 언제나 서로 다른 존재였다.

앞에서 살펴보았듯이, 남녀는 서로 다른 방식으로 조직된 뇌를 가지고 태어난다. 그래서 남녀는 사고방식과 강점, 우선하는 가치 그리고 삶에 대한 접근법이 서로 다르다. 이러한 남녀 뇌의 차이는 살아가면서, 특히 청소년기에 호르몬이 급격히 증가할 때 더 강화되고 정교해진다.

여성은 남성보다 더 예민하다. 촉각, 후각, 청각이 더 민감하고, 보았던 것을 더 많이 상세하게 기억한다. 여성의 뇌가 가진 특성은 삶의 개인적 측면이나 대인관계를 더 중요시하게 만든다. 출생한 지 몇 일 안 되었을 때부터 여성은 사람에게 관심이 많다. 그리고 사람의 동작이 주는 단서를 더 잘 파악하고 전달한다. 여성은 행복하지 않을 때도 남성보다 더 많이 웃고, 별로 좋아하지 않는 사람에게도 더 친절하다. 이것은 신체적 약점을 보완하기 위한 방어 기제일 수 있다. 여성은 친구들과 더 친밀하고 지속적인 관계를 가지며, 그들에게 자신의 희망이나 두려움을 더 많이 털어놓는다. 여성은 사람의 얼굴과 성격을 더 잘 기억하고, 어떤 사람이 아무 말을 하지 않더라도 그가 말하고자 하는 바를 남성보다 더 잘 이해한다.

이것은 여성의 뇌가 그 같은 기능을 수행하는 데 전문화되어 있기 때문이다. 제3장에서 기술했듯이, 정서를 조절하는 여성의 우뇌는 언어 표현을 조절하는 좌뇌와 더 잘 연결되어 있다. 말하자면 직관이 의사소통 기술과 더 잘 연결되어 있다는 뜻이다. 따라서 여성은 자신과 같은 마음을 지닌 사람들, 곧 다른 여성들과 함께 삶의 대부분을 보내는 게 당연하다.

반면에 남성은 전혀 다른 길을 간다. 남성의 뇌는 출생 이전에 원래의 여성적인 형태에서 남성의 형태로 바뀐다. 남성이 듣고 느끼는 것은 여성보다 더 적으며, 뇌가 구획화되어 있기 때문에 한 가지 일에 더 집중을 할 수 있고 주의가 쉽게 분산되지 않는다. 태어날 때부터 사물이 작동하는 방식과 차지하는 공간에 관심을 가지면서 남성은 사물의 세계 속에서 살아간다.

남성의 뇌는 어떤 문제를 실용적이고 총체적이며 자신에게 이익이 되는 방식으로 해결한다. 만일 파티와 데이트 날짜가 겹치면 남성은 어느 쪽이 더 이득이 될지 계산하거나, 둘 다 참석하는 것이 가능한지 알아보기 위해 시간과 이동 거리를 따져볼 것이다. 여성의 경우에는 먼저 한 약속을 지키려고 하거나, 가장 즐거울 수 있는 쪽을 선택할 것이다. 남성의 인간관계가 권력이나 지배력과 관계 있다면, 여성은 상호작용과 상호보완, 또는 교제와 관련된다.

남성 역시 자신과 같은 마음을 가진 사람들, 곧 남성과 일생의 대부분을 보낸다.

그런데 이렇게 서로 완전히 다른 남녀가 이 세상에 던져져서 신체적 특성 때문에 함께 지내게 된다. 남녀는 비록 다른 면에서는 완전히 상반되지만 서로의 신체에 매력을 느끼게 된다. 따라서 누군가를 사랑한다는 것은 혼란스러운 감정일 수밖에 없다.

그렇다면 남녀의 사랑을 그대로 신비스러운 것으로 남겨놓는 것이 낫지 않을까? 사랑의 본질에 대한 연구를 위한 국립과학재단National Science Foundation의 보조금 요청을 거절한 상원의원 프락스마이어Proxmire 는 분명히 그렇게 생각한 듯하다.

2억의 미국인들은 어떤 것들을 그저 신비의 대상으로 남겨놓기를 바라는데, 남녀의 사랑이 바로 그 첫째 대상이다. 우리는 왜 남성이 여성과, 혹은 여성이 남성과 사랑에 빠지게 되는지 알기를 원하지 않는다.

좋다. 우리는 사랑의 비밀을 안다고 해도 밝히지 않겠다. 그러나 우리는 남녀가 서로를 더 잘 이해한다면 진정한 사랑으로의 길이 더 평탄하지 않을까 생각한다.

남녀가 서로의 성격, 마음, 가치, 감각이 어떻게 다른지 알아서 그것을 이해한다면 그런 차이를 받아들이고 사랑할 수 있을 것이다. 수많은 결혼이 부부가 서로를 이해하지 못하기 때문에 위기에 처하게 된다. 그들은 '도대체 왜 저렇게 나와 다르게 반응하는 거지?'라고 묻는다. 10대는 대부분 성관계를 갖는 방법에 대한 설명은 듣게 되지만, 남녀의 인식 구조가 어떻게 차이가 나는지에 대해서는 설명을 듣지 못한다.

물론 어떤 경우에는 남녀의 차이를 너무나도 명확히 인식해서 부부 관계가 위기에 처하기도 한다. 그들은 서로 근본적으로 너무나 다르기 때문에 함께하는 것이 불가능하다고 주장한다.

그러나 남녀는 대부분 서로에 대해 잘 알지 못한다. 영국의 심리학자 아이젱크Eysenck. J 교수는 이 점을 지적한다.

우리는 쥐가 미로에서 어떻게 길을 찾는지, 혹은 대학생이 무의미 철자를 어떻게 학습하는지에 대해서는 알고 있다. 하지만 남녀의 심리에 대해서는 알지 못한다.

그러나 우리가 이제 남녀의 심리에 대해 알게 된 것과 추정하는 것은 남녀 뇌 차이에 대해 우리가 알고 있는 것과 분명히 일치한다.

우리는 자연계에서 가장 '성적인' 존재다. 우리가 사랑과 성을 혼동하고 있다고 반박하는 사람이 있을 수 있으나, 이 또한 남녀의 차이에 관한 문제라는 것은 뒤에서 설명할 것이다. 여느 영장류와 달리 인간의 여성은 임신이나 자녀를 양육할 때에도 성관계를 가질 수 있다.

암컷 비비원숭이는 한 달에 한 주만 관계를 가질 수 있다. 남성 호모 사피엔스는 192종의 영장류 중에 가장 길고 굵은 성기를 가지고 있다. 여성은 물론 오르가슴을 느낄 수 있고, 성행위 중에 신체적 변화가 생기는 여러 곳의 고유한 성감대를 가지고 있다. 남성은 혼자서도 성적인 장면에 대한 환상을 통해 때로는 신체적 자극 없이도 사정할 수 있다. 인간의 성행위는 다른 종에 비해 더 복잡하고 다양하며 긴 시간 동안 이루어진다.

프로이트Freud와 마리 스톱스Marie Stopes(영국 스코틀랜드 출신의 저자이자 우생학자, 여성운동가. 가족계획협회를 구성하고, 영국 최초의 가족계획 전문병원을 설립하여 여성들에게 여러 가지 피임방법에 대한 정보를 제공함—역주), 킨제이Kinsey는 현대인의 성에 관한 의식을 전환하는 일에 큰 역할을 했다. 많은 설문조사에서 남성은 충분한 수의 여성과 관계를 갖지 못하는 것을 불평한다. 이것은 겉으로 드러난 성에 대한 남녀의 공통적인 욕구 아래에 두 개의 분리된 욕망과 이끌림의 대상이 있다는 것을 암시한다.

성에 대한 학문적인 글은 너무나 많은데, 그중에는 학문적으로 가치가 의심되는 글도 많다. 성은 모든 문화 중에서도 가장 사적인 행위이기 때문이다. 성인류학은 '극단적인 유사성, 신화에서의 유추, 문학적이거나 예술적인 직관'에 의존하는 주관적인 패턴 만들기에 지나지 않는다. 아이젱크 교수는 성 분야를 주로 사회학자나 정신분석학자들이 연구한다는 사실을 안타깝게 생각했다. 그는 "조르주 시므농George Simenon(벨기에 출신 작가로, 본인이 성중독증에 걸렸다고 고백함—역주)은 1만 명의 여자와 잤다고 자랑하는 반면에 철학자 칸트Kant는 1명하고도 자지 못했다고 한다면 성행위의 평균값이 무슨 의미가 있겠는가?"라고 물었다.

이 장에서는 남녀 마음의 차이에 대한 지식을 성행위와 연결시켜 보도록 하겠다. 이미 남녀의 뇌에 대해 과학적으로 증명된 지식이 충분하기 때문에 우리는 신화에 의존하지 않아도 될 것이다.

누드를 바라보는 다른 시선

공격성과 지배욕을 발생시키는 테스토스테론은 남녀 모두에게 성호르몬이기도 하다. 여성 호르몬을 만드는 난소를 잃은 여성도 성적 흥분을 충분히 느낄 수 있고, 여성 호르몬의 분비가 멈추는 폐경기에도 여성은 성욕을 잃지 않는다. 그러나 만일 테스토스테론을 만들고 그 양을 조절하는 부신adrenal gland을 잃으면 성욕을 잃게 된다. 그러나 테스토스테론을 투여하면 다시 성욕을 회복할 수 있다. 따라서 테스토스테론은 여성의 불감증을 치료하는 데 사용되기도 한다. 테스토스테론은 남녀 모두가 성욕을 느끼도록 하는 핵심적인 역할을 맡은 호르몬인 것이다.

그러나 테스토스테론과 관련하여 남녀 간에는 중요한 두 가지 차이가 있다. 첫째, 남성은 어머니의 자궁 속에서 뇌가 테스토스테론에 반응하도록 조직되기 때문에 그 영향을 더 많이 받는다. 둘째, 사춘기 이후에 남성은 여성보다 20배나 더 많은 테스토스테론을 지닌다. 이에 따라 남성은 공격성과 지배욕과 성욕을 더 강하게 느끼게 된다. 테스토스테론의 양이 많을수록 성욕 역시 이성에게 느끼든 동성에게 느끼든 더욱 커진다.

여성의 월경 주기에서 테스토스테론의 양이 가장 많을 때 성욕도 절정에 달한다. 이 시기가 바로 임신할 가능성이 가장 높을 때이기도 하다. 자연이 인간의 생존을 도와주는 것이다.

남성의 경우 테스토스테론의 분비는 주기를 띠는데, 하루에 여섯 번 혹은 일곱 번 절정에 이른다. 테스토스테론의 분비가 아침에는 많고 저녁에는 25퍼센트 더 적다. 그리고 잠자는 동안, 숙면할 때와 렘수면rapid eye movement(깊은 잠에서 옅은 잠으로 바뀔 때 안구를 빠르게 움직이는 현상으로, 이때 꿈을 꾼다고 함—역주)일 때 테스토스테론의 양은 많아진다. 계절에 따라서도 호르몬의 양이 바뀌는데, 봄에 가장 적고 초가을에 가장 많다. 따라서 1년 중에 '나뭇잎이 푸르게 변할 때 성욕도 같이 강해지기 시작한다'는 비유를 시집에서 모두 없애야 할지도 모르겠다. 이밖에도 고쳐야 할 성에 대한 잘못된 상식은 많다.

남자 아이들은 더 일찍 성에 눈을 뜨며 그것을 더 중요하게 생각한다. 그리고 여성처럼 뇌가 생식기와 함께 기능한다. 앞에서 말했듯이 남성은 신체적 접촉 없이 성적인 환상을 통해서도 오르가슴에 도달할 수 있다. 그리고 남자 아이는 대부분의 여자와 달리 성적인 꿈을 꾼다. 이것은 물론 문화와 비교심리학을 통해 설명될 수 있다. 그러나 성적인 꿈을 꾸는 여자 아이도 있는데, 이들은 태아 적 엄마의 자궁 속에서 다량의 남성 호르몬에 노출되어 더 남성적인 청사진에 따라 뇌가 조직된 아이들이다.

성은 주로 뇌와 관련이 있다.

남성 호르몬이 시상하부를 통해 다량으로 남성의 뇌에 작용하기 때문에 남자 아이는 여자보다 성에 대해 더 적극적이다. 남자 아이는 더 자주 자위를 하고 더 강한 성욕이 만족되기를 원한다. 여자보다 더 늦게 성장하지만 성관계는 더 일찍 갖는다. 이것은 일생을 통해 나타나는 하나의 양식으로, 호르몬이 감소하기 시작하는 50살이 넘을 때까지 계속된다.

우리는 남성 합창단을 통해서도 호르몬의 영향을 알 수 있다. 테스토스테론은 신체의 크기와 목소리의 음역을 결정하는 핵심적인 요인이다. 일주일을 놓고 보았을 때 합창단의 베이스가 테너보다 사정하는 횟수가 더 많다.

테스토스테론은 전투 훈련처럼 격렬한 운동을 통해 소비할 수 있는데, 이 또한 성과 공격성이 연결되어 있다는 사실을 말해준다. 일찍이 속된 생각이 들 때 장거리 달리기를 하라고 시켰던 선생님의 말씀은 생물학적 사실에 기반한다고 볼 수 있다. 그런데 주의해야 할 점은 짧은 시간 동안 에너지를 소비하는 것은 오히려 테스토스테론의 양을 증가시킨다는 점이다. 예를 들어 아이스하키 경기에서 잠시 뛰는 것은 오히려 시합이 끝났을 때 공격성을 증가시킨다. 따라서 100미터 달리기를 해서는 속된 생각을 없앨 수 없다. 그보다 훨씬 먼 거리를 달려야 한다.

남자는 모두 똑같다

성과 관련해서 성욕의 차이만이 남녀 사이의 유일하게 다른 점은 아니다. 남성은 여성과는 달리 가능한 한 많은 상대와 관계를 가지려고 한다. 킨제이 박사는 이렇게 정리한다.

만일 아무런 사회적 제약이 없다면, 의심할 여지 없이 남성은 일생 동안 다수의 여자들과 관계를 가질 것이다. 그러나 여성은 여러 명의 남자와 관계를 갖는 일에 별로 관심이 없다.

어머니들은 늘 딸에게 남자는 모두 똑같다고 경고한다. 그런데 그 말이 실제로 맞다. 뇌, 신체, 호르몬은 성적으로 공격적인 남성을 만든다. 미국에서 실시한 한 설문조사에 따르면 남자 아이는 대부분 난교를 해보고 싶다고 대답한 것으로 나타났다. 그리고 자신이 무엇에 쾌락을 느끼는지 찾아보겠다고 답했으며, 성적 흥분을 쉽게 느낀다고도 답했다. 반면에 여자 아이는 대부분 난교에 대해 혐오스럽게 생각하며 누드에 관심이 없다고 답했다. 그리고 사랑이 없는 성관계는 만족을 주지 않는다고도 답했다.

남성은 성관계를 가질 기회가 박탈되면 쉽게 침울해지고 화를 낸다. 그러나 여성이 그런 경우는 거의 없다. 여성은 성행위를 통한 친밀감을 그리워하고, 남성은 성행위 그 자체를 그리워하는 것이다.

비록 남성이 성욕을 더 강하게 느끼지만 언제나 발기한 상태로 있는 것은 아니다. 남성을 흥분시키는 것은 인식, 곧 뇌를 통한 감각 정보의 처리다.

남성에게 중요한 감각은 시각이다. 남성은 여성보다 더 많이 불을

켜고 관계를 갖고 싶어한다. 이것은 성적 행위를 눈으로 볼 때 더 흥분하기 때문이다. 포르노를 즐겨 보는 것도 바로 남성이다.

그러나 여성은 대체로 누드 사진을 보고는 흥분하지 않는다. 설령 흥분을 하는 경우에도 옷을 벗은 주인공의 성별은 관계가 없다. 여성은 대상의 아름다움에 관심을 갖거나, 그 대상과 자신을 동일시하는 경향이 있다. 여성은 연인이 관계를 갖는 사진에는 흥분을 느낄 수 있다. 왜냐하면 그들이 보는 것은 사랑하는 남녀가 관계를 갖는 것이기 때문이다. 여성은 남성의 성기 사진을 보고 흥분하지 않는 반면, 남성은 여성의 성기를 확대한 사진을 보면 흥분한다.

여성은 남성이 자신을 성적 대상으로만 보는 것에 대해 불평한다. 실제로 남성에게 있어 성행위는 객관적 사물과 행위에 관한 것이다. 유아기 때부터 남성은 사물의 세계 속에서 살아왔다. 남자 유아는 사람의 얼굴만큼이나 풍선을 보고 좋아한다. 그리고 남자 아이는 다른 사람과의 관계보다는 장난감을 더 원한다. 나이가 들면 군함 모형을 조립하거나 자동차를 수리하면서 만족을 느낀다. 자신의 남성성을 자랑스러워하는 남자는 때때로 자신을 '섹스 머신sex machine'이라고 치켜세운다. 그러나 이들은 여성이 기계적인 성행위에는 오히려 반감을 가진다는 사실을 알지 못한다. 남성은 포르노 잡지에 있는 여성의 성기 사진을 좋아하는데, 이것은 그 사진을 보며 성행위를 상상할 수 있기 때문이다. 남성은 성행위를 할 때 개인적인 감정을 섞지 않는다. 누드 사진을 보고 '저 여자는 어떤 사람일까?'라고 궁금하게 여기는 경우는 없다. 남성이 관심 있는 것은 '그녀를 어떻게 할까?'뿐이다.

여성 독자를 대상으로 하는 두 잡지 〈플레이걸Playgirl〉과 〈비바Viva〉는 남성의 누드 사진을 연재하면서 흥미로운 설문조사를 실시했다. 조사 결과 두 잡지의 독자 모두 남성 누드 사진에 별로 관심을 갖지 않는 것으로 나타났다. 그래서 이후에 〈비바〉는 남성 누드 사진을 제외시켰다. 〈플레이걸〉의 경우, 동성애 남성이 독자 중 상당한 비율을 차지하기 때문에 계속 누드 사진을 실었다.

여성 마사지사들에 대한 조사에서도 비슷한 결과가 나왔다. 남성을 마사지하거나 유사 성행위를 할 때 여성 마시지사가 성적으로 흥분하는 경우는 거의 없다는 것이다. 그리고 어쩌다 흥분이 일어나더라도 남자를 잠깐 쳐다보면 성욕이 가라앉는다고 대답하는 이도 있었다. 그 남자가 매력적이지 않아서 그런 것이 아니라, 애정이 없는 성적 행위 자체가 흥분을 가라앉힌다는 것이다.

여성은 자신의 뇌가 강점을 갖는 감각에 더 흥분한다. 여성은 어둠 속에서 관계를 갖는 것을 좋아하는데, 이것은 시각적 자극이 없기 때문에 다른 감각 곧 미각, 후각, 촉각, 청각이 더 예민해지기 때문이다. 앞에서 여성이 남성보다 청각이 발달되어 있다고 한 것을 기억하는가? 그렇다면 귀를 통해서 이야기하는 것이 왜 여성의 가슴에 호소하는 가장 좋은 방법인지 이해할 수 있을 것이다. 잠자리에서 이야기를 나누면서 촉각에 예민한 여성의 몸을 부드럽게 애무하는 쪽이 여성을 효과적으로 흥분시키는 방법이라고 할 수 있다.

남성은 여성의 은밀한 사진을 보면 흥분하지만 여성은 그렇지가 않다. 여성은 주로 사랑하는 사람과의 성관계에 자극을 받는다. 연인이 관계를 갖는 내용의 포르노에 더 흥분하듯이 여성은 과거를 배경으로 하는 로맨스 소설을 읽으면서 더 만족감을 느낀다. 출판업자는 남성과 여성 모두를 흥분시키는 소설을 찾는다면 아마도 큰 돈을 벌 수 있을 것이다. 그러나 불행하게도 그런 소설은 없다.

치욕의 황야에서 정신을 소모했네!

남성은 '성'을, 여성은 '관계'를 원한다. 남성은 '육체'를, 여성은 '사랑'을 원한다. 남성이 풍선과 장난감과 엔진을 원하듯이, 여성은 접촉과 교감과 교제를 원한다.

그런데 일부 포르노 잡지들은 이것이 사실이 아니라고 주장한다. 감정이 섞이지 않은 쾌락을 누릴 수 있는 신여성의 시대가 왔다고 말한다. 또한 더욱 예민한 감각을 가지고 있으며 야만적인 성욕을 떨쳐버렸고 사랑하는 이의 가슴보다 총명함에 매료되는 신남성의 시대가 왔다고도 말한다.

그러나 우리가 보았을 때 이 새로운 시대나 새로운 인간은 모두 오래 지속되지 못할 듯하다.

성에 대한 혁명은 남녀가 동일한 성욕을 가지고 있고 동등하게 수용적이라는 오해로부터 시작되었다. 그러나 이 혁명은 인간 진화의 역사에서 잠깐 스쳐간 유행 정도로 간주될 것이다. 우리는 표현의 자유로 남녀의 차이를 더 잘 인식하게 되었음에도 불구하고, 사회적 요구에 의해 그 인식을 억압해야 하는 시대에 살고 있다. 그러나 남녀가 원

래의 모습으로 돌아가는 데는 시간이 얼마나 걸릴까? 포르노 잡지에서
'신낭만주의-마침내 우리는 다시 여성스러울 수 있다'에 대해 이야
기하거나, '남성성의 귀환'에 대한 글을 연재하는 데는 과연 그 시간
이 얼마나 걸릴까?

남성은 태어날 때부터 모양과 형태에 몰두하기 때문에 이성의 아름
다움과 모양을 더 중요시할 수밖에 없다. 남성은 미스 유니버스 대회에
관심을 갖지만 여성이 미스터 유니버스 대회에 관심을 갖는 일은 별로
없다. 이성에 대한 취향도 테스토스테론과 관계가 있는 것으로 보인다.
테스토스테론이 적은 온순한 남성은 가슴이 작은 여자를 선호하는 반
면, 성격이 외향적인 남성들은 큰 가슴을 가진 여자를 좋아한다.

이러한 패턴은 문화적 환경에 상관없이 나타난다. 사회학자 포드
Ford. S와 비치Beach. A는 이를 잘 요약하고 있다.

대부분의 사회에서는 여성의 신체적 아름다움이 남성의 외모보다
더 중시된다. 남성의 매력은 외모보다는 주로 능력과 기술에 의해
결정된다.

낸시 키신저Nancy Kissinger(미국의 자선사업가로, 전 미국 국무장관 헨리 키신저Henry
Kissinger의 아내—역주)가 "권력이 성욕을 일으킨다"고 말했을 때 그것이 무
엇을 의미했는지 알 수 있다.

남성의 사랑과 성욕은 거의 맹목적이다. 제6장에서 보았듯이 남성
의 뇌에 다량의 테스토스테론이 작용하면 어떤 문제에 대해 단편적으

로 접근하게 된다. 성에 대해서도 마찬가지다. 남성 호르몬의 양이 많을 때 남성은 욕망의 대상에 집중을 하다가, 테스토스테론의 양이 감소하면 마침내 뇌가 더 광범위한 정보를 수용하게 된다. 지난 밤에는 그렇게도 멋져 보이던 여자가 아침에 보니 머리는 염색을 했고 손톱은 지저분하며 돌이켜 보니 머리도 둔한 것 같다. 이것이 바로 남성이 성관계 이후에 후회를 느끼는 과정의 생화학적 배경이다. 마치 셰익스피어가 소네트 129번의 첫 구절에서 '치욕의 황야에서 정신을 소모했네'라고 표현했던 것과 같다.

성에 대한 이러한 남녀의 태도 차이를 고려했을 때, 여성이 무엇에 매력을 느끼는지 남성이 오해하는 것도 당연하다. '여성이 무엇에 대해 섹시하게 느낄 것 같은가?'라고 남성에게 물었을 때 '근육질의 몸'이라는 답이 가장 많았으나 실제로는 여성의 1퍼센트만 그렇게 생각했다. 남성의 15퍼센트는 여성이 큰 성기를 열망한다고 생각했으나 여성의 2퍼센트만이 그렇게 답했다. 여성은 그것보다는 넓은 어깨와 날씬한 엉덩이를 선호한다는 것이다.

남녀는 서로에 대해 제대로 이해하지 못한 채 침대에서 함께하는 것이다.

남성은 언제나 만족을 느끼기 때문에 성행위를 좋아한다. 오르가슴을 느끼지 못하는 남성은 거의 없는 반면, 여성은 5분의 1만이 늘 절정을 경험하는 것으로 나타났다. 남성은 사정 이후 급격하게 열정을 잃으나, 오르가슴을 느끼지 못한 여성은 더 오랜 시간에 걸쳐서 그것도 외롭게 흥분을 가라앉힌다.

여성은 성행위를 통한 만족을 남성보다 덜 중요시한다. 대다수의 여성은 애정과 친밀감을 느끼기 때문에 성을 좋아한다고 말한다. 남성은 여성이 자신과 같을 것이라고 생각하기 때문에 정열적으로 동작을 반복하면서 '이것이 그녀가 원하는 것일 거야'라고 오해한다. 그러나 사실 여성은 더 부드럽게 대해주기를 원한다. 여성은 결혼한 후에 오르가슴을 느끼는 비율이 560퍼센트 증가한다. 이것을 보면 상냥하고 친밀한 사랑의 긍정적인 효과를 충분히 알 수 있다. 이에 비해 남성은 결혼 후 63퍼센트 정도밖에 증가하지 않는다.

성행위에 있어서 애정과 상호 관계는 남성의 입장에서 보자면 보다 덜 중요하다. 대학생을 대상으로 한 흥미로운 연구가 있다. 지인, 친구, 애인 등과 관계를 가졌을 때 어느 정도 만족감을 느끼는지 1~5점으로 응답하도록 했다. 남성은 지인 4.2점, 친구 4.4점, 애인 4.9점이라고 응답했다. 반면에 여성은 친구나 애인과의 관계에는 높은 점수를 주었으나, 지인과의 관계에 대해서는 1.0점, 즉 거의 만족을 느끼지 못한다고 대답했다. 여성의 권리가 높아짐에 따라 지인과 관계를 갖는 여성의 수는 증가했다. 여기에는 남성이 한다면 여성도 할 수 있는 것이 아닌가 하고 생각할 수도 있겠다. 그러나 어쨌든 남성이 만족을 느끼는 만큼 여성도 느낄 것이라고 가정할 수는 없다. 여성의 마음은 남성과 다르기 때문이다.

여성의 마음은 관계를 우선하도록 조직되어 있고 남성은 성취를 우선하도록 조직되어 있다. 그래서 남성은 자기가 '정복'한 여성의 수를 계산하기도 한다. 여성의 두뇌, 곧 마음은 성과 관련된 것을 별도의 영역에서 담당하도록 조직되어 있지 않다. 그러나 남성의 뇌에는 마치 성에 관한 것을 보관해두는, 감정과는 완전히 관계 없는 '서랍장'이 따로 있는 것처럼 보인다. 근본적으로 관계를 매우 중요시하는 여성은 성을 훨씬 광범위하고 다양한 감정에 대한 정보와 연결시킨다. 여성은 남성만큼 '치고 빠지기'를 하지 않는다. 여성은 어떤 남성과 잠자리를 같이하는 것을 마치 '전리품'을 수집하는 것처럼 여기지 않는다. 여성은 그것을 갑자기 없앨 수 없는 친밀감의 표현으로서 받아들인다.

그러나 연인 관계를 더 자주 끝내는 것은 남성이 아니라 여성이다. 이 또한 여성의 뇌에 대한 지식으로 설명이 가능하다. 여성은 다른 사람과의 관계에 대해 더 잘 알기 때문에 어떤 관계가 성공적인 것인지, 아니면 실패할 것인지도 더 쉽게 판단할 수 있다. 심리학자 호잉거는 이렇게 말한다.

가슴과 관계되는 일에 있어서 여성은 남성보다 더 실용적인 경향
이 있다

결국 테스토스테론에 의한 욕구 때문에 눈이 머는 것은 여성이 아니다. 여성은 다른 사람과 맺는 관계의 본질과 가치에 대해 언제나 알고 있기 때문에 어떤 관계가 진실하고 지속될 수 있는지도 알 수 있다. 실연을 당한 남성은 그 여성을 얼마나 원하고 얼마나 필요로 하는지 말하게 될 것이다. 그러나 애석하게도 여성은 그것만으로 관계를 유지할 수 없다는 것을 알고 있다. 여성의 뇌에서는 이성과 감정을 통

제하는 부분이 잘 연결되어 있다. 따라서 자신의 감정을 보다 더 쉽게 분석하고 정당화할 수 있다. 젊은 남성은 여성과 더 자주 사랑에 빠진다. 그 이유는 그의 가슴과 머리가 잘 연결되어 있지 않기 때문에, 더 정확히 말해서 뇌의 기능이 서로 잘 연계되어 있지 않기 때문이다.

남성은 여성이 왜 관계를 끝내려는지 이해하기가 어렵다. 왜냐하면 남성에게는 연인끼리의 사랑 그 자체가 신비로운 것이기 때문이다. 남성은 연애를 하려고 할 때 자신의 마음에 더 적합한 전략을 사용한다. 그것은 바로 말을 통해서가 아니라 사물을 통해서 표현하는 것이다. 초콜릿과 보석이 애정의 표시가 된 것도 우연이 아니다. 남성이 애정을 꽃으로 표현하는 것도 우연이 아니다. 그것은 말만으로는 충분히 표현할 수 없기 때문이다. 많은 남성들이 생일이나 기념일을 맞으면 연인에게 카드를 보내려고 한다. 거기까지는 문제가 없으나 막상 그 카드에 무슨 말을 쓸까 생각해 보면 문제가 생긴다. 남성은 사랑의 언어에 약한 것이다.

때때로 남성은 가정 내에서 사랑은 본질적으로 여성이 제공하는 것이라고 생각한다. 남성이 성을 제공하면 여성이 정서와 관련된 일을 돌본다고 생각하는 것이다. 남성은 확실히 사랑을 필요로 한다. 독신 남성이나 홀아비들이 단명할 가능성이 더 높다. 그러나 부부 간에 이렇게 분업을 하면 분명히 문제가 발생한다. 여성은 남성이 자기 생각을 표현하고 희망이나 두려움을 그녀와 공유하기를 원하지만, 남성은 여성에게 그런 압박을 주고 싶어하지 않는다. 남성은 다음과 같이 생각한다.

'그녀는 언제나 내가 대화를 하지 않는다고 생각해. 하지만 이해가 안 돼. 내가 말을 하지 않아도 그녀는 내가 무슨 생각을 하고 있는지 알잖아. 그걸로 충분한 거 아닌가?'

반면에 여성은 이렇게 생각한다.

'때때로 내 말을 듣는 것 같은데 나에게 얘기를 해주지 않아. 술 취한 사람과는 대화하기 힘들잖아? 그런데 그는 술에 취해야만 자기 감정을 표현해.'

알코올은 남성의 뇌에서 각 구획 사이의 경계를 허물어 준다.

심리학자 칸시안Cancian. M 교수의 재미있는 연구가 있다. 한 남자에게 그의 애인에게 애정을 보이도록 요청했다. 그러자 그는 자기 애인의 차를 닦기로 결정했다. 여기에서 또다시 무엇인가를, 어떤 활동을 함께 해야만 하는 남성의 부자연스러운 사랑의 언어를 살펴볼 수 있다. 남성은 식사에 초대하거나 배를 같이 타거나 스키를 함께 즐기거나 축구 경기를 같이 보러 가는 것으로 애정을 표현한다. 그러나 여성은 비밀을 공유하는 것만으로도 애정을 느낄 수 있다.

싸워볼 만한 혁명

왜 자연은 이렇게 남녀를 양립 불가능하게 만들었는지 이해하기가 어렵다. 아마도 우리가 똑같이 느끼고 똑같이 생각했다면 서로에게 쉽게 지루함을 느꼈을 수도 있다. 어쨌든 서로의 차이를 인정하고 이해한다면 더 만족스러운 관계를 가질 수 있을 것이다. 과학의 몫이 남녀가 서로 다르다는 것을 증명하는 데 있다면, 나머지는 우리 모두의 몫이 될 것이다.

성행위를 할 때 남성이 더 객관적이고 이기적인 관점을 가지고 있음을 인정하는 데서부터 시작할 수 있다. 이것은 포르노의 영향도 아니고 남성이 여성을 복종시켜 우위를 차지하려는 사회경제적 음모 때문도 아니다. 성과 공격성, 지배욕이 뇌와 호르몬, 그리고 이 둘 사이의 상호작용이 만드는 남성의 본질에 해당하기 때문이다. 따라서 포르노를 금지시킨다고 해서 남성의 욕구가 줄어들지는 않을 것이다.

여성은 남성이 매우 쉽게 흥분을 느낀다는 것과 가벼운 우정의 표시를 성관계를 가져도 좋다는 초대의 표시로 잘못 받아들일 수 있다는 사실을 이해하면 될 것이다. 또한 남성이 여성을 성적 대상으로 본다는 점을 부인하거나 고치려고 하기보다는 그것을 받아들이고 차라리 어떤 형태로든 즐기려고 하는 쪽이 더 바람직할 것이다.

남성은 여성과 관계를 유지하기 위해서는 의사소통이 필요하다는 것을 이해해야 할 것이다. 처음에는 언어에 익숙하지 않고 표현이 서투르기 때문에 쉽지는 않다. 그러나 사랑을 표현함에 있어 이 방법이 그녀의 자동차를 닦는 것보다 훨씬 효과적이라는 사실을 명심해야 할 것이다.

많은 사람들이 말하는 '성의 혁명'에 대한 요구를 통해 진전이 있을 것 같지는 않다. 생물학적 특성을 기반으로 하는 남녀의 태도는 사회적 영향에 기인하는 태도만큼 쉽게 바뀌지 않는다. 그러나 우리는 서로의 차이를 비판하기보다는 존중하고 맹목적으로 욕설을 퍼붓기보다는 손을 마주 잡음으로써 남녀의 본질에 대한 현실을 직시할 수 있다.

우리가 얼마나 다른지 아는 것이 서로를 이해하는 데 첫걸음이 될 것이다. 이렇게 하는 것 자체가 오히려 성의 혁명이 될 것이다. 그것도 싸워볼 만한 혁명 말이다.

제8장

뇌가 좌우하는 성정체성

Brain
SeX

Brain
Sex
_____

뇌 속의 반란

남성과 여성의 가장 극적인 차이 가운데 하나는 바로 여성보다 남성이 압도적으로 동성애자가 많다는 점이다. 킨제이 보고서에 따르면 10퍼센트 이상이라고 언급하고 있으나 이는 좀 극단적인 수치인 듯하다. 우리가 조사한 바로는 남성 중 동성애자는 약 4퍼센트 정도이고, 여성의 경우는 100명 중 1명 정도만 동성애자였다.

이성의 옷을 입고 싶어하는 복장도착증부터 관음증, 노출증, 가학증, 피학증 등의 비정상적인 성적 행동은 대부분 남성들에게서 나타난다. 1983년에 실시한 성도착증 환자 48명에 대한 연구를 살펴보면, 1명을 제외하고는 모두 남성들이었다. 성적 성향에 대한 미국의 한 연구에서는 다음과 같이 진술하고 있다.

대부분의 비정상적인 성적 성향은 오로지 남성들에게서만 분명하게
나타나기 때문에 우리는 시종일관 남성에 관해서 논의할 것이다.

우리의 이 책은 여성과 남성 사이에 나타나는 뇌 차이 자체를 설명
하는 데 초점이 맞추어져 있다. 그러나 사실 단순히 해부적인 측면을
넘어서 남성과 여성의 뇌와 행동을 평가해 본다면 전통적인 남성과 여
성으로 나누는 것 이외에 다른 성별이 존재함을 분명히 밝혀 둔다. 그
리고 사회에서 '자연스러운 것'으로 인정하는 전통적인 성별과 마찬
가지로, 성적 이상sexual deviancy이 생물학적인 기능 또는 자연의 산물임
을 확실하게 결론 내려 둔다.

우리는 성적 이상에 대한 가치 판단을 하려는 게 아니다. 우리는 성
적 이상이라는 용어를 도덕적인 관점에서 해석하려는 것이 아니라, 생
물학적인 과정의 결과로서 통계적으로 제시하고자 사용했다.

우선 성적 이상에 관한 심리학적 문헌들이 우리의 이해를 돕기보다
는 더욱 모호하게 만든다는 사실을 생각해 보아야 한다. 부모와 자녀
관계의 형성, 성 고정관념적인 놀이, 부모가 다른 성별을 가진 아이가
태어나기를 원했는지에 대한 자각 등이 그러하다. 뿐만 아니라 출생
순위, 생애 초기의 성적 경험, 형제 관계 등에 대한 문제들에 있어 많은
사람들은 부정확한 말에 의해 접근하게 되었다. 물론 일부 성인들의
성적 취향은 생애 초기에 형성된 사회적 조건화에 의해 이루어진다.
예를 들면 빨간 손수건을 보면 흥분을 하거나, 크림을 바르고 진공청
소기 봉지 속의 내용물을 뒤집어쓰고 있을 때 절정의 경험을 느끼는

이유에 대해서는 생물학적으로 설명하기 어렵다. 이러한 사례는 심리치료사들에게 맡기고 행운을 빌어주는 것이 더 나을 것이다.

우리는 대부분의 비정상적인 성적 행동이 남성과 여성의 뇌에 의해 어떻게 형성되고, 뇌가 발달하면서 호르몬의 상호작용이 어떻게 발생하며, 뇌가 어떻게 발달하는지에 대해 새로운 지식을 연결해 보도록 할 것이다.

착각하는 뇌

독일의 과학자인 군터 되르너Gunter Dörner는 출생 전에 어떤 호르몬에 노출되었느냐에 따라 성적 경향이 정해진다는 생각을 이론으로 만들기 위해 일생을 바쳤다. 그는 양수천자(amriocentesis, 산모의 양수를 추출하여 성별 및 염색체 이상을 알아내는 방법 — 역주)를 통해 미래에 나타날 가능성이 있는 동성애의 잠재성을 감지할 수 있다고 주장했다. 더 나아가 되르너는 태아기에 주사를 놓음으로써 동성애를 방지할 수 있다고 말했다.

당연히 되르너의 주장은 동성애자들의 분노를 샀다. 동성애자들은 그의 이론이 동성애를 질병으로 간주하도록 여론을 조성하며, 동성애를 내분비적으로 안락사시키려고 한다고 주장했다. 그러면서 그의 이론을 1930년대에나 있을 법한 '성적 전체주의'라고 비난했다. 그러나 점차 과학적 의견의 무게중심이 되르너 쪽으로 향했다. 그의 이론은 좀더 정교하게 손볼 필요는 있지만, 되르너는 성과학의 존경받는 선구자로서 명성을 얻어 가게 되었다.

앞서 이야기한 대로 염색체는 임신한 지 6주쯤 태아가 발달해 가는 중에 구성되면서 여성의 난소와 남성의 고환이 만들어지게 된다. 그런 다음에 호르몬이 분비된다. 남성 호르몬이 남성의 마음을 만들기 시작하는 것이다.

되르너는 뇌 자체가 남성으로 결정되는 것이 아니라는 점을 발견했다. 제2장에서 우리는 쥐를 대상으로 한 전통적인 실험을 통해 거세와 여성 호르몬의 주입이 쥐의 행동을 어떻게 변화시키는지 살펴보았다. 거세를 당하거나 여성호르몬이 주입된 수컷 쥐는 다른 수컷 쥐를 보고 성적인 매력을 느끼며, 수컷 쥐가 올라타면 귀를 흔들거나 등을 구부리는 등 암컷 쥐의 행동을 했다.

그러나 수컷 쥐가 보이는 여성성의 정도는 언제 거세되었느냐에 따라 달라진다. 만약 생애 초기에 거세를 한다면 남성 호르몬이 생성되지 않게 되며, 뇌는 원래 그런 것처럼 여성의 패턴을 지니는 경향이 있다. 그러나 성장한 후에 거세를 한다면 여성적으로 행동하는 경향은 거의 나타나지 않는다.

되르너는 쥐의 뇌에서 남성성이 점진적으로 드러난다고 결론지었다. 테스토스테론이 없는 정상적인 암컷 쥐의 경우, 뇌는 자연스럽게 여성의 패턴을 가지고 발달하게 된다. 그러나 발달 과정 중에 갑작스럽게 남성 호르몬을 주입했을 경우, 자연스러운 여성으로서의 패턴은 엉망이 될 수 있다. 암컷 쥐의 뇌에 자주 남성 호르몬을 주입할수록, 그리고 나이가 어릴수록 보다 남성적인 경향이 강해진다. 보다 늦게 주입할수록 남성적 행동은 희미하게 나타난다.

되르너는 남성 호르몬의 존재 여부에 따라 여성 혹은 남성의 성적 정체성이 만들어진다고 주장했다. 그는 성정체성이 세 가지 단계로 나타난다고 했다. 신체적 성별 결정기, 성적 취향 결정기, 성역할 결정기가 그것이다.

첫 번째, 신체적 성별 결정기는 남성 혹은 여성의 전형적인 신체 특징이 만들어지는 데 영향을 미치는 호르몬이 분비되는 시기다.

두 번째, 성적 취향 결정기는 앞뒤 단계와 약간 겹쳐지는 단계다. 되르너는 이 시기를 여성과 남성의 시상하부가 다르게 배열되는 시기라고 설명하면서, 어른이 되었을 때 성적 행동을 통제하게 만든다고 밝히고 있다.

세 번째, 성역할 결정기는 호르몬이 태내에 있는 아이의 뇌 속에서 작용하는 시기다. 이 시기에 공격성의 수준, 사회성, 개인주의, 모험심, 소심함 등과 같은 일반적인 성격들이 형성된다. 이러한 성격은 사춘기가 되었을 때 호르몬의 영향으로 완전하게 표출이 된다.

되르너는 각각의 시기에서 문제가 일어날 수 있다고 주장했다. 가장 기초적인 성적 특성의 발달 단계인 첫 번째 단계에서 유전적으로 여성으로 결정된 태아가 비정상적인 수준으로 남성 호르몬에 노출이 되었다면 남성과 같은 기관이 형성될 수 있다는 것이다.

되르너는 성적 취향 결정기에는 시상하부에 문제가 발생할 수 있다고 주장한다. 남자 아이의 경우, 남성 호르몬 또는 안드로겐의 농도가 낮으면 낮을수록 태어날 아이가 동성애적 경향을 띨 확률이 높아진다고 한다. 여자 아이의 경우 안드로겐의 수준이 높으면 같은 여성에 대해 매력을 느끼도록 시상하부가 구성된다는 것이다.

마지막으로 성역할 결정기에는 뇌회로가 만들어지는데, 남성 혹은 여성 호르몬의 비정상적인 출현으로 여성은 남성의 패턴을 따르게 되거나 남성은 여성의 패턴을 따르게 된다고 한다.

이 이론의 중요한 대목은 확실하게 남성의 신체, 남성의 정체성, 남성의 행동 패턴을 가진 남성이 어떻게 같은 남성에게 매력을 느끼는지에 대해 설명하는 부분이다. 이러한 경우는 바로 두 번째 단계, 그러니까 시상하부의 발달 단계인 성적 취향 결정기에 문제가 발생했기 때문이다. 이와 유사하게 외모나 행동에서 여성스러운 소년이 어떻게 성적 취향에 있어서는 여성에게 강력한 성적 매력을 느끼는지에 대해서도 설명할 수 있다. 말하자면 그들은 신체적 성별 결정기와 성역할 결정기에 불균형적으로 호르몬에 노출되었지만, 성적 취향 결정기 동안에는 아무런 문제가 생기지 않은 것이다. 한마디로 요약하자면 여자 아이 같은 남자 아이가 모두 동성애자는 아니며, 동성애자들이 모두 여자 같지 않다는 것이다.

영국의 심리학자이면서 〈사랑의 미스터리Love's Mysteries〉라는 책의 저자인 글렌 윌슨Glen Wilson은 출생 전에 뇌의 준비 상태가 부적절하게 이루어져 문제가 일어난다고 말했다. 성별이 남성이며 해부학적 외형도 남성이지만, 어떤 이유로 인해 남성으로 만들어지는 데 필요한 호르몬에 노출되지 못해서 남성이 되지 못하는 경우가 있다고 주장했다. 이것은 되르너의 주장과 일치한다.

미국의 과학자인 밀턴 다이애몬드Milton Diamond 박사 역시 되르너와 같은 결론에 도달했지만, 뇌 조직의 발달이 3단계가 아니라 4단계라고 주장했다. 첫 번째는 기본 성적 패턴의 결정 시기로서, 공격성이나 수동성과 같은 패턴 등이 만들어지는 단계다. 두 번째는 성적 정체성이 만들어지는 단계로서, 자신이 어떤 성별을 가졌는지 받아들이는 단계다. 세 번째는 성적 대상 선택기다. 이것은 되르너의 성적 취향 결정기와 같은 것이다. 마지막 단계는 성적 능력의 조정기로서, 오르가슴의 기능 등이 포함된다. 각각의 발달 단계 또는 그 단계들 가운데 어느 곳에서 문제가 생기면 결국 서로가 조화롭지 않은 상태가 될 것이다. 그래서 한 남성이 자기주장이 강하고 공격적인 남성성의 전형을 가질 수도 있지만, 성적 대상은 동성애적 선택을 하게 된다. 또 다른 경우에는 여성적인 행동을 하는 남성이 있지만, 성적 대상으로는 이성을 선택하게 되는 것이다.

호르몬 이론을 살펴보면 왜 성적 이상이 남성에게 많이 나타나는지에 대해 이해할 수 있다. 우리의 최종적인 성별이 무엇이든 간에 자궁에서 처음 생명이 만들어지는 순간부터 남성들은 자연스럽게 여성의 호르몬 패턴 과정을 경험하여 뇌의 구조가 변화하게 된다. 그래서 남성은 더 많은 양의 남성 호르몬을 흠뻑 빨아들여서 뇌를 재구조화해야 하며, 재구조화의 처리 과정이 일어나는 동안 여성보다 문제가 생길 기회가 많이 나타난다. 사실 여성들은 뇌의 재구조화가 일어날 필요가 없다.

인간의 성적 이상에 대해 이처럼 생물학적 근거에 입각해 설명하는 것이 과학자들에게 보편적으로 받아들여지고 있지는 않다. 어떤 사람들은 인간을 대상으로 한 증거가 충분하지 않다고 말하고 있다. 설사 이것을 입증할 실험을 실시하더라도 윤리적인 문제가 너무도 광범위하게 지적될 수도 있다. 되르너는 사회적·문화적 양육과 관련한 요소 등에 관해 충분한 고려를 하지 않았다. 되르너의 이론만으로 아직도 이해되지 않는 것이 많이 남아 있다.

무엇이 잘못되었나?

일반적인 이론으로 돌아와 인류에게 나타나는 자연적인 우연성의 관점에서 살펴보도록 하자.

어떤 남성은 2개의 성염색체가 아닌 3개의 성염색체를 가지고 태어난다. 이러한 사람은 여분의 여성 염색체를 갖고 있다. XXY 염색체를 가진 남성은 여성의 XX 행동 패턴과 남성의 XY 행동 패턴을 모두 갖고 있다. 그들은 남성처럼 보이고 남성으로 양육되었지만, 성적 충동이 부족하고 정력이 부족해 고통스러워한다. 성인의 삶에서 볼 때 그들은 테스토스테론의 수준이 낮다고 할 수 있다. 이러한 XXY 염색체를 가진 남성들은 자신들이 어떤 성별의 사람인지, 어떻게 행동해야 하는지에 대해 혼란스러워한다. 그들은 남성다운 역할을 해야 할 때 망설임을 느끼며, 이러한 혼란과 망설임은 종종 복장도착, 성전환, 동성애, 양성애, 무성애 등으로 표출되기도 한다. 생식기관에 정반대의 명령을 내려서 혼란스럽게 만드는 동시에, 충분하지 않은 남성 호르몬이 남성의 몸과 짝을 이루어서 뇌가 제대로 기능하지 못하게 되는 것이다.

이제 높은 수준의 여성 호르몬에 노출된 남성 태아에 대해 이야기해 보자. 136명의 아동에 대한 장기간의 추적 연구를 살펴보면, 어머니가 임신 중에 치료 목적으로 많은 양의 여성 호르몬을 복용했을 경우 여성 호르몬을 복용하지 않은 어머니의 아이들보다 성인이 되어 결혼을 하지 않는 경우가 2배나 높았다. 태아의 발달에 호르몬이 영향을 미치는 시기인 되르너의 성적 취향 결정기에 대한 설명이 이제 보다 믿음직스럽다는 것이 밝혀진 것이다. 그렇다면 성역할 결정기는 어떨까? 태아일 때 여성 호르몬에 노출된 경험이 있는 6살 아동과 16살 청소년들을 연구해 본 결과 대체로 남성성, 자기주장성, 운동 능력, 공격성 등이 부족했다.

제2장에서 언급한 적이 있는 소녀들은 태아일 때 많은 양의 남성 호르몬에 노출되었다는 것을 알았다. 그들은 양성애자 혹은 동성애자의 행동을 자주 드러내는 것으로 나타났다. 유아기부터 그들은 정상적인 성 역할을 싫어했다. 인형 놀이를 하지 않고 경쟁적인 남자 아이들과 어울리는 놀이를 더 선호했다.

한 가지 놀라운 실험에서 되르너는 실제로 여성의 특성을 보이는 동성애자 남성의 뇌에서 핵심적인 부분이 무엇인지를 밝혀냈다. 뇌의 성적 취향 결정기에서 중요한 부분이었던 시상하부가 여성과 남성에게 다르게 작용했다는 것이다. 남성의 시상하부는 견고한 방식으로 호르몬의 수준을 유지하기 위해 호르몬의 양을 조절하는 역할을 했다. 제5장에서 살펴본 바와 같이 여성의 시상하부는 극적인 행동에 영향을 미치면서 호르몬의 분비를 촉발함으로써 많은 양의 호르몬에 반응할 수 있게 했다.

되르너는 남성 동성애자의 시상하부에 여성 호르몬을 주입했을 때는 똑같은 일이 일어나지 않는 점을 발견했다. 즉 여성의 성적 취향 결정기에서와 같은 방식으로 반응했다. 더 많은 여성 호르몬을 생성함으로써 에스트로겐의 투약에 반응한 것이다. 동성애자의 뇌는 여성의 반응 패턴으로 형성되어 있다. 이성애자인 남성은 여성 호르몬을 투약한 후에도 여성 호르몬의 수준이 그렇게 높아지지 않았다. 되르너는 다음과 같이 결론지었다.

남성 동성애자의 경우 태내기에 안드로겐이 부족하여 나타날 수 있는 여성의 뇌를 특이하게 가지고 있다고 볼 수 있다.

미국의 한 연구소에서 되르너의 연구 결과를 입증했지만, 그 원인과 설명에 대해서는 좀더 조심스럽게 언급하고 있다. 어떤 연구자들은 공공연하게 회의적인 발언을 하고, 어떤 연구자들은 되르너의 연구 방법에 대해 의심을 했다. 또 어떤 연구자들은 이 현상을 재현하는 데 실패하기도 했고, 다른 연구자들은 남성과 여성 동성애자들에게서 발견된 남성 호르몬의 수준 등과 같은 요소들에 대해 의견을 달리하기도 했다.

이러한 혼란이 나타나는 이유는 동성애와 같은 성적 관심이 복잡하고 변이적인 행동 형태이기 때문이다. 동성애의 유형에는 단 한 가지만 있는 것이 아니다. 영국에서 실시한 연구에 따르면 동성애자의 주사위는 이미 자궁 안에서 결정되었다는 것이 일반적이다. 하지만 원래부터 타고난 동성애자와, 이성애의 경험이 있고 심리적으로는 덜 여성적이며 동성애를 수정하기 위한 치료 효과가 잘 나타나는 후천적인 동성애자 사이에는 분명한 차이가 있다.

이 같은 후천적인 집단은 타고난 동성애 집단보다 생물학적 뿌리가 약하며, 그들의 동성애는 '학습 이론에 따라 익히게 된 심리사회적인 영향으로부터 야기된 경우가 많다'고 한다. 타고난 동성애자는 에스트로겐을 주입했을 때 호르몬 반응으로 여성적인 패턴을 보인다. 후천적인 집단은 여성 호르몬을 주입했을 때 호르몬 반응으로 남성적인 패턴을 보인다. 이처럼 환경적 또는 정치적인 이유 때문에 다른 유형의 동성애가 나타날 수 있다.

다양한 단계와 수준, 시기와 함께 모든 요소들이 얽힌 상태에서 우리 정신의 성적 구성이 이루어진다. 만약 성적 취향 결정기에만 호르몬에 잘못 노출되었다면 사람들은 같은 성별에 매력을 느낄 수도 있다. 그러나 행동이나 외모에서 비정상적인 성적 기질을 보이는 사람은 드물 것이다.

남성 동성애자에게서 나타나는 테스토스테론의 수준은 남성적으로 행동할 수 있을 만큼 충분히 높은 편이다. 예를 들어, 그들은 대부분의 이성애적 취향을 가진 남성들만큼 섹스에 대해 로맨틱하지 않으며 문란한 생각도 어느 정도 가지고 있다. 이와 동시에 성적 취향 결정기에 그들은 여성이 되었다. 그래서 그들은 다른 남성들만큼 성적인 충동을 갖고 있지만, 그 충동의 방향이 남성으로 맞추어져 있을 뿐이다. 그것은 아마도 왜 남성 동성애자가 생애 동안 수천 명의 섹스 파트너를 가지고 있는지에 대해 부분적으로나마 설명이 될 수 있을 것이다.

동성애자 가운데 소수는 여성스러우며 전형적으로 여성적인 행동을 보인다. 이러한 남성의 경우 성적 취향 결정기뿐만 아니라 성역할 결정기에 여성화된 것이다. 인간관계에 있어서 그들은 여성처럼 무엇을 보살피려는 행동을 너무도 많이 보일 것이며, 단순히 성적인 목적을 위한 섹스에 대해서는 관심이 적을 것이다.

여성 동성애자는 사회적인 인간관계를 충족시키는 정상적인 여성의 행동 패턴에 따르는 것으로 보인다. 여성 동성애자의 경우 선천적인 여성 호르몬이 테스토스테론의 영향에 따라 방해를 받는 것이 아니라, 보다 부드럽고 전형적인 여성의 특성이 나타나도록 뇌의 메커니즘이 작동하는 것이다.

생물학적인 설명으로 동의를 구할 수 있는 성적 이상 행동 유형이 또 하나 있다. 성전환자는 자신과 반대 성별의 신체, 감정, 생각에 사로잡혀 있다. 잔 모리스Jan Morris가 말한 것처럼 '나는 반대의 몸을 가지고 태어났다는 것을 깨달았다'고 느끼는 것이다. 영국의 작가인 모리스는 성전환 수술을 했고, 여자로서 행복해하고 만족스러워했다. 그녀는 이 현상에 대해 설명하고자 수없이 생각했으며, 자신의 생각을 〈수수께끼 Conundrum〉라는 책을 통해 표현했다. 모리스는 자신의 책에 이렇게 적고 있다. '내가 자궁 속에 있는 동안 무엇인가 잘못된 것이 아닐까? 그래, 호르몬이 반대로 뒤섞인 것이 아닐까?'

무슨 일이 일어난 것은 거의 확실하다.

전형적인 남성 성전환자의 경우 아동기에 특별히 여성스럽지는 않았지만 대체로 위축되어 있고 온순한 경향이 있다. 섹스에 대해서는 거의 관심이 없으며, 때로는 남성스러움에 대해 혐오를 느끼기도 한다. 그리고 어린 시기부터 지속적으로 여성이 되고 싶어한다. 이에 관해 잔 모리스는 이렇게 표현했다.

"40년 동안 성적인 의도가 나의 삶을 지배했고 미치게 했으며 고문했다. 선천적으로 분명하지만 남성에서 여성으로 도망가기 위해 의도적으로 쫓아내야 하는 비극적이면서 불합리한 성적 욕구를 말이다."

미국의 과학자 다이애몬드는 이러한 현상에 대해 비정상적인 양육이 원인이라는 분명한 증거는 없다고 주장했다. 다이애몬드 연구의 대상자는 부모의 억압에도 불구하고 자신의 반대 성별과 관련된 행동을 계속하면서 자신의 환경에 도전했다.

물론 일부의 심리학자들은 그들의 행동 자체에 대한 부모의 억압이 비정상적인 경향을 더욱 악화시킨다고 말하기도 한다. 그러나 비정상적인 성적 행동에 대한 대부분의 연구에서 부모나 사회적, 환경적 뿌리나 원인을 찾아내고자 했을 때 유전보다 환경이라는 주장을 입증할 만한 증거가 충분치 못함이 나타났다.

〈성적 편향 – 남성과 여성의 발달 Sexual Preference-its development in men and women〉이라는 책은 동성애적 태도와 행동에 대해 철저하게 조사하고 있다. 500명의 동성애자들에게 면담을 한 후에 저자들은 아들의 성적 경향의 발달에서 부모의 역할이 너무도 크게 과장되었다는 것을 발견했다. 또 확실하지도 않은 개념인 오이디푸스 콤플렉스도 설득력이 없다고 결론지었다. 심지어 동성애자가 아닌 사람들조차도 초기의 같은 성별의 사람들과 나눈 경험이 전혀 영향을 미치지 않는 것으로 보였다. 소년이 나이 많은 남자 어른들의 유혹에 빠지거나 소녀가 나이 많은 여자 어른들의 꼬드김에 빠져서 동성애자가 되었다는 고정관념은 저자들의 자료에 의하면 입증되기 어렵다.

단일 성별로 구성된 학교나 교도소는 동성애의 온상이 될 수도 있지만 동성애의 조건을 만드는 것은 아니다. 학교에서 동성애는 청소년들이 갖는 호기심의 한 부분이지만, 교도소에서는 기능적인 필요에 의해 나타나는 것일 수 있다. 두 기관 모두 소년이나 남성들의 타고난 동성애를 드러내는 곳일 수 있으나, 동성애를 다른 사람들에게 억지로 주입할 수 있는 곳은 아니다.

소년이나 소녀가 동성애자가 될 것인지 아닌지에 대한 가장 뚜렷한 낌새는 바로 아동기의 행동에서 나타난다. 말하자면 늘 위축되어 있거나 운동을 좋아하지 않으며 수줍음이 많은 소년, 또는 아주 소란스럽고 활동적인 소녀를 말한다. 시상하부가 청소년기의 호르몬에 의해 아직 촉발되지 않았더라도 뇌의 회로는 이미 정반대의 성별에 편향이 되는 것이다.

생물학적인 설명으로 잘못된 심리학적 설명을 대신할 수 있다. 예를 들어, 냉담하고 무심한 아버지는 동성애의 원인이 될 수 있다. 소년은 자신의 생애 초기의 주요한 남성 역할 모델에 대항하여 전통적인 남성의 태도와 행동을 거부할 수 있다. 그러나 아버지는 아이가 남자답지 않게 태어났다고 생각하거나 평소에 바랐던 아들이 아니라는 이유 때문에 냉담해질 수도 있다. 아들이 어떤 이유에서건 전형적인 여성성을 띠는 행동을 한다면 언젠가 아들과 함께 밖에 나가서 축구를 할 수 있는 날이 올 것이라고 기대하는 아버지는 실망할 가능성이 크다.

생물학적인 용서

그렇다면 성적 이상에 대한 생물학적인 근본 원인은 과연 무엇인가? 아동과 성인의 성적인 정체성에 영향을 주는 것이 태아일 때의 호르몬이라면, 엄마의 뱃속에서 이러한 호르몬들을 엉망으로 만든 것은 과연 무엇인가?

그 첫 번째 단서를 쥐 실험에서 살펴보도록 하자. 모체의 높은 스트레스 수준은 자궁에서 남성 호르몬의 수준을 떨어뜨린다. 임신한 쥐가 심각한 스트레스로 고통을 받았다면, 이후 태어난 수컷 쥐는 다른 수컷 쥐에게 관심을 갖는 것으로 나타났다. 어미가 힘겹게 스트레스를 견뎌낸 결과로 새끼 쥐는 확연하게 동성애를 갖는 것으로 밝혀진 것이다.

되르너는 이 결과에 호기심을 가졌다. 그렇다고 해서 심각한 스트레스를 받은 임산부를 실험실 가득 모아 놓을 수는 없다. 하지만 되르너는 과거 역사 속의 실험실 연구 결과에서 이와 유사한 결과를 이끌어내고자 했다. 그는 제2차 세계대전 당시 실험실 연구 결과를 살펴보았다. 당시 자신의 나라에 살고 있던 주민들은 견디기 어려운 상황에 놓여 있었다고 볼 수 있었다.

어떤 시기보다 스트레스가 가득한 그 전쟁이 끝난 직후, 약 800명

이상의 동성애자가 태어났다. 이것은 매우 의미 있는 숫자였다. 가장 많은 수의 동성애자가 이 전쟁의 마지막 달에 태어났다.

남성 동성애자의 어머니들 중 3분의 2가 임신 중에 사별, 폭력, 성 폭행, 불안 등과 같은 요인으로 심각한 정도의 스트레스를 경험했다고 보고했다. 반면에 통제 집단 가운데 남성 이성애자의 어머니 중에는 단 한 사람도 임신 기간 동안 심각한 스트레스를 경험하지 않았으며, 약 10퍼센트 정도만 약간의 스트레스를 경험했다고 보고했다.

세계대전보다는 그 영향이 덜하지만 임신 기간 동안의 낮은 남성 호르몬의 수준이 영향을 미칠 수 있다. 부적절한 약물 치료가 그중 하나가 될 수 있다. 가장 빈번하게 처방을 받을 수 있고 중독성이 있는 약물인 바르비투르산염이라는 진정제는 1950년대부터 1980년대 사이에 25퍼센트 이상의 임산부가 처방을 받아 약을 복용한 것으로 나타났다. 바르비투르산염을 주입하는 동물 실험을 한 결과, 직접적으로 약물이 신경 조직에 작용을 하며, 간접적으로는 태아의 성과 관련된 물질의 분비에도 영향을 미치는 것으로 나타났다. 관찰된 결과 중 하나는 행동적, 생리적 성별 차이에서 변이가 일어났다. 인간에게 나타날 수 있는 예상 결과는 심리사회적 부적응, 남성에게서 보이는 탈남성적 정체성, 성역할 행동 등이다.

이 연구 결과의 의미는 바로 임신한 여성은 다른 약도 마찬가지만 바르비투르산염을 복용하지 말아야 한다는 것이었다.

이로써 태아기의 호르몬 수준과 그 이후의 성적 정체성 사이의 관계를 연결하는 되르너의 생각이 분명하게 입증되었다.

남성과 여성에 관한 우리의 새로운 생물학적 이해는 동성애에 대한 태도와 치료에 심오한 질문을 던져 주었다. 만약 모든 것의 뿌리가 생물학적인 혹은 선천적인 데 있다면 동성애가 왼손잡이와는 달리 자연법칙을 거스르는 것으로 비난을 받아야 하는가라는 질문이다. '선천적인 불구'와 같은 생물학적 표현은 적절한가?

우리는 비정상적인 성적 행동의 원인에 대해 생물학적인 지식으로 설명하는 것이 자연스러우면서도 정상적으로 인정받게 될 것이라고 믿는다. 결국 동성애에 대한 중요한 문제는 그들 스스로에게 있는 것이 아니다. 문제는 동성애자가 아닌 사람들로부터 파생된다. 그것은 동성애자가 아닌 사람들이 만들어 놓은 일반적인 성정체성과 성적 행동에 일치하지 않는다는 편협한 인식으로부터 기인한다.

이제 인간 행동에 대해 생물학적인 설명을 추구하는 사람과 심리학적인 설명을 찾는 사람들 사이의 전쟁을 끝마칠 때다. 사실 그러한 약속은 수십 년 전에 한 심리학자와 그의 동료들에 의해 제안이 되었다.

심리학에서 말하고 있는 모든 잠정적인 이론들을 언젠가 유기체적인 기초 아래에서 확립해야 한다는 점을 명심하도록 하자. 그렇게 되면 특별한 화학적 물질과 처리 과정이 우리의 성별에 영향을 미친다는 사실을 알게 될 것이다.

바로 지그문트 프로이트Sigmund Freud다. 그리고 이제 그 시대가 도래한 것이다.

제9장

뇌 차이가 적나라한 결혼생활

Brain
Sex

Brain
Sex

뇌가 느끼는 결혼의 딜레마

나이가 지긋한 코미디언이 이런 이야기를 했다.

"결혼, 그것은 정말 훌륭한 제도다. 그런데 제도 속에서 살고 싶은 사람이 과연 있을까?"

사실 우리 대부분이 그렇다. 현대적 법령과 여성의 경제적인 독립으로 이혼율은 급격한 증가 추세를 보인다. 그럼에도 불구하고 우리는 소중한 그 누군가와 결혼의 틀 속에 들어가게 된다. 그중 75퍼센트는 결혼을 유지하지만 나머지는 그렇지 못한 편이다. 결혼생활이 파탄에 이를지라도 양쪽 모두 그러한 경험들을 극복하고자 희망을 품고 다시 결혼에 나서기도 한다.

우리가 제시하는 지식들이 결혼이라는 복잡한 세계를 새롭게 바꾸어 줄 수 있는 것은 아니다. 우리는 결혼의 새로운 청사진을 제시하지는 않을 것이다. 그러나 인간관계 중 가장 핵심적인 이 결혼생활에서 발생하는 많은 스트레스가 여성과 남성이 본질적으로 동일하다는 오해로부터 비롯된다고 우리는 믿고 있다. 이러한 오해는 서로에 대한 격분, 슬픔, 비난을 일으킨다.

일단 서로 얼마나 다른지에 대해 인정하게 되면 약간은 쉬워질 수 있다. 조금 더 행복해질 수도 있다. 결국 여성 해방의 찬양과 남녀 차이에 대한 부정이 여성과 남성 모두를 더 없이 행복한 결혼생활로 이끌어 준다는 주장을 입증할 만한 증거가 부족하다고 볼 수 있다. 사회학자 사이몬스Symons. D는 그 점에 대해 이렇게 말한다.

남녀의 차이를 인정하는 것, 그것이 남녀 사이에 차이가 없다는 솔깃한 소식을 순진하게 공표하는 것보다 두 성별 간의 전쟁을 빨리 멈추게 할 수 있을 것이다.

한 가지 근본적인 문제는 애초부터 소녀와 소년에게 동일한 방법으로 교육해 왔다는 점이다. 학교의 강의 계획서는 남성과 여성이 동일하다는 가정을 반영하고 있으며, 이것을 믿도록 부추겨 왔다. 그렇게 교육받은 후 우리는 결혼을 통해 충격을 경험한다. 최근 결혼에 대한 보고서를 쓴 심리학자 그린Green. M은 이렇게 표현했다.

"남성과 여성이 서로 결혼하도록 양육되지는 않은 것처럼 보인다. 우리 모두에게 가장 힘든 일은 남성과 여성이 너무도 다른 기대와 재능, 정서적인 훈련을 받고 결혼에 이르게 된다는 점을 인정해야 한다는 점이다."

여성은 정서적인 민감성, 상호 의존력, 교제에 대한 갈망 그리고 정서적 친밀성을 반영하는 섹스 등으로 인간관계를 이야기한다. 남성은 정서적인 중요성에 대해 완전히 모르는 것은 아니지만, 정서적인 특성을 그리 크게 요구하지 않는 편이다. 남성은 독립성이 강하며 부부관계에서 자신의 의무가 재정적인 안정을 제공하는 것이라고 생각한다. 남성은 '좋은' 성관계를 원한다. 그리고 이것은 아내가 남성 자신이 지휘하는 가족 중의 일원이 되었으며, 삶의 기반을 견고하게 만들었음을 보여주는 결과라고 생각한다. 아마도 남성은 여성이 생물학적으로는 설명할 수 없는 비이성적인 기분의 변화에 휩싸이게 된다는 사실을 모를 것이다. 여성은 남성이 분노와 좌절에 대한 저항력이 낮아서 쉽게 그에 굴복하는 특성을 타고났다는 사실을 깨닫지 못할 것이다. 그 결과 가정은 도자기처럼 너무나도 깨지기 쉬운 상태가 된다.

일반적으로 문제에 대한 책임은 남성에게 있다. 셰어 하이트Shere Hite는 미국의 4,500명 여성들을 대상으로 한 여론조사를 통해 '문제를 일으키는 것은 여성에 대한 남성의 태도'라는 결론에 도달했다. 응답자의 95퍼센트가 정서적, 심리적 학대로 고통을 받았으며, 98퍼센트가 언어적인 친밀감 부족으로 좌절을 겪었고, 79퍼센트가 애정관계에 그렇게도 많은 힘을 쏟아야 하는지 의문이 든다고 생각하며, 87퍼센트가 가장 깊은 정서적 유대관계는 다른 여성과 맺고 있다고 대답했다. 이 조사 결과에 모든 것이 드러나 있다.

하이트 연구의 가치는 조사 기법 때문에 문제시되었다. 조사 대상의 성별이 비대표성을 띠고 있다는 의심 때문이었다. 그러나 그녀의 연구 결과는 전혀 놀라운 것이 아니다. 우리는 생물학적으로 이렇게 명백한 진술에 대해 가치 있다고 생각하지 않았다는 것이 그저 놀라울 뿐이다. 우리의 새로운 관점에서 볼 때 여성이 남성의 의사소통 능력 부재로 괴로울 것이라는 점은 너무도 분명하게 예측할 수 있다. 남성은 그러한 방식으로 구조화되어 있지 않기 때문이다. 대다수 여성의 가장 가까운 친구는 또 다른 여성이라는 점은 자연스러워 보인다. 그이유는 여성의 타고난 특성이 인간관계를 가장 중요하게 생각하기 때문이며, 비슷한 사람에게 끌리기 때문이기도 하다. 남성이 인간관계에서 인기 스타가 되기 원한다는 것과 남성의 우선순위는 '존재'에 있으며, 여성은 우선순위는 '주는 것'에 있다는 불평은 그리 놀랄 일이 아니다.

남성의 타고난 '남자다움'에 대해 화가 나서 펄펄 뛰는 일은 날씨를 탓하며 화를 내는 일과 마찬가지다. 우리는 차라리 비옷을 입는 것이 현명할 것이다. 그러나 아직도 일부 여성들은 오로지 구원만이 여성의 전체 사회생활과 성생활을 새롭게 바꾸어 줄 수 있을 것이라고 믿고 있다. 일부의 극단주의자들이 주장하듯이 이미 현대의 과학기술로 남성과 여성 간의 생물학적 차이를 완전히 없앨 수도 있다. 배란기 조절, 시험관 아기, 실험실 양육 등이 임신, 성, 결혼을 너무도 풍요롭게 만들어 줄 것이다.

여성이 아이에게 수유를 하고 또 양육할 수 있지만, 남성은 그렇지 못하다는 생물학적 차이까지로만 만족한다면 별로 문제될 것은 없다.

그러나 우리가 이제 확실히 알고 있는 바와 같이 남성과 여성 간의 차이는 그 이상이다. 남성과 여성은 뇌에서, 뇌의 구조에서, 그리고 우선순위와 전략에서 모두 차이가 있다. 이러한 차이는 우리의 희망, 야심, 기술, 능력에서도 차이를 나타나게 한다. 남성과 여성의 이러한 차이는 바로 존재의 핵심과 관련이 있다. 그러한 차이를 줄인다는 것은 과학적인 사실의 부인이 아니라 여성, 혹은 남성이라는 인간 존재의 핵심에 대해 부정하는 일이다.

문제는 남성과 여성이 동일하다고 목표를 세워 놓은 개척자들이다. 그들은 아이들의 타고난 성정체성에서 관심을 다른 데로 돌리기 위한 공허한 노력으로 법령을 제정하고 성차별주의자들의 책을 금지시켰다. 그러나 인간이 이 사회에서 제공하는 생각을 그려 넣을 수 있는, 아무것도 없는 백지를 가지고 태어났다는 생각은 전제주의자의 꿈일 따름이다.

항상 다른 상대를 찾는 남자 뇌

남녀의 생물학적 차이는 수많은 책을 통해서 알려졌지만, 남성과 여성의 차이라는 핵심 사항을 무시한 채 결혼이라는 주제에 대한 연구가 계속되고 있다. 사회의 생물학적 뿌리를 받아들이는 미국의 몇 안 되는 사회학자 중 한 사람인 앨리스 로시Alice Rossi 박사는 생물학적 지식을 자신의 연구에 연결시키려고 시도했다. 그녀는 자신의 동료들에게 이러한 지식에 바탕을 두지 않는 사회학 이론은 결국 부적절한 방향으로 갈 것이라고 경고했다.

　문제는 성별과 평등의 혼란에서부터 일어났다. 로시는 성별이 관련된 분야에서 남성과 여성에 대한 다양성은 생물학적 사실이라고 말했다. 반면에 평등은 정치적, 윤리적, 사회적인 법칙이라는 것이다.

　몇십 년 전만 해도 여성은 그렇게 혼란스럽지는 않았다. 여성들은 자신의 성정체성을 인정했고, 평등이 힘에 의해 좌우된다는 사실을 알고 있었다. 남성에게 힘은 전통적으로 지배와 공격성 위에 존립한다. 여성에게 있어 힘은 보다 예민한 무엇으로서, 관계를 형성하고 가족을 한데 묶어 주며 사회를 확립하는 영향력이다. 이를 이해하지만 여성이라는 성별이 갖는 본질적이고 중요한 특성을 가치롭게 여기지 않고 여성은 영향력이 없다고 받아들이는 여성들은 자신들의 위치에 대해 불안감이 적었다. 이 여성들이 가정과 직장에서 자신들이 받게 되는 편견을 인정한다는 의미는 아니다. 그러나 그들은 남성들이 부인하는 어떤 기술을 여성들이 갖고 있다는 사실을 스스로 알고 있다.

　힘의 정의에 대한 남성과 여성의 차이는 각각의 삶에 대한 태도에서 나타나는 총체적인 차이의 한 단면일 뿐이다. 여성과 남성이 자신의 삶을 어떻게 지각하고 가치롭게 여기며 차이가 나타나는지 보여주는 연구가 많이 있다. 심리학자 호잉거는 6가지의 현대 문화에 대한 조사와 연구에서 남성과 여성에게 '자신이 가장 되고 싶은 사람'에 대해 진술하게 했다. 남성은 실용적이고, 빈틈없으며, 자기주장적이고, 지배적이며, 비판적이고, 자기통제적이라는 특징을 압도적으로 선택했다. 모든 문화권에서 여성은 이상적인 자아에 대해 사랑스럽고, 애정이 넘치며, 감정에 끌리고, 공감을 잘하며, 자애로운 것으로 기술하는 경향이 있었다.

호잉거는 자신의 또 다른 연구에서 남성과 여성들에게 다양한 흥미와 직업의 가치를 평가해 보도록 했다. 소녀들은 사회적, 심미적, 종교적 가치에 대해 보다 높은 평가를 했다. 그런가 하면 소년들은 경제적, 정치적, 이론적 가치를 높이 평가했다. 여성들은 흥미로운 경험이나 사회봉사를 가치롭다고 여기는 반면에 남성의 우선순위는 권력, 이익, 독립성 등에 있었다. 남성은 경쟁이나 과학적인 놀이와 과학의 원리, 또는 명예, 힘, 지배, 자유를 가치 있게 생각했다. 그러나 여성은 인간관계와 안전이 중요하다고 생각했다.

결혼한 부부에 대한 연구에서 남성들이 생각하는 결혼생활의 행복은 매력적인 외모의 아내, 요리하기, 장보기 등과 같은 여성들의 수고로움과 관련되어 있었다. 여성들이 생각하는 결혼생활의 만족은 이 질문을 받은 날에 남편이 얼마나 애정이 넘쳤는가와 직접적으로 관련되어 있었다. 호르몬의 양이 점차 줄어들면서 여성과 남성은 행동이 서로 비슷해지게 된다. 여성은 성격이 급해지고 이기적이며 자기주장적으로 되는 반면, 남성은 친절해지고 친밀감과 인간관계의 가치를 더 발견하기 시작한다.

여성은 남성보다 정서적인 자극에 보다 더 예민하다. 여성은 선천적으로 남성보다 애정이 넘친다. 여성은 고결함에 대한 생각은 배려의 윤리와 동일한 것으로 생각한다. 그래서 여성은 인간관계와 연결해 자신들을 보려고 한다.

이러한 연구 결과는 우리가 단순히 사회 고정관념의 희생양이라는 것을 보여주는 것일까? 또는 생물학적 차이의 산물이라는 소박한 결론을 말하는 것일까? 남녀 차이에 대한 근본적인 주장은 생물학에 따른 것이다. 우리의 뇌가 구성되어 있는 방식 때문에 서로 다르게 문제를 인식하여 다른 가치를 부여하면서 세상을 다른 방식으로 본다는 것이다.

지위에 대해 논쟁을 벌이는 사람들은 대부분 남성들인데, 이들은 그러한 분석에 안도감을 느낄지 모른다. 반면에 성차별을 개혁하려는 대부분의 여성들은 불편함을 느낄 것이다. 그들은 생물학에 바탕을 둔 차이의 인정이 가족에게 얽매이게 하고, 여성의 수고로움을 바치기를 원하는 지배적인 남편에 대한 굴복이라고 생각한다. 또한 여성의 능력을 집안일에 희생시키는 일이며, 여성이 남성보다 열등한 운명이라는 역할과 가치를 받아들여서 여성의 전통적인 역할을 인정하고 받아들이도록 만드는 일이라고 주장한다.

그러나 누구에 의해 열등한 운명을 짊어지게 되는 것일까? 많은 증거들이 보여주듯이 여성과 남성은 다를 뿐만 아니라 서로 다른 가치를 가지고 있다. 남성들의 가치평가에 대해 여성들이 스스로의 가치를 판단할 때만 문제가 발생한다. 여성은 지위와 사회적 계층에 대해 별로 관심이 없다. 그것은 주로 남성들이 집착하는 대상이다. 문학적으로 그리 우아하지 못한 표현으로 말하자면, 왜 여성들은 자신들의 고유한 가치를 평가절하하는 남성들의 가치체계를 의식적으로 받아들여야 할까? 여성이 남성처럼 되려고 노력하는 것은 자신을 덜 행복한 여성으로 만들려는 것과 거의 일치하는 것으로 보인다.

이제 우리는 남성과 여성의 차이에 대해 보다 중립적으로 이해하고자 한다. 과거에는 남녀가 왜 다른지, 역사가 어떻게 남녀의 개별적이고 선천적인 태도를 강화했는지에 대한 대답을 일부 찾을 수 있었다. 하지만 우리는 현재 살고 있는 상황 속에서 이미 그에 관련한 해답을 가지고 있다. 여전히 첨단 기술의 시대에 살고 있으면서 말이다.

지난 200년의 산업사회를 진화의 역사적인 관점에서 보았을 때는 단 한순간에 불과하다. 우리는 동물 사냥과 농작물 채집에 의존한 공동체 속에서 오랜 기간 동안 살아왔다. 근력과 지구력이 더 세고 돌아다니는 것을 좋아하며 먹이에 창을 더 잘 꽂는 남성은 사냥이나 예측이 불가능한 위험한 활동을 주로 맡았다. 그리고 여성은 더 안전하고 예측이 가능한, 견과류나 곡물 등을 채집하는 활동을 주로 맡았다. 이것은 고등동물인 포유류에서만 발견되는 노동의 분업인데 퍽 공평하게 이루어진 듯하다. 여성의 채집 활동을 통해 전체가 섭취하는 칼로리의 절반과 전체 식사량의 3분의 2 정도가 얻어졌다.

여성이 가정과 더 가까이 지냈고, 아기에게 젖을 먹일 수 있는 것은 어머니만 가능했기 때문에 이러한 분업은 납득이 간다. 6개월 된 새끼 침팬지는 어미 없이도 생존할 수 있으나 인간의 아기는 적어도 1년이 되어야 걸어다닐 수 있다.

아기가 어머니에게 전적으로 의존했고 어머니는 아기를 돌보느라 바빴다. 그 때문에 어머니와 아이는 당연히 사냥을 하는 남성에게 의존하게 되었다. 수백만 년 동안 진화한 지금에도 여성은 아기를 기르는 일에 엄청난 노동량이 필요하다는 것을 종종 느낀다. 다시 말해서 수백 년 동안 우리는 성을 구별하는 사회에서 살아온 것이다. 하루아침에 진화의 역사를 돌이킬 수는 없다.

이를테면 남성이 여러 명의 여성과 성관계를 가지려고 하는 것도 진화론적 근거가 있다. 그렇게 함으로써 기회가 있을 때마다 부족의 인원을 늘릴 수 있었기 때문이다. 후손의 수가 많을수록 자신의 유전자를 다음 세대에 전할 가능성도 높아진다. 여러 명의 여성과 관계를 가지려고 하는 성향도 남성의 유전자와 뇌의 '회로판'에 각인되어 있는 것이다. 농장 주인들은 수소가 암소와 교미하는 일에 흥미를 잃었을 때 다른 암소를 들여오면 바로 다시 흥분한다는 것을 알고 있다. 그 수소가 일곱 번째로 접하는 암소라도 처음 암소를 접했을 때만큼이나 흥분을 한다. 숫양은 같은 암양과 다섯 번 정도밖에 교미하지 않지만 새 암양을 들여오면 처음처럼 흥분한다. 이전 짝의 머리에 자루를 씌우거나 다른 방법으로 변장을 시켜도 수소나 숫양은 속지 않고 거들떠보지도 않는다.

미국의 쿨리지 대통령과 그의 부인이 한 농장을 시찰했을 때 나눈 대화 때문에 이런 현상을 '쿨리지 효과Coolidge Effect'라고도 일컫는다. 닭장 앞을 지날 때였다. 한 수탉이 대단한 정력을 과시하고 있자, 부인인 쿨리지 여사는 농장 주인에게 수탉이 하루에 몇 번이나 교미하는지 물어보았다.

"열두 번 정도입니다." 농장 주인의 대답이었다. 그러자 쿨리지 여사는 말했다. "그런 사실을 대통령에게도 알려주세요." 이 말을 들은 대통령이 농장 주인에게 물었다. "매번 같은 암탉인가요?" 그러자 농장 주인이 대답했다. "아닙니다. 매번 다른 암탉입니다." 농장 주인의 대답을 들은 대통령은 고개를 끄덕이면서 이렇게 말했다. "그것을 아내에게도 좀 알려주세요."

새로운 상대에 대한 성적 욕구는 남성의 뇌에 태어날 때부터 들어 있다. 그것은 학령기 이전의 남자 아이들이 보이는 탐험에 대한 욕구와 테스토스테론 호르몬의 영향, 남을 지배하고자 하는 욕구 등이 복합적으로 나타나는 것으로서, 장기간의 충실한 관계를 덜 중시하는 뇌의 성향과도 연결된다. 그래서 〈보바리 부인Madame Bovary〉(프랑스의 작가 구스타브 플로베르의 소설로, 시골 의사의 아내인 보바리 부인이 다른 남자들과 정사를 갖는 내용—역주)의 잘생긴 연인은 "언제나 모양과 표현이 같은 정욕의 영원한 단조로움이여"라고 말한 것이다. 다양성만이 메마른 남성의 성욕을 다시 살려 주기 때문이다.

모든 연구에서도 남성이 성적 다양성을 추구한다는 점이 발견되었다. 킨제이 박사는 '만일 사회적 제약이 없으면 모든 남성은 평생 동안 수도 없는 상대와 성관계를 가질 것'이라고 결론 내렸다. 어떤 작가는 통찰력 있게 다음과 같이 말하기도 했다. "결혼이 사랑을 기반으로 한다면 여성은 사랑을 위해 성을 제공하고, 남성은 사랑을 위해 성을 포기할 것이다."

새로운 것을 좋아하는 남성의 성향은 매년 크리스마스마다 백화점의 속옷 가게에서도 볼 수 있다. 남성들은 수줍어하면서 속이 비치고 이색적인 속옷을 찾아다닌다. 자기 짝의 머리 위에 자루를 씌워도 속지 않는 수소나 숫양과는 달리 인간의 남성은 자신의 짝을 '변장'시켜서 스스로를 속일 수 있다고 생각한다. 앞에서도 말했듯이, 남성의 뇌는 성적 흥분과 관련해 시각을 중요시한다. 새해가 되면 속옷 가게들은 '사랑의 표시'를 환불하려는 여성들로 가득 찬다. 매끈거리는 주홍색 스타킹 벨트나 속이 훤히 비치는 이색적인 속옷을 환불하면서 그녀들은 "제 취향이 아니에요"라고 말한다. 여성들은 그런 속옷을 받고 난처해하면서 남자가 바보 같다고 생각하기도 한다. 그들은 배우자가 여성의 예민한 감각을 자극하는 선물, 예를 들자면 여성의 예민한 촉각과 후각을 자극하는 바디 오일 같은 선물을 원했을 것이다.

미국의 인류학자 피셔Fisher. E는 장기간의 관계에 있어 남성과 여성의 욕구는 매우 다르기 때문에 배우자는 의식적으로 서로의 욕구를 인정하고 조정하며 일치시켜야 한다고 주장한다. 다시 말해서, 여성은 그 불쾌한 속옷을 환불하기 전에 다시 한 번 생각해 보아야 한다는 뜻이다. 또한 남성은 성행위의 기술보다는 친밀감과 애정이 여성에게 더 중요하다는 사실을 깨달아야 한다. 앞 장에서 살펴보았듯이, 여성은 친밀감과 안정감, 그리고 서로에게 충실함을 느낄 때 성적으로 흥분한다. 결혼을 한 상태에서 관계를 가졌을 때 오르가슴을 느끼는 비율도 혼전보다 5배나 더 높아진다.

피임약을 비롯한 여러 형태의 여성 피임법이 성행위를 하는 남녀의 관계를 변화시켰을 수는 있으나 성에 대한 남녀의 근본적으로 다른 철학을 바꾸지는 못한다. 영국의 심리학자 그렌 윌슨Glen Wilson은 "여성은 사랑하는 남성과 더 많은 관계를 갖고 싶어 하는 반면, 남성은 그저 더 많은 관계를 갖고 싶어한다"고 말한다. 남성은 구획화된 뇌 때문에 성과 사랑을 구분할 수 있다. 그래서 유부남과 그 애인의 감정은 서로 같을 수 없다. 여성은 유부남과 정사를 가질 때 더 진지하게 받아들이지만 상대 유부남은 사실을 강하게 부인한다.

행복한 결혼생활을 하면서 다른 남성과 관계를 갖는 여성은 드물다. 그러나 남성의 경우는 다르다. 남성은 다른 여성과 관계를 시작할 가능성이 여성보다 3배나 더 높다.

성의 해방으로 남성처럼 일시적인 관계를 가지려고 하는 여성의 수도 분명히 증가했다. 이전에는 여성도 성적인 욕구 불만이 쌓였을 수 있고, 여러 사람과 관계를 갖고 싶은 충족되지 않았던 욕구가 있었을지도 모른다. 그러나 그 욕구가 남성처럼 끝이 없지는 않다. 배우자가 아닌 사람과 성적 관계를 가지려는 여성의 욕구에는 한계가 있다. 대다수의 설문조사에 의하면 여성은 성 자체보다는 사랑하는 사람과의 관계를 원한다. 해방이라는 이름으로 여성이 남성의 각본에 따라 남성의 적극성을 모방할 필요는 없어 보인다.

성의 해방을 주장하는 사람들은 성에 대한 이중 잣대를 비난한다. 왜 남성은 혼외정사를 가져도 되는데 여성은 안 되는가? 혼외정사가 남녀 간에 서로 다른 의미를 지니고, 그것을 중요시하는 정도도 다르다는 점에서 잣대가 '이중'인 것은 분명하다. 부적절한 관계가 들통이 났을 때 남성은 '내겐 아무 의미가 없었어'라고 중얼거린다. 그리고 아마 실제로도 그렇게 생각할 것이다. 남성은 여전히 배우자를 사랑한다고 말하며 아마 실제로도 그럴 것이다. 그러나 그의 아내는 자신이 가장 소중히 여기는 친밀감과 신의를 남편이 저버렸다고 생각할 것이다. 그녀에게 그 정사는 매우 큰 의미를 지닐 것이다. 그녀는 남편을 이해할 수 없기 때문에 용서할 수도 없다. 남녀의 뇌와 호르몬의 차이가 서로를 이해하지 못하게 만드는 것이다.

결혼을 했더라도 남녀가 서로의 성적 욕구의 차이를 이해하는 것은 중요하다. 킨제이 박사는 남녀의 성적 욕구의 차이가 불행의 주요 원인이 될 수 있다고 본다. 초반에는 남성이 여성보다 욕구가 더 강하다. 그래서 그녀는 그가 너무 자신을 '이용'만 하고 있다고 불평한다. 그러나 후반에는 남성의 욕구가 여성보다 더 낮은 수준으로 떨어져서 서로 입장이 바뀌게 된다. 그는 그녀를 위해 '수행'을 해야 한다고 화를 내곤 한다.

그러나 이런 차이에도 불구하고 설문조사에 참여한 부부 중 70퍼센트가 행복한 결혼생활을 하고 있다고 응답했다. 우리가 보건대 행복한 결혼생활을 위해서는 반드시 의식적인 노력이 필요하다. 자녀가 남녀 간의 차이에 대해 아예 모르거나 서로 차이가 없다는 잘못된 신념을 갖게 하는 것은 좋지 않다. 그보다는 어떤 차이점들을 서로 극복해야 하는지 충분히 이해시키는 쪽이 미래에 행복한 결혼생활을 하는 데 훨씬 도움이 될 거라고 본다.

참고 기다리며 인내하는 여자 뇌

성과 별도로 결혼생활에서 가장 큰 골칫거리가 있다면 바로 정서적 계약의 불일치다. 배우자의 뇌에서 우선하는 것이 다르기 때문에 결혼을 통한 정서적 계약이 대등하지 않게 된다. 미국에서 실시한 하이트 박사의 연구에 의하면, 100명의 여성 중 98명은 남편이 개인적인 생각, 느낌, 계획, 감정에 대해 더 많이 이야기하고 자신에게도 더 많이 물어보기를 원했다. 여성의 81퍼센트가 깊은 대화를 시작하는 쪽은 자신이며, 남편이 생각과 감정을 표현하게 만들기 위해 몹시 노력한다고 답했다. 그러나 아내들은 대부분 남편에게 감정을 말하게 할 때 큰 저항에 부딪히고, 결국 남성은 살면서 감정 표현을 두려워한다고 결론을 내리게 된다. 장기간의 관계를 갖거나 결혼을 한 여성의 4분의 3 가까이는 더 친밀한 정서적 유대 관계를 갖는 것을 포기했다고 했다. 여성 10명 중 8명은 자신이 하는 말을 배우자가 실제로 듣지 않는 것 같다고 답했고, 10명 중 4명은 자신이 느끼는 감정을 배우자가 느끼지 말라고 하거나 아예 표현하지 말라고 강요한다고 답했다.

이러한 현상에 대한 관례적인 설명에 의하면 남성은 자신의 감정을 인정하지 않도록, 말하자면 '사내가 울어서는 안 된다'와 같이 조건화되기 때문이라고 한다. 그러나 우리는 남성이 감정을 표현하기를 꺼리는 것도 생물학적인 원인 때문이라는 것을 알 수 있다. 남성의 뇌에서는 감정을 느끼는 것을 담당하는 영역과 말로 표현하는 것을 담당하는 영역이 여성보다 더 멀리 떨어져 있다. 남성은 감정을 억누른다기보다는 그가 자주 방문하지 않는 별도의 '방' 안에 그것을 떼어 놓는 것이다. 남성의 언어는 주로 어떤 '행위'와 관련이 있다. 예를 들면 무슨 일을 하거나 어떤 활동을 함께하거나 선물이나 호의를 통해서 감정을 간접적으로 표현한다. 남성이 문을 잡고 있거나 시장에서 물건을 드는 것은 단순히 예의상 하는 행동이 아니라 '당신를 아낀다'라는 표현이다. 그러나 말을 통한 표현과 비밀이나 감정의 공유는 여성이 원하는 친밀감의 중요한 부분이다.

또 다른 생물학적 특성을 고려하면 문제는 더 복잡해진다. 여성은 호르몬 양의 변동에 따라 감정을 극단적으로 표현할 수 있는데, 이런 경우 남성에게는 그 여성이 비이성적인 것으로 보일 수 있다.

감정을 남성보다 더 중시하는 여성의 성향은 생물학적 차이 때문에 발생한다. 우리는 이미 여성의 뇌가 대인관계를 중시한다는 것을 살펴보았다. 여성은 뇌가 다른 사람에 대해 신경을 쓰도록 조직되어 있기 때문에 더 감정적이다. 여성은 다른 사람의 고통을 자신의 것처럼 느낀다. 반면에 남성은 행위를 중시하는 뇌를 가졌기 때문에 다른 사람의 고통을 보면 그것을 어떻게 해결할 것인가를 먼저 생각하게 된다. 아기가 울면 어머니는 그것을 가슴으로 느끼지만, 아버지는 원인과 대처법을 찾느라 바쁘다. 예를 들어 분유를 먹이고 기저귀를 갈고 트림을 시키고 안아 흔드는 것 등의 행동 말이다. 남성은 아이와 함께 놀아주는 것으로 종종 애정을 표현한다.

남성 뇌의 회로판은 사람과 관계를 갖기보다는 어떤 행위를 하도록 설계되어 있다. 그래서 대화 중에 여성이 반응을 더 잘 보이는 시각적 단서처럼 세세한 사항에 대해서는 무시한다. 남성은 "제 말이 지루한 가요?"라고 물어보아야 하지만, 여성은 얼굴만 봐도 알 수 있다. 남성은 여성보다 더 적은 정보를 인지하는 것이다. 남성은 사람을 대하는 것보다는 사물을 다루는 데 더 익숙하며, 사람을 대할 때도 사물 다루는 방식을 사용한다. 이를테면 아기가 울면 기저귀를 갈아 주어야 하는 것이다. 왜 남성은 그렇게 자동차를 만지작거리는 일에 시간을 쓰는지 여성이 이해하지 못하듯이, 남성은 여성이 왜 그렇게 다른 사람과의 관계에 대해 신경을 쓰는지 이해하지 못한다.

여성은 남성이 왜 친밀감과 거리가 먼 것인지 좀처럼 이해하지 못한다. 남성은 말 그대로 자기만의 '공간'을 필요로 한다. '배의 한 구석만이 어떤 선원의 것이다'라는 말이 있다. 남성은 자신이 원하는 대로 혼자서 생각을 하거나 담배를 피우거나 다른 어떤 일을 할 수 있는 영역이 필요하다. 남성이 가장 좋아하는 취미 중의 하나가 낚시인 것은 우연이 아니다. 다른 사람과의 관계에서 자유로운 고독을 느낄 수 있고 자기만의 공간이 주어지기 때문이다.

보스턴대학 심리학과의 헨리Henley. M 교수는 48명의 남학생과 같은 수의 여학생을 두고 실험을 실시했다. 실험에서 헨리 교수는 참여자들에게 서로 사귀는 시간을 가질 것을 강제로 요구했다. 헨리 교수는 여성이 다른 여성을 대할 때 서로 눈을 가장 많이 마주치고, 남성이 다른 남성을 대할 때 눈을 가장 적게 마주친다는 것을 발견했다. 또 남성은 여성보다 더 멀리 떨어져서 대화를 했고 의자의 뒤쪽으로 기대어 앉는 일이 더 많았다. 그리고 그들은 앉아 있는 의자를 움직일 수 있었는데 여성이 남성보다 의자를 더 가까이 붙였다.

남성이 더 많은 공간을 필요로 하는 이유 중의 하나로 다른 사람을 지배하고자 하는 욕구를 들기도 한다. 여기에서 공간은 곧 지위를 의미한다. 그러나 이보다 더 그럴듯한 설명은 남성의 뇌가 물리적 공간의 축소와 관계 있는 친밀감과 거리가 멀도록 조직되어 있다는 것이다.

여성은 더 많은 것을 보고 들으며 보고 들은 것에 더 많은 의미를 부여한다. 여성이 남성보다 더 자주 우는 것은 더 많은 정서적 정보를 받아들이고 그것에 더 강하게 반응하며, 표현도 더 분명하게 하기 때문이다. 남성이 잘 울지 않는 것은 감정을 표현하지 않도록 조건화되어 있다기보다는 여성만큼 고통이나 모욕을 느끼지 못하기 때문이다. 여성에게 의미 있는 사건이 남성에게는 큰 의미가 없다.

여성은 신체나 언어를 통한 표현이 약간 과장되어 있다. 그러나 남성이 우는 것은 뭔가 심각하게 잘못된 일이 있기 때문이다. 여성은 단어를 과장해서 사용한다. "내 고양이가 아프면 난 죽을 것 같아"라든지, "머리를 잘못 자르는 미용사만큼 끔찍한 것도 없어" 같은 표현들이 그 예다. 그러나 이러한 말은 남성의 귀에 거슬릴 수 있다. 그래서 남자들은 "죽을 것 같은 게 아니라 그냥 마음이 아픈 거겠지", 또는 "잘못 자른 머리보다는 에티오피아에서의 기근이 더 끔찍한 일이겠지"라고 대꾸할 것이다. 그러나 여성은 이런 반응에 대해 자신을 비아냥거리는 것으로 받아들일 것이다. 그런데 남성의 그런 반응은 남녀의 인식과 의사소통의 차이를 생각해 보았을 때 실제로 미숙한 방식이다. 남성은 '왜 그녀는 있는 그대로 말하지 않는 것일까?'라고 생각할 수 있다. 그것은 남성의 인식은 엄밀하고 객관적인 데 비해 여성의 인식은 대략적이고 주관적이기 때문이다.

그렇다면 남성이 더 쉽게 화를 내는 이유는 왜일까? 분노는 다량의 테스토스테론 때문에 생긴다. 남성이 성욕을 느낄 때 더 흥분하듯이 좌절이나 분노를 느낄 때도 쉽게 흥분한다. 그리고 성욕과 마찬가지로 분노도 더 격정적으로 표출되지만 곧 사그라진다.

분노 또한 남성 뇌의 특성을 반영하는 것이다. 화를 느끼기 위해서는 그 대상을 어느 정도 사물처럼 느껴야 한다. 실제로 어떤 사람에게 화를 낼 때 그 대상은 하나의 '사물'이 되기 때문에 남성의 마음이 작용하는 방식에 더 잘 맞는다. 분노와 폭력은 세계에 대한 추상적이고 비인격적인 관점에서 비롯된다. 사람이 사물과 같은 취급을 받아 호통을 당하는 것이다. 그러나 다른 사람 사이의 관계를 중시하는 여성의 관점에서는 분노에 필요한 비인격화의 과정이 덜 자연스럽게 느껴진다.

결혼이 전 세계를 통틀어 하나의 규범이 되었다는 사실만으로 놀랍게도 여성의 뇌와 의지가 승리한 것을 보여준다. 이미 살펴본 바와 같이, 남성의 성향은 결혼이라는 제도에 잘 맞지 않는다. 이는 생물학적으로 여러 상대와 관계를 가지려는 남성을 통제하는 여성의 승리를 나타낸다. 성과 진화의 관점에서만 보자면 남성이 결혼을 통해 얻을 수 있는 것이 별로 없다. 남성은 늘 새로움을 추구하고 자신의 씨를 되도록 널리 퍼뜨리려고 하기 때문이다.

그럼에도 불구하고 남성은 대부분 결혼과 부부 간의 신의를 즐기고 존중한다. 부분적인 이유는 여러 상대와 관계를 갖는 것이 허용되었을 때 대혼란이 발생할 수 있다는 점을 남성도 알고 있기 때문이다. 결국 자신의 아내도 다른 남성이 유혹할 수 있다는 의미가 되는데, 역사 전체를 통틀어 남성은 아내의 부정으로 사람들의 조롱감이 되는 것을 늘 두려워해 왔다. 다른 이유로는 결혼도 일종의 계약이라고 할 수 있는데, 남성의 뇌는 규칙을 매우 중시하기 때문이다. 어느 정도는 단순한 이기심 때문에 그런 것일 수 있다. 가정이 더 안전하고 안락한 곳이 될 수 있기 때문이다.

사람의 성격을 잘 파악하는 여성은 결혼과 사회적 관계에 관한 한 전문가라고 할 수 있다. 여성의 외교적 수완과 대인관계 기술은 남성에게 부자연스러운 제도인 결혼을 유지하는 데 결정적인 이점을 제공한다. 여성이 언어가 아닌 행동으로 나타나는 단서에 더 예민하다는 것을 우리는 이미 살펴보았다. 여성은 사람의 얼굴을 자세히 관찰하는데, 실제로 한 연구에서도 여성이 대개 사람의 얼굴을 더 잘 기억한다는 것이 발견되었다. 어떤 상황에서든 정보를 어느 정도 지니고 있는가에 따라 사람의 힘이 결정되는데, 결혼한 상태에서는 여성이 더 힘을 가지고 있다.

부적절한 관계를 가진 남성은 아내가 어떻게 그토록 '직관적'으로 알게 되는지 잘 이해하지 못한다. 그런데 사실 직관과는 관계가 없고 여성은 더 많은 것을 알아차릴 따름이다. 남편의 옷에 부드럽고 긴 머리카락이 붙어 있거나, 남편이 평소보다 위생에 더 신경을 쓰는 경우에만 알아차리는 것이 아니다. 대개 남성들은 이같은 단서조차도 잘 파악하지 못할 것이다. 여성은 남편의 태도와 겉모습, 대화하는 방식,

서 있는 자세만 보아도 무슨 일이 있다는 것을 알아차린다. 아내가 보기에 남편이 '활짝 펼쳐 놓은 책'과 같은 것은 어떤 마법 때문이 아니라 더 민감한 지각력 때문이다. 남성은 여성이 어떤 것을 알아차릴 수 있는지 종종 깨닫지 못한다. 남성은 옷에 묻은 립스틱 자국을 지우면 눈속임으로 충분할 거라고 생각하지만 사실 그렇지 않다.

결혼이라는 제도가 유지되는 것은 여성이 복종적이거나 지배욕이 강한 남성에게 적응하기 때문이 아니다. '사회지능'이라 부르는 타고난 대인 기술 덕분에 여성이 남성보다 관계를 더 잘 관리할 수 있기 때문이다. 여성은 남성보다 인간의 행동을 더 잘 예측하고 이해할 수 있으며, 어떤 말이나 행동의 동기를 파악할 수 있다. 남성이 배의 엔진에 해당한다면 여성은 방향을 조종하는 키와 같다. 여성은 혼자서 지도를 가지고 있고 암초가 어디 있는지 아는 항해사와도 같다. 만일 여성이 어떤 관계나 삶 속에서 자신의 지위에 신경이 쓰인다면 여성 특유의 기술을 발휘하면 될 것이다. 남녀가 서로의 상호보완적인 차이를 인정하지 않거나 그것에 대해 화를 낸다면 결혼은 지속되기 어렵다.

제10장

뇌가 고집하는 부모 모델

Brain
Sex

Brain
Sex

2세를 지배하려는 남자 뇌

아이를 양육하는 경험을 함께 나누는 것만큼 남성과 여성을 가깝게 해주는 일은 없다. 그런데 흥미로운 것은 양육에 대한 관점에서 남성과 여성의 차이가 매우 극적으로 드러난다는 점이다.

실망스러운 사실은 아버지도 헌신적일 수 있지만 어머니와 아기의 관계에는 무엇인가 독특한 점이 있다는 것이다. 아기를 돌보는 데 가장 중요한 역할을 하는 어머니를 대신할 수 있는 것은 없다. 사회과학자들은 아버지가 자연분만과 육아 강좌에 열심히 관여하도록 하는 실험을 했다. 아기들은 2명의 양육자를 갖는 것이다. 첫 번째 집단에서는 아버지가 매우 열성적으로 참여했음에도 불구하고 몇 주 안 되어 아기들은 어머니와 눈에 띄게 가까워졌다. 두 번째 집단에서 아기들은 혼란스러워하고 엄마에게 맡겨지기를 원했다.

여성과 아기가 맺게 되는 애착은 자연적으로 얻어지는 듯하고, 남성의 애착은 사회적으로 학습하여 얻게 되는 것 같다. 어머니들은 아이의 타고난 파트너지만 아버지는 그렇지 않다.

여성의 뇌에서 나타나는 이 같은 양육에 대한 편향은 동물 실험을 통해서도 입증할 수 있으며, 인간의 자연스러운 상황에서도 자주 목격된다. 동물의 모성 본능은 여성 호르몬을 주입했을 때 더욱 강해진다. 그래서 여성들이 임신하고 있는 동안에 에스트로겐 수준이 100배 정도 자연스럽게 상승된다.

임신 초기, 암수가 결정되기 전에 수컷이 될 쥐에게 여성 호르몬을 주입했을 때 전형적인 여성 행동을 이끌어낼 수 있었다. 그와 반대로 자연적으로 암컷이 될 쥐의 뇌에 남성 호르몬을 주입했을 때 쥐는 모성 행동을 잘 보이지 않는 경향이 있었다.

대부분의 영장류들에게 있어 양육은 거의 전적으로 여성들이 해야 하는 일이다. 새끼들을 돌보는 여성들의 행동 패턴은 일찍부터 나타난다. 청년이 되기 전의 여성과 남성은 신생아에 대해 다른 행동 패턴을 드러낸다. 젊은 여성은 신생아에게 강한 애정을 보이지만, 젊은 남성은 오히려 무관심하거나 다소 공격적인 행동 패턴을 보인다. 드물기는 하지만 일부의 동물 중에는 수컷이 양육을 함께 하기도 하는데 이런 경우 여성과 남성 간에 신체적, 행동적 유사성이 보인다는 특징이 있다. 인간의 경우 태아일 때 여성 호르몬에 노출되어 여성과 유사한 남성일수록 육아에 보다 적극적으로 참여하고자 했다.

여성의 특징으로 나타나는 신체적인 접촉은 아기와 관계를 형성하는 과정에서 필수적이다. 아기 원숭이에게 단지 젖을 주는 2명의 대리 모를 제공했다. 하나는 철사로 만들었고 하나는 천으로 만들었다. 아기 원숭이는 억세게 보이는 철사 엄마보다 부드러운 천 엄마를 좋아했다. 영국의 심리학자 윌슨은 젖을 주는 것보다 안아 주는 행동이 보다 중요한 어머니의 역할이라고 말하기도 했다.

아버지들도 안아 주는 행동의 중요성을 학습하기 시작했다. 이때 중요한 것은 '학습한다'는 점이다. 남성들의 뇌 속에는 자연스럽게 신체적으로 접촉하는 행동 경향이 거의 없다. 그들은 오직 의식적으로만 양육 행동을 할 수 있다. 그렇지 않으면 자연스럽게 양육 행동을 하지 않는다.

일단 아기가 태어나면 어머니들의 여성 호르몬인 에스트로겐의 수준이 급격하게 줄어든다. 출산 후 나타나는 이러한 여성 호르몬의 급감 현상은 여성의 양육 행동 패턴을 일시적으로 엉망으로 만들어 때로는 남성들을 당황하게 만든다. 호잉거의 최근 연구에 따르면 프로게스테론의 흐름이 급작스럽게 멈추는 결과로 출산을 한 여성들의 84퍼센트가 출산 직후 '산후 우울증'을 경험하게 된다고 한다. 4명 중 1명은 치료가 필요한 정도의 우울증이라고 한다. 자긍심이 강한 아버지에게 새로 태어난 아기는 흥분을 유발시키는 새로운 프로젝트다. 그렇지만 아기를 잘 키울 수 있는 어머니가 왜 갑작스럽게 절망을 하게 되고 격정적인 감정에 휩싸이는지 남성은 이해하지 못한다.

영장류는 성별에 따라 다른 종류의 어버이 행동을 하게 되며, 그러한 차이는 성별에 따라 다른 뇌의 편향성을 반영하는 것이다. 5쌍 가운데 4쌍은 첫 아기를 출산한 후 매우 혹독한 위기를 겪게 된다. 새로 태어난 아기의 신기함이 점차 사라짐에 따라 정도에 차이는 있지만 아버지들은 새로운 방문자에 대해 화를 내기 시작한다. 남성의 뇌는 세상을 경쟁과 지배의 관점에서 바라보도록 지시하며, 그에 따라 남성은 부인의 애정을 빼앗겼다고 느끼게 된다. 그 결과 자신의 2세에게 명령을 함으로써 사회적 위계 관계로 대체하려고 한다. 애틀랜타에서 실시된 그린과 호잉거의 연구를 살펴보면, 자식이 없었을 때와 자식이 10대가 되었을 시점 사이에 '부부 간의 만족'이 완만하게 감소하는 것으로 나타났다. 그러다가 자식이 집을 떠났을 때와 자식들이 집으로 다시 돌아왔을 때 만족감이 되살아났다.

그러나 여성의 뇌는 보다 폭넓고 다양한 인간관계를 아우를 수 있는 인격적이면서도 정서적인 능력에 초점이 맞추어져 있다. 자식을 향한 여성의 사랑은 다른 어떤 대가를 바라는 것이 아니다. 남성만이 사랑을 유한한 것으로 생각한다. 사실 어머니의 사랑은 성적인 사랑과 비교조차 할 수 없다. 그러나 그것의 연장으로서는 생각할 수 있다. 연인들은 사랑하는 동안 상대방이 보다 다정하게 느끼게 하고 기쁘게 해주려고 마치 아기 같은 말을 한다. 키스를 하는 행동은 원시인들이 입에서 입으로 먹이를 주는 행동에서 출발했다. 남성과 여성 모두 이러한 다른 관점들을 이해하고 인정해 줄 필요가 있다.

여성의 호르몬은 자식을 양육하는 데 필요한 것과 매우 긴밀한 관계가 있다. 분만 직후에 나타나는 많은 양의 여성 호르몬은 어머니와 아기의 애착에 결정적인 영향을 미친다. 이러한 호르몬에 대한 어머니의 반응은 여성 뇌의 연결망에 따라 나타나는 것이다. 제2장에서 설명한 바와 같이, 태아가 남성 호르몬 없이 자궁에서 자라남에 따라 뇌는 여성의 구조를 갖게 된다. 여성의 뇌는 어른이 되었을 때 모성 행동을 결정하는 요인이다.

이에 대한 증거로 제2장에서 언급했던 자궁 속에서 많은 양의 남성 호르몬에 노출된 쥐에 대한 실험을 들 수 있다. 모체 속에서 남성 호르몬에 노출된 암컷 쥐는 모성 행동을 거의 보이지 않거나 전혀 보이지 않는다. 인간의 경우 아동기에는 인형을 갖고 노는 것을 거부하고, 청소년기에는 아이를 돌보는 일에 관심이 없으며, 성인이 되었을 때는 아이들에 대해 전혀 개의치 않게 된다. 그와는 달리 여성 염색체만 있고 남성 염색체는 없는 터너증후군의 소녀는 인형, 아기, 엄마 놀이 등에 과도하게 관심을 보인다.

여성의 뇌는 호르몬과 뇌의 진화와 상호작용에 의해 더욱 강화된다. 예를 들면, 유아의 울음은 여성에게 생성되는 옥시토신이라는 물질의 분출을 자극해 아기에게 젖을 먹이려고 젖꼭지가 단단해지게 만든다.

부모로서 남성과 여성의 태도와 능숙함 사이의 차이는 근본적으로 뇌 차이를 반영함을 다시 한 번 밝혀 둔다. 부모와 아기 사이처럼 대부분의 긴밀한 관계에서는 아버지보다 어머니가 비언어적인 상징과 분위기에 보다 예민하다. 그리고 아기의 요구에 더 빠르게 반응한다. 여성은 양육에 온 신경과 감각을 보다 잘 활용하며, 아기의 울음이 무엇을 요구하는지 잘 구별할 수 있다. 만지고 소리를 듣고 냄새를 맡는 것

등에 대해서도 보다 예민하다. 하루 저녁 시간을 내어 식당에 가거나 영화를 보러 가더라도 어머니는 자신의 일부를 집에 두고 온 것 같은 느낌을 갖는다. 그러나 아버지의 경우 아무리 헌신적인 가장일지라도 잠시나마 집안일에서 벗어났다고 여기며 긴장을 풀게 된다.

남성들은 부모로서 어머니와 아기의 긴밀한 관계에 끼어들 수 없다는 점에 괴로울 수도 있다. 그러나 남성들은 어머니와 아기의 이와 같은 관계가 선천적이라는 점을 받아들여야 한다. 아기의 양육에 있어 보다 강력한 관계는 경험적으로 입증되었다. 이것은 단지 사회화에 의해 설명될 수 있는 것이 아니다.

영국의 사회학자 스타인Stein. G이 말한 바와 같이, 의식적으로 역할을 분담하는 가족들조차도 아버지는 어머니처럼 아기의 요구를 잘 맞추지 못한다는 점을 알아차리게 될 것이다. 남성은 아기가 졸거나 잠이 들려고 할 때 갑자기 재미있게 해주려고 할 수도 있다. 남성들은 때를 제대로 맞추지 못한다. 여성이 쉽게 할 수 있는 아기의 마음을 알아차리는 일에 남성은 번번이 실패를 한다.

2세와 소통하려는 여자 뇌

아버지들은 아기들이 성장하기 시작할 때가 되어서야 제대로 실력 발휘를 한다. 보다 정확하게 말하자면, 아기들이 혼자 몸을 뒤집고 기어다닐 정도가 되었을 때 아버지가 실력을 발휘할 수 있도록 해주는 것이다. 아버지와 아기가 상호작용을 시작할 때 바로 문제의 행동이 시작된다. 코 비틀기, 흔들기, 돌리기 등이 그것이다. 어머니가 아기를 현재 상태에 맞게 다루는 반면, 아버지는 앞으로 다가올 상태에 보다 관심을 갖는다.

　미국의 사회학자 로시 박사에 따르면, 아버지들은 아기들과 상호작용을 하기보다는 사물처럼 아기를 대하는 경향이 있다고 한다. 아무리 잘 돌보더라도 아버지의 의사소통은 가르치려는 욕구에 따라 아기를 대하는 것이라고 할 수 있다.

　나는 아기에게 젖병을 주었다. 그는 이제 막 혼자서 젖병을 쥐는 것을 배웠다. 나는 계속해서 아기가 해야 할 일들을 가르칠 것이다. 어떻게 젖병을 쥐는지, 젖병을 옆으로 떨어뜨렸을 때 어떻게 집을 것인지 등을 가르칠 것이다. 이제 나는 아기에게 구르는 법을 가르치려고 한다. 또한 나는 새로운 장난감을 가지고 아기와 상호작용을 해보려고 한다.

　최소한의 비언어적 행동으로 조용히 아기와 의사소통하는 어머니와 한 번 비교해 보자.

　젖을 먹이는 동안 여러 가지 일들이 일어났다. 아기는 젖을 빨고, 움찔거리며 긴장을 풀고, 젖꼭지를 뱉고, 게걸스럽게 먹고, 잠이 들고, 웃고, 울고, 눈을 크게 뜨고, 얼굴을 찡그리고, 얼굴 표정이 밝아지고……. 나는 아기를 안고 흔들고, 조용히 앉아 나지막하게 노래를 불러 주고, 자세를 조정해 주고, 긴장하고, 긴장을 풀고, 아이를 들여다보고, 웃고, 말하고, 등을 토닥여 주고, 쓰다듬어 주고, 아기를 들어올리고, 내려놓고……. 아기의 행동 하나하나가 나의 즐거움이다. 나와 아기는 이러한 대화를 통해 젖 먹기를 협의하고, 서로의 스타일에 적용하려고 노력한다.

로시 박사가 말하기를 여성이 자신의 여성성을 양육에 적용하듯이 남성은 자신의 남성성을 양육에 적용한다. 아버지는 아기와 놀기 위해 안아 주며, 어머니는 아기를 달래기 위해 안아 준다. 아기가 남성의 놀이들에 반응을 보이지 않을 때 지루해하는 것은 아기가 아니라 아버지다. 아버지는 지루해지면 신문이나 다른 것을 읽고 싶어한다. 이것도 역시 아버지이지 아기가 아니다. 결국 아기는 언제나 변하지 않고 믿을 수 있고 놀이는 덜 하는 어머니에게 되돌아가게 된다. 어머니는 아기를 잘 알아서 아기의 요구를 이해하는 반면, 아버지는 단순히 자신의 편의에 따른 역할을 하는 것이다.

우리가 알고 있는 어떤 이혼한 엄마는 아기를 보기 위해 방문하는 아버지가 아기에게 접근하는 방식에 화가 나 있었다.

"그 사람은 자신이 큰 기쁨이고 별이고 마치 마술사인 것처럼 생각해요. 그는 지미가 피곤한지 추워하는지 혼자 있고 싶은 기분인지 등에는 관심도 없어요. 그는 '자, 우리는 수풀 속에 있는 거야' 하고 말하면서 지미의 장난감을 겹겹이 쌓아놓아요. '지미가 이렇게 재미있어 하는데 왜 자러 가야 된다고 하는 거야?'라고 말하죠. 지미가 놀고 싫어하지 않으면 뾰로통해져요. 그렇지 않으면 우는 척하거나 숨이 막히게 꼭 안아 주거나 장난감과 사탕 등으로 눌러버리지요. 아빠가 돌아간 다음에 일상으로 돌아가야 하는 지미와 나의 생활은 안중에도 없어요."

남자에게 부모 역할은 보다 힘이 드는 일이다. 예외가 있다면 바로 할아버지의 경우다. 할아버지는 자식보다 손자에게 훨씬 애정을 쏟고 여성적인 관계를 형성한다. 이 역시 연령에 따라 남성 호르몬 수준이 감소하는 것과 정확하게 일치하는 현상이다.

부모가 되는 것은 어머니에게 있어서는 식은 죽 먹기나 다름없다. 여성은 최소한 해부학적으로 볼 때 지각, 인지, 정서 모두가 양육에 용이한 형태로 구성되어 있다. 그 어떤 새로운 평등주의자가 여성들을 가르치더라도 여성은 일반적으로 어머니가 되고 싶어한다.

그러나 여성이 어머니가 되기 위해 자연스럽고 뛰어난 기술들을 즐기고 탐색하는 데 가장 자유로워야 할 그 시점에 엄격한 여성해방주의자들이 그것은 불필요하다고 말한다. 그것은 가치가 떨어지는 일이며 사회적으로 퇴보되어 있는 역할이라고 주장한다. 그들은 미래에는 부모의 전통적인 역할이 사라질 것이며 다음과 같은 공동 육아의 유토피아가 대체될 것이라고 예언한다.

어떤 아이들이 우리 영역으로 배치됨에 따라 우리가 원할 때까지 부모 역할을 할 수 있게 될 것이다. 우리의 아이들은 부모, 형제, 자매, 친구를 원하는 대로 선택할 수 있는 권한이 있다. 우리들의

특별한 관계는 혈족이나 혼인의 의무에 따라 강제로 움직여지지도
위협을 받지도 않을 것이다.

이스라엘의 키부츠는 유대인의 어머니를 없애기 위해 고안된 것은
아니다. 그러나 이러한 사회공학의 온실 속에서 소년과 소녀들은 서로
역할을 바꾸어 가면서 성장한다. 아동들은 공동으로 양육받으며, 요리
와 세탁 등과 같은 집안일을 가족이 아니라 공동체가 의무적으로 수행
한다. 기대되는 결과는 성에 따른 차별이 사라지고, 흑인 노예가 미국
의 새로운 세대가 되었듯이 편견을 가진 성차별주의자가 먼 기억이 되
어버리는 것이다.

그러나 그런 기대는 이루어지지 않았다. 3~4세대가 지난 뒤에도
키부츠의 아이들은 여전히 전통적인 성역할을 고수했다. 여성들은 어
머니의 역할로 되돌아왔다. 키부츠의 여성들을 연구하는 사회학자 타
이거Tiger. L와 쉬퍼Shepher. J는 자신들의 글에서 '여성들은 마치 사회화
이데올로기에 반대하는 사람들처럼 행동했다. 경제적, 정치적 공공활
동보다는 어머니의 활동을 하는 데 시간과 에너지를 쏟기 위해 공동체
남성들의 바람에 대항하고, 키부츠주의가 추구하는 경제적 이익에 대
항했다'라고 적고 있다. 여성들은 남성들이 만들어 놓은 대부분의 유
토피아같은 체제에 대항해 자신들의 근본적이고도 선천적이며 생물학
적으로 정해져 있는 상태로 되돌아가고자 한다는 주장이다.

심리학자들은 이러한 키부츠의 반전을 설명하려고 다양한 시도들
을 했다. 도대체 이 새로운 여성들은 어머니의 기술을 어디에서 배우

고 어머니로서의 열망을 어디에서 습득했을까? 그렇다. 이것은 결국 선천적이고 생물학적으로 결정되어 있을 가능성이 높다.

보다 중립적으로 양육된 아동들에 대한 로시 박사의 연구를 살펴보면, 어머니와 아이의 유대관계를 인위적으로 끊어버려도 성의 차이를 줄어들게 하지 못했으며 아동의 건강을 향상시키지도 못했다. 공동체가 부모의 의무를 책임지는 곳에서 아동들은 당황하게 된다. 자유로움과 거리가 먼 공동체에서 양육한 아동들은 뭔가 부족하고 기쁨을 충분히 느끼지 못하는 생명체 같다.

세상 속에서 보다 큰 역할을 담당하도록 여성들에게 가해진 사회적, 정치적, 경제적 압력의 결과로 나타난 '현대'의 어머니는 생물학적 요구와 거리가 먼 환경적인 필요 때문에 유아의 스트레스를 유발시킬 수 있다. 로시 박사는 이런 분석이 전통적인 지위와 가족 형태, 그리고 남녀의 역할에 대한 보수성을 정당화하는 것으로 보일 수 있음을 알고 있었다. 로시 박사는 성차이에 따라 특권이 재구조화되어도 양육은 생물학적 뿌리를 토대로 이루어져야 한다고 주장했다. 산업사회에 존재하는 시대적 파편인 남성들에 의해 만들어진 불안정한 구조로는 온전한 양육이 이루어질 수 없다는 것이다.

2대 5의 허드렛일 비율

그러나 우리가 생물학적 뿌리를 완강히 거부할 수 없듯이 남성과 여성이 변화하고 있는 시대 속에서 살아가고 있다는 사실을 무시할 수는 없다. 로시 박사의 원시인에 대한 연구를 살펴보면, 여성은 자기 시간의 70퍼센트를 아기와 신체적으로 접촉하는 데 보냈다고 한다. 반면 현대사회에서는 25퍼센트인 것으로 나타났다.

과거의 역사에서 여성과 남성으로서, 어머니와 아버지로서의 역할을 재정의하거나 생물학적 토대를 무시하려 했던 적은 없었다. 현대는 남성과 여성이 자신들의 정신 구조의 차이에 대항해 투쟁을 하면서도, 동시에 그 차이가 존재함을 완벽히 부정해내지 못하는 이상스러운 시대다. 여성들은 남성이 '신여성'들에게 위협받고 있다는 말을 들으면서, 여성들 자신의 전통적인 역할을 유지하는 시대 속에서 실패자였다는 생각을 강요당하고 있다.

이 같은 여성의 죄책감은 아이 둘을 가진 전업주부, 즉 급여가 없는 40살의 어머니인 에이미의 경우에서 살펴볼 수 있다. 에이미는 자신의 전적인 노력으로 집안이 굴러간다는 것을 알고 있다. 그녀는 학교에서 아이들을 데려오고 가족들의 대소사를 챙기며, 요리를 하고 청소를 하고 세탁을 하고 다림질을 한다. 그녀는 이렇게 생각한다.

'나는 때때로 나 자신이 완전히 실패자라고 생각한다. 나는 우리 가족에게 어떠한 기여도 하고 있지 못하다고 느낀다. 나는 내 남편이 세금을 걱정할 때 무력감을 느낀다. 왜냐하면 나는 우리 가족의 재정 상태에 전혀 도움을 주지 못하기 때문이다. 나는 식료품을 사고 아이들의 교복을 사고 청소기 필터 등을 사면서 남편이 벌어다 주는 돈을 그저 써댈 뿐이다. 맞벌이하는 엄마들을 둘러보면서 나는 그들과 나의 가치에 차이가 있음을 느낄 수 있다. 그렇다. 그들은 남편들만큼 돈을

벌지는 못하지만, 적어도 죄책감을 느끼지 않고 새 옷을 장만할 수는 있어 보인다.'

사회적 직업을 통해서 인품과 가치를 정의 내리는 남성들은 전형적인 질문을 한다.

"여성들이 하는 일은 무엇인가?"

많은 여성들에게 이런 질문을 하면 '그저 전업주부'라고 부끄러워하며 대답한다. 대부분의 여성은 여전히 너무도 많은 집안일을 한다. 남자가 집안 허드렛일에 매일 2시간을 쓴다면 여성들은 매일 5시간을 투자한다. 바깥에서 전일제로 일하는 여성들조차도 남편들이 그저 '약간의 도움을 준다'고 말한다. 대부분의 여성이 집안을 구성하고 가사의 의무에 대한 책임감을 떠 안고 있다는 점을 인정한다. 동등한 공동의 분담이라는 의식적인 개념을 가지고 있을 때도 여성들은 여전히 주부의 지위를 갖고 있다. 가족에게 음식을 해 먹이고 세탁과 청소를 하고 육아를 하는 성역할이 보다 덜 강요되는 스칸디나비아에서조차도 가족들의 70퍼센트가 여성이 이 역할을 담당한다. 반면에 남성들은 세금을 내고 틀에 박힌 집안일 몇 가지를 할 뿐이다.

의식적으로 성별의 차이가 중립적인 키부츠에서 여성의 일에 대한 개념은 고집스럽게 지속되고 있다. 여성들의 그 일이란 여성 자신이 정의 내린다. 10명 중 9명 이상은 처음에는 전형적인 여성의 작업 패턴과 반대되는 남성들의 작업에 참여했다. 사회학자 타이거와 쉬퍼는 최근의 키부츠 연구에서 '성별에 따른 전형적인 작업들은 남성과 여성 서로에게 매우 매력적이다. 특히 여성들은 더욱 그렇다'라고 결론 내렸다. 성역할의 고정관념에 있어 남성보다 여성들의 움직임이 더욱 극단적이다.

여성의 역할로 돌아가려는 움직임과 열망은 이상스러울 만큼 강하다. 더 나아가 여성스러운 일들로 돌아가고자 하는 여성들의 요구는 젊은이들 사이에서 더욱 강력하게 나타나는 것으로 보인다. 강력한 어떤 힘이 키부츠의 이데올로기가 갖는 의도와 키부츠의 현실적 사회 구조 사이에 끼어 있다.

'강력한 어떤 힘'은 여성과 남성의 타고난 뇌 속에 있다. 남성들은 창문의 더러움을 보지 못한다. 이유는 세밀한 것에 대한 지각이 덜 발달해 있기 때문이며, 창문을 깨끗이 하는 것이 자신들의 세계에서는 우선순위가 비교적 낮기 때문이기도 하다. 여성에게 집은 모텔이 아니다. 자신에게 의미 있는 관계들이 맺어지고 유지되는 곳이기 때문에 더러운 창문은 여성의 가치에서 볼 때 문젯거리가 된다.

다음에 이어질 말은 남성들의 태도에 대한 여성들의 불만이 될 수 있겠다. 하지만 여성과 남성의 지각에서 나타나는 차이를 충분히 암시하고 있다.

이 집에 대한 그의 태도는 나에게 개인적인 모욕으로 느껴졌다. 그는 내가 결벽증이라고 말했지만, 그는 침대 옆에 켜켜이 쌓아 둔 더러운 속옷 위로 바퀴벌레가 기어다닐 때까지 집안을 엉망진창으로 내버려둘 것이다.

키부츠에서 여성들은 대부분 청소를 도맡아 한다. 그 이유는 자신들의 공간을 깨끗이 할 수 있는 남편들의 능력을 믿지 않기 때문이다. 한 남편은 "나는 내가 할 수 있는 만큼 하지만 청소에 대한 그녀의 기준은 너무도 높다. 나는 더욱 열심히 노력하지만 내가 한 것은 그녀에게는 충분하지가 않다. 그녀는 내가 그 일을 하더라도 자신이 꼭 다시 해야 한다고 말한다"라고 털어놓았다. 아마도 이것은 왜 남편들이 집안의 허드렛일을 제대로 하지 않고 식기세척기에 접시를 잘못 쌓아 놓고 식탁보를 잘못 접어 놓아서 아내들에게 비이성적인 행동을 하게 만드는지 설명이 될 수 있을 것이다. 호르몬은 태도와 지각에서 근본적인 성차이를 더욱 부채질한다.

여성들의 일은 남성들의 가치에서만 오직 열등할 뿐이며, 가치에서의 차이는 서로 다른 뇌의 편향에서 기인한다. 여성들은 집이 유쾌하고 위생적인 장소인지가 중요하다. 왜냐하면 여성에게 중요한 사랑, 애정, 관계, 안전 등이 가정에 존재하기 때문이다. 남성에게는 사무실이나 공장이 집만큼이나 중요하다. 또한 직장은 그가 도착하기 전에 청소 인력이 마술처럼 너무도 깨끗이 청소해 놓는다. 집안 허드렛일의 공동분담은 답이 없다. 왜냐하면 대부분의 남성들은 덜 중요하게 생각할 뿐만 아니라 낮은 기준을 가지고 있기 때문이다.

같은 방식으로 남성들은 개인의 외모는 중요하지 않게 생각한다. 자신뿐만 아니라 아내의 외모도 마찬가지여서 아내가 새 옷을 입었는지 잘 알아차리지 못하기도 한다. 남편인 자신의 새 바지를 사야 한다는 아내의 요구를 고집스럽게 듣지 않는다.

그러나 우리가 알고 있는 방식과 근본적으로 다른 예가 있다. 우리는 서로에 대해서, 우리는 아이에 대해서, 직업에 대해서 그리고 우리가 갖고 있는 가치에 대해서 선천적으로 서로 다른 관점을 가지고 있다. 아이를 기르거나 집 안을 치우는 데 있어 다른 지각은 스트레스와 싸움을 일으킬 수 있다. 남녀의 차이를 부인하는 것은 각자의 지각 능력을 평가절하하는 일일 뿐 아니라 분쟁을 일으키기도 한다.

남성과 여성 사이의 차이를 살펴보면 평화로운 공존의 핵심은 어떻게 하느냐 하는 수단에 달려 있으며 어느 정도는 협상도 가능하다. 남녀 사이는 전쟁은 아니지만 근본적으로 양립 불가능한 요소도 존재한다. 성공적인 결혼을 유지하기 위해서는 사회적인 방법으로 여성들의 우월성과 가치를 인정하는 것이다. 아마도 남성들이 여성들의 기술을 최소한 한 가지라도 습득한다면 전 세계적으로 많은 결혼생활이 훨씬 성공적으로 지속될지도 모른다.

제11장

출세우선 뇌 vs. 관계지향 뇌

Brain
Sex

일터에서 맞닥뜨린 남녀 뇌

차가 옆으로 미끄러지면서 차에 타고 있던 승객 2명이 심하게 다쳤다. 승객은 한 남자와 아들로 보였다. 구급차에 실려 병원으로 가면서 아버지는 숨지고 말았다. 아들은 곧바로 수술실로 들어갔다. 수술을 하기 위해 들어온 외과 의사는 환자를 들여다보고는 탄식을 질렀다. "세상에, 내 아들이야."

한 심술궂은 친구가 페미니스트 친구에게 이 이야기를 수수께끼라면서 들려주었다. 만약 죽은 사람이 생부라면 어떻게 그 환자가 의사의 아들이 된단 말인가? 그는 많은 사람들이 이 이야기를 딜레마로 받아들인다고 즐거워하면서 말했다. 그렇다면 의사가 그 소년의 양아버지라도 된단 말인가? 아니면 전 부인과의 사이에서 태어난 아들인가?

사람들은 온갖 이야기를 만들어내려고 애쓴다. 의사가 죽은 남자의 부인이자 소년의 어머니이며, 여성이라는 사실을 깨닫기 전까지 말이다.

우리는 여성 장관과 총리, 여성 판사, 여성 목회자, 여성 조종사 등을 보고는 더 이상 놀라워하지 않는 세상에 살고 있다. 그러나 높은 수준의 교육을 받은 여성의 수가 점점 늘어나고 있는 데 비해 여전히 직업 세계의 최고 자리에는 여성의 수가 현저하게 적다.

남성과 여성은 동일하기 때문에 동일한 교육을 받은 사람은 동등한 성취를 얻을 수 있다고 주장하는 이상주의자들에게 이러한 현실은 이단적이라고 볼 수 있겠다.

적어도 영국에 한정지어서 생각해 보자. 지난 몇십 년 동안 소년들만큼이나 소녀들도 중급 정도의 수학 성적을 받았으며, 화학 시험에서는 거의 비슷한 수준이었다. 최상급 수준을 살펴보면 3분의 1 정도가 소녀들이었다. 물리학에서는 21퍼센트, 화학에서는 37퍼센트가 소녀들이 차지한다. 이것은 10여 년 전에 비해 의미 있는 진보라고 볼 수 있다. 머지않아 여성이 3퍼센트 수준에 있는 비행기 조종사보다 많은 5퍼센트 정도의 여성 건축가가 나타날 것이라고 기대하고 있다.

이러한 결과를 꽃 피우기 위해 거의 한 세대의 시간이 걸렸다. 하지만 우리는 이스라엘 키부츠의 경험에 비추어 추측에 따라 답을 찾아볼 수 있다. 연구자들은 생애 초기부터 이러한 남녀 차이의 고정관념을 없애기 위해 부단히 노력했다.

"모든 아이들은 같은 모양과 같은 색상의 노동복을 입도록 했다. 머리 모양도 남녀의 차이가 없었다. 아이들은 장난감이 잔뜩 들어 있는

통 속에서 원하는 것은 무엇이든 골라서 가지고 놀았다. 소녀들에게 인형을 가지고 놀라고 하지도 않았고, 소년들에게 트럭이나 자동차를 가지고 놀라고 부추기지도 않았다. 아이들에게 '여자 아이들은 이렇게 하는 것이 좋아'라는 식의 성유형적인 말을 주입하지도 않았다. 여자 아이들은 나무 위에 올라가고 힘이 넘치는 공놀이를 했으며 때로는 싸움에 끼어들기도 했다. 남자 아이들은 운다고 수치스러움을 느끼지도 않았으며 인형도 가지고 놀고 요리며 뜨개질을 하는 법도 배웠다."

키부츠의 아이들이 보이는 능력과 성취에 대한 타이거와 쉬퍼의 자료를 조사해 보면, 고등학생 남자 아이들이 수학이나 과학에서 눈에 띄게 월등한 수행 능력을 보였다. 소년과 소녀들에게 스스로 공부할 과목을 선택하도록 했고, 이후에 진로 선택도 스스로 정하도록 유도했다. 남자 아이들은 물리를 공부해 기술자가 되었고 여자 아이들은 사회과학을 공부해 교사가 되었다. 이것은 우리가 이제까지 살펴본 바에 대한 확실한 입증이다. 남성의 마음과 여성의 마음이 다르다는 것 말이다. 결국 남자 아이들과 남성은 사물과 공간의 세계 속에서 살고 있고, 여자 아이들과 여성은 사람과 인간관계 속에서 살고 있다. 타이거와 쉬퍼의 지적이다.

교육과 진로에 관한 우리의 자료를 살펴보면 심리학에서 언제나 우리에게 말하고 있는 바를 확인하게 될 것이다. 여성은 대인관계의 교류에 보다 관심이 깊으며, 남성들은 사물과 광범위한 활동에 관심이 많다.

이러한 패턴은 곳곳에서 반복적으로 나타난다. 미국 대학의 신입생 중 외국어를 전공하는 사람의 4분의 3 이상이 여성이며, 반면에 공학 전공을 계획하는 학생들 중 14퍼센트만이 여성이다. 그렇지만 여전히 미국의 노동 시장은 전반적으로 남녀 차별적이다. 사실 성차별적인 직업 성향은 보다 심각해졌다. 1960년대에 미국 은행의 금전출납원의 70퍼센트가 여성들이었다. 이제는 거의 93퍼센트가 여성들이다. 반면에 은행에서 부장급 간부의 99퍼센트는 남성이다.

영국과 미국에서 여성의 경제적 위치에 대해 광범위한 저술을 한 실비아 휴렛Sylvia Hewlett은 여성 평등에 대한 사회적 윤리를 경제적인 관점에서 실현하고자 했던 1970년대의 희망이 어떻게 이루어졌는지 요약했다. 그것은 부분적으로는 실현되었지만 어떤 점에서는 대가를 치르기도 했다는 지적이다.

몇십 년 동안 여성과 남성 사이에는 차이가 없는 척하는 시대정신이 풍미했다. 적어도 결과적으로는 그렇다. 많은 여성들이 집 밖에서 일을 하고 있고, 그들 중 일부는 이전에는 폐쇄적이었던 직업에서 자리를 잡기도 했다. 그러나 이러한 모든 '개혁적인 변화'에도 불구하고 대부분의 여성들은 이전의 어머니들보다 경제적인 위상이 낮아졌다.

영국에서는 여성의 수입이 남성의 3분의 2 정도 수준으로 엄격하게 고정되어 있다. 그것을 깨트리기는 상당히 어렵다. 성별과 상관없이 동일 노동에 대한 동일 임금 법령은 이러한 수입의 격차에 대해 거의 영향력이 없는 것처럼 보인다. 미국에서는 전 직업 영역에서 남성에 비해 여성의 수입이 적다. 정확히 말하자면 사실 굉장히 적다. 중역의 위치에 있더라도 매우 똑똑하며 성취가 뛰어난 여성이 같은 지위의 남성보다 훨씬 임금을 적게 받는다.

직업에서의 힘은 압도적으로 남성들이 쥐고 있다. 1980년대에는 회사 중역, 토목기사, 외과의사, 행정가, 운전면허 시험관의 99퍼센트가 남성이었다. 영국 대학교수의 98퍼센트가 남성이다. 영국의 상위 100개 회사에서 중역의 위치에 있는 여성은 단 9명뿐이었다. 법조계에서는 여성들이 조금 나은 대접을 받는다. 여성 법무관과 변호사의 수가 점점 큰 폭으로 늘어나고 있지만, 여전히 중요한 위치는 차지하지 못하고 있다. 판사석에서 들려오는 목소리는 여전히 압도적으로 남성이 많다. 영국에서는 여성 총리가 있었다. 그러나 현재 영국 정치인들 중 여성의 비율은 1945년보다 낮다.

만약 정치인들이 '지역사회에 공헌'하거나 '사람들에게 도움이 되는 일'을 한다면 여성들이 이러한 일을 하는 데 훨씬 적합할 것으로 보인다. 그러나 키부츠의 경우를 보면 정치적 권리에서 공적으로는 완벽하게 평등할지라도 여성들은 키부츠 의회에서의 활동력이 현저히 떨어졌다. 여성들은 사회, 교육, 문화적인 문제를 처리하는 위원회를 대표해서는 매우 일을 잘 해냈다. 반면에 경제, 노동, 일반 정책 입안, 보안 등을 처리하는 위원회에서는 심각할 정도로 일처리를 못하는 것으로 나타났다. 권위의 수준이 높을수록 여성과 남성 간의 격차는 더욱 커지는 것으로 나타났다.

여성이 대다수를 차지하는 직업에서조차도 좋은 직급은 압도적으로 남성들이 차지하고 있다. 그래서 간호사의 96퍼센트는 여성이지만, 병원을 책임지고 있는 사람은 거의 남성이다. 미국에서 초등학교 교사의 83퍼센트가 여성이지만, 아직도 교장의 81퍼센트가 남성이다. 최근 영국에서 실시한 병원과 관련된 직업 중 여성의 지위에 대한 조사 결과를 보면 의대 학생의 반 이상이 여성임에도 불구하고 고위직의 의료업에 종사하는 여성은 단지 2퍼센트에 불과한 것으로 나타났다.

직업 세계의 뇌 편향

여성 해방을 진행하는 데 이 같은 몸서리쳐지는 결과가 나타난 데는 분명히 무엇인가 잘못되었다고 볼 수 있다. 동등한 교육적 기회에도 불구하고, 또한 여성과 남성이 보이는 학업에서의 결과가 거의 같음에도 불구하고 왜 이처럼 동등한 성취를 이루지 못하는 것일까?

한 가지 확실한 대답은 많은 여성들이 두 개의 직업을 병행해야 한다는 점이다. 하나는 집에서 아이들을 돌보는 것이고, 다른 하나는 임금을 지급하는 일터의 직업이다. 그것은 분명히 중요한 고려 사항이다. 그러나 또 다른 요인도 있다. 일, 성공, 야망은 남성과 여성에게 서로 다른 의미라는 것이다.

전문대학과 대학교에서 일하는 사람들의 성공률을 조사한 호잉거의 연구가 있다. 남성 대학교수들은 전통적인 학문적 성공에서 여성

교수들보다 높은 점수를 받았다. 예를 들어, 보다 많은 학술논문을 기고했다. 흥미롭게도 결혼도 하지 않고 아이도 없는 여성 대학교수보다 남성 교수들이 더 많은 실적을 올렸다. 어머니로서, 아내로서 갖는 역할에 의해 여성들이 제약을 받는다는 설명은 입증되지 못한다.

그렇다면 어떤 설명을 할 수 있을까? 아마도 두 가지로 요약할 수 있겠다. 학문 세계에 뿌리 깊게 박힌 성차별주의거나, 혹은 여성들이 실제로도 남성들처럼 전통적인 성공에 걸맞지 않거나 둘 중 하나일 것이다.

남성과 여성의 차이에 대한 연구에서 영국의 초기 개척자인 코니 허트Corinne Hutt는 후자의 설명에 동의했다. 그녀는 "남성 교수와 여성 교수는 자신들의 직업적인 정체성을 다르게 정의내린다. 남성은 학문적인 명성이나 제도적 권력에 관심을 갖고 있는 반면, 여성은 학생들이 발전하도록 유도하고 학문을 육성하며 교육기관의 서비스를 증진시키는 데 관심을 둔다"고 말했다. 또 다른 연구에서 여성 교수진은 자신들의 일이란 '교육과 봉사'라고 이해하는 반면, 남성들은 학문 영역에서 우세한 '연구와 출간' 등에 보다 초점을 두고 있는 것으로 밝혀졌다.

남성들의 성취 욕구에 대한 호잉거의 실험을 살펴보자. 자신을 가장 행복하게 만드는 것이 무엇인지에 대한 질문에 남성들은 너무도 간단하게 '성취'라고 대답했다. 여성들은 개인적인 성취의 관점을 일에서의 성공과 융합시키려고 노력하는 경향이 있다. 즉 '나는 내가 다른 사람들을 행복하게 해줄 수 있는 무엇인가를 계속해서 할 수 있을 때 가장 행복하다'고 여성 중 50퍼센트가 말했다. 남성들은 단지 15퍼센트만이 그렇게 응답했다.

직업 세계를 들여다보면 남성과 여성 간의 차이가 그들의 뇌 편향을 반영한다고 확인할 수 있다. 여성들은 사회 속에서 충족감을 느끼며 개인적인 차원의 일에 끌린다. 이것은 여성이 생애 초기부터 인간에 대해 관심을 갖게 되는 방식으로 구성되었기 때문이다. 같은 생물학적 결정론의 이유에서 살펴보면 남성은 사물과 힘의 세계에 많은 관심을 가지고 있다.

노동에 대한 남성과 여성의 전통적 분할을 다시 설계하려는 노력들은 그리 성공적으로 보이지 않는다. 대표적인 예로 키부츠에서 노동 역할을 완벽하게 서로 바꾸어서 이행한 사례를 들 수 있다. 여성은 트랙터를 운전했고 남성은 세탁소에서 일했다. 그러나 여성들은 점차 전통적인 여성의 일로 돌아가려고 했고, 부엌에서 도망쳐 나온 남성들이 공장을 완전히 장악해 버렸다. 여성들에게는 더욱 불리한 상황이 되었다. 여성들은 집안일로서 요리, 바느질, 빵 굽기, 청소, 세탁, 아이 양육을 맡는다. 여성들은 8시간 동안 요리를 하거나 바느질을 하거나 세탁을 하거나 아이를 양육한다. 이러한 새로운 가사는 전통적인 가사 유형보다 더 지루하고 보상도 없다.

우리는 남성과 여성이 자신들의 성에 적합한 직업에 끌린다는 사실에 놀라지 않는다. 남녀는 종족으로서 노동을 구분해 왔다. 진화적 관점에서 볼 때 방법은 다르지만 여성은 남성만큼이나 종족의 생존에 기여해 오고 있다. 경제적인 관점에서 볼 때 모든 사회에서는 의식적으로든 무의식적으로든 특정 성에 특정 과업을 할당해 왔다. 사회에 대한 몇백 개의 전문적 연구를 뒤져보았을 때, 단 하나의 사회에서만 배를 건축하는 일을 여성의 직업으로 보고 있었다. 사회학자 바론Baron. J과 비엘비Bielby. T는 캘리포니아 노동 패턴에 대한 연구에서 이렇게 탄식했다.

"우리는 여성들이 이렇게 구조적으로 고립되어 일정 부분에만 집중되어 있다는 사실에 정말 놀랐다."

그들은 직업에서 남녀의 동등한 구분을 얻어내기 위해서는 10명 중 7명은 여성의 직업에서 남성의 직업으로 변화가 일어나야 한다고 평가했다.

출발의 동기가 다르다

여성과 남성의 동기는 정도와 방향에서 모두 다르다. 남성과 여성은 서로 다른 성취를 얻고자 하며, 그것을 추구하기 위해 투입하는 노력에서 타고난 차이가 있는 것으로 나타났다. 인생에서 개인적이고 인간적인 측면, 즉 여성 자신의 정체성, 인간관계 등에 몰두하는 여성들의 초기 패턴은 계속 유지되었다. 반면에 남성은 경쟁과 성취에 훨씬 몰두했다. 미국의 심리학자 바드윅Bardwick. P은 "여성은 대인관계의 관점에서 세상을 지각하려고 하고 남성들이 쓰지 않는 방식을 사용하여 객관적인 세상을 의인화하려고 든다"고 말한다. 직업적인 성취에도 불구하고 여성들은 자신이 사랑하고 존경하는 사람이 자신을 존중하는 정도에 따라 스스로를 존중하는 경향이 있다.

반대로 성인 남성의 뇌는 높은 동기, 경쟁, 목적 지향성, 모험, 공격성, 지배에 대한 몰입, 위계 질서, 권력에 대한 정치, 성공에 대한 지속적인 측정과 비교, 승리의 쟁취 등에 편향되어 있다. 이것은 청소년 남자 아이들에게서도 발견되는 점들이다.

여성에게 이러한 모든 것들은 그리 큰 문제가 되지 않는다. 실패한 남성은 '성공은 노력을 쏟아붓기에 그리 가치가 높지 않다'고 변명을 할 것이다. 이것은 여성들이 생각할 때 자명한 진실이라기보다 변명에 불과하다. 여성의 사고의 범위는 훨씬 넓으며 민감성의 측면에서 볼 때 여성은 훨씬 수용적이다. 여성의 넓은 관점이 의미하는 바는 직장에서의 부분적인 실패가 그렇게 절망적이지 않음을 나타낸다. 여성은 '실패로 인해 좌절을 겪더라도 그것이 세상의 끝은 아니다'라고 생각함으로써 마음을 편안하게 가지려고 노력한다. 남성은 쉽게 그런 생각을 하지 못한다.

남성과 여성이 일하는 태도의 차이에 대한 놀라운 예가 있다. 바로 〈포춘Fortune〉지에 실릴 만큼 유명한 회사가 여성을 중견 간부로 승진시키지 않는다고 공격받았다. 남녀 평등 정책을 열정적으로 실천하는 것에 대해 자부심을 가진 회사였는데, 여성이 승진하는 데 유리하지 못한 조건을 갖고 있다는 비판이 회사를 고민하게 만들었다. 무엇이 잘못되었는지 밝히기 위해 회사는 호프만리서치Hoffman Research Associates에 조사를 의뢰했다. 조사를 시작한 지 몇 주 후, 호프만리서치는 승진율의 남녀 차이가 바로 동기의 차이 때문이라는 결론을 내렸다. 여성

종업원은 남성 종업원보다 새로운 부서의 배치나 야근을 원하지 않았으며, 자신의 직업을 승진으로 향하는 사다리 중 한 단계에 있다고 생각하지 않는 경향도 있었다고 보고했다. 여성의 44퍼센트가 비상근직을 선호했다. 이 숫자는 남성의 2배였다. 직장은 중요하지만 남성만큼이나 절실하게 중요한 것으로 여기지는 않는다는 것이다.

직장 여성에 대한 허트의 연구에서 이러한 태도의 차이가 분명하게 드러나고 있다.

최고의 자리에 도달한다는 것은 여성의 입장에서 보았을 때 시간과 에너지를 최대한 바쳐야 한다는 뜻이다. 이것은 자신들이 준비가 되어 있지 않은 상태에서 희생이 필요하다는 의미로 다가간다.

여성들이 갖고 있는 이러한 지혜는 대부분의 남성들이 영원히 꿈도 꾸지 못할 것이다. 남성은 그것에 대해 대가를 치러야 한다. 남성 뇌의 편향은 십이지장 궤양과 심장발작이라는 직업병의 원인이 된다.

남성들은 특히 경쟁에 매력을 느낀다. 성취에 관한 높은 욕구를 가진 남녀 대학생을 대상으로 한 호잉거의 연구를 떠올려 보자. 동일하게 주어진 과제에서 남성은 경쟁을 할 때 훨씬 나은 결과를 보였고, 여성은 경쟁을 하지 않는 상태에서 훨씬 높은 수행 능력을 보였다. 또한 남성에게서 직업 선택과 모험심 사이에 상관이 있음이 밝혀졌다. 심리학자 키피니스Kipinis. D의 미국 남자 대학생에 대한 연구를 보면 대부분의 남자 대학생들은 성공이 보장된 판에 박힌 직업을 선택하려고 하지 않는 경향을 보였다. 그들은 실패할 위험이 있지만 더 큰 성공의 기회가 있는 직업을 택했다. 여성들은 대부분 직업 선택의 우선순위가 달랐다. 여성들에게는 직업 자체의 특성을 외형적 성취나 경제적 성공보다 훨씬 중요하게 받아들여졌다.

정치적인 남자 뇌, 사회적인 여자 뇌

돈에 대해서 이야기해 보자. 여성보다 남성들이 할 말이 많겠지만 여성의 낮은 임금이 비열한 수법으로 저지른 남성들의 착취의 형태라고 가정하는 관점으로 먼저 살펴보겠다.

남성의 시각에서 보았을 때 성공, 야심, 돈은 모두 한데 묶여 있다. 왜냐하면 돈은 남성의 성공과 일치할 뿐만 아니라 하나의 상징이다. 여성에게는 직장의 명예만큼이나 중요하지는 않지만 연봉의 수준 역시 어느 정도는 중요하다. 여성들은 직장에서 다른 만족을 더 중요하게 생각하는데 바로 자신의 직장에서 만들어지는 인간관계가 그것이다. 여성들의 사고 구조에 돈이 덜 중요하게 자리 잡고 있기 때문에 그것에 덜 관심을 갖는 것일까? 여성 역시 남성만큼이나 돈을 좋아할 것이다. 여성들은 남성들만큼 돈을 벌려고 고집할 필요가 없을 수도 있다. 심리학자 굴드Gould. E는 "돈을 상실한 남자는 스스로를 자아의 상실, 궁극적으로 더 이상 살아갈 가치가 없는 남성적 목적을 상실한 것으로 간주한다"고 말했다. 여성 증권거래인이 파산했다고 해서 월스트리트의 고층건물에서 뛰어내릴 것 같은가?

남성에게 성공, 공격성, 지배, 지위, 경쟁 등은 모두 돈에 초점이 맞추어져 있다. 성공한 여성은 남성과 달리 스스로를 연봉과 직결시켜서 생각하지 않는다. 여성은 남성보다 신용카드를 더 많이 쓰지는 않는 경향이 있다. 그 이유는 회사에 다니고 있다고 해서 펑펑거리고 살아야 한다는 이유가 없다고 생각하기 때문이다. 전형적으로 여성들은 작은 차를 타려고 한다. 반면에 남성은 다른 사람의 차보다 훨씬 크고 비싼 것을 타려고 한다. 여성들은 자신의 일과 금전적인 보상을 연결시켜 생각하려는 경향이 남성보다 적다.

남성들은 직업적인 성공에 대해 여성보다 훨씬 중요하게 매달린다. 성공의 상징으로 돈에 집착한다는 점을 모두 고려해 보았을 때, 낮은 임금에 대한 여성의 개탄은 달리 볼 수 있을 것이다. 이에 대해 미국의 마이클 레빈Michael Levin 교수는 불필요할 정도로 거칠게 언급했다.

남성의 뇌를 가졌다고 해서 임금을 지불하는 사람은 전 우주에 한 사람도 없을 것이다. 일을 하지 않은 사람에게 돈을 지불하는 사람은 없다. 그러나 남성은 훨씬 열심히 일하기 때문에 강력한 방해만 받지 않는다면, 여성보다 높은 임금을 받는 위치에 도달하는 성공을 거둘 것이다.

공격성이나 지배성은 타고난다. 남성과 여성의 뇌가 미리 정해져 있다는 생물학적 근거에서 볼 때 이 말은 그리 놀랄 만한 것이 아니다. 캐나다의 심리학자 산드라 위틀슨은 "권력을 가진다는 것은 돈이나 연인을 좋아하듯이 그것을 원해야 하고, 그것을 위해 일해야 하고, 그것을 유지하려고 분투해야 한다"고 말했다. 남성은 권력, 성공, 지위의 추구나 유지를 위해서 개인의 행복, 건강, 시간, 우정, 인간관계 등을 희생할 준비가 되어 있다. 그러나 여성은 그렇지 않다.

직장에서 공공연하게 인정받고 찬사받는 전통적인 성공에 대한 남성들의 추구는 자아존중감의 핵심적인 척도가 된다. 직장에서의 역할이 바로 남성의 가치로움의 핵심이 된다고 생각한다. 남성성, 명예, 지위 간의 관계는 역동적으로 연결되어 있다. 전통적인 남성의 직업이 여성으로 채워질 때 그 직업은 남성의 시야와 마음에서 사라지게 될 것이다.

과거 미국의 은행출납원이라는 직업은 남성들이 차지하는 높은 직위의 직업으로 알려졌었다. 지금은 계산대의 직원이 대부분 여성이며 단순 사무직으로 격하되었다. 교사도 존경받는 직업이었다. 현재는 대부분의 교사가 여성이며, 이 직업도 사람들의 존경을 덜 받게 되었다. 미국의 인류학자 마거릿 미드Margaret Mead는 사회에서 남성이 어떻게 높은 지위를 마음대로 지배하는지 빈틈없이 관찰했다. 그녀는 다음과 같이 말했다.

"남성은 요리를 하거나 바느질을 하거나 인형 옷을 입히거나 벌새를 사냥할 수도 있다. 그러나 그러한 활동들이 남성들에게 적합한 직업이라고 한다면 남성과 여성을 포함한 전체 사회가 그것을 중요하다고 인정할 것이다. 여성들이 똑같은 직업을 가질 때 남성들은 그것을 덜 중요한 것으로 여긴다."

여성의 낮은 임금은 경제적 위치에서 여성의 낮은 지위를 반영한다. 그렇듯이 여성의 직업이 사회에서 상대적으로 낮은 지위를 갖는 것은 여성들에게 직업을 부여하는 역할을 남성들이 독차지했기 때문일 수 있다. 각 개인이 자신이 속한 집단에서 원하는 지위까지 도달하는 데 남녀의 차이가 있다면, 그리고 남성이 대개 지위에 대한 목표 도달을 더 열망한다면, 그 사회에서 지위를 갖게 되는 직업이 무엇이든 그것은 대부분의 남성들에게 매혹적으로 느끼게 만든다. 다시 말하면 남성은 위대한 남성의 지위를 얻으려고 하는 것이 아니다. 남성은 그저 일 자체와 자신을 동일시하고 추구할 뿐이다. 반면 여성은 인간관계와 활동의 범위가 어느 정도인지에 따라 일에서의 가치를 발견하며, 만족을 얻기 위해 지배하려고 노력할 필요를 느끼지 못한다.

여성들의 일부는 대부분의 남성들보다 똑똑하며 민감성과 언어 능력에 있어서 훨씬 뛰어나다. 남성보다 더 훌륭한 여성 의사, 목사, 변호사, 판사 등이 될 수 있을 것이라는 점을 부인할 사람은 하나도 없다. 성취에 대한 여성의 불평등을 변화시킬 수 있는 방법은 오로지 두 가지뿐이다.

첫 번째는 여성이 남성을 흉내내는 것이다. 이것은 보다 많은 위험을 감수하고, 보다 공격적이며, 인간관계에 대한 가치를 억누를 필요가 있다. 여기에는 지위나 중견간부, 그리고 경쟁과 성취에 대한 열망을 갖고 건강이나 행복, 개인의 복지 등을 무시하려는 의식적인 노력이 포함되어야 한다.

두 번째는 이상적인 목표로서 남성 중심의 전통적인 성공에 대한 정의로부터 벗어나 보다 광범위하고 포용적인 성취로 성공의 의미를 대체하는 것이다. 그러나 이것은 남성과 여성이 완벽한 시민이 되는 것과 저임금일지라도 사회적으로 의미 있는 직업을 기꺼이 선택해야만 가능해진다.

첫 번째 대안인 남성 모방 전략으로 성공을 거둘 수 있음을 지지할 만한 증거가 있다. 최고경영자 지위에 있는 25명의 여성에 대한 연구를 살펴보면 그들은 아동기에 말괄량이였다는 공통점이 있었다. 허트는 자신이 연구한 최고 지위에 있는 여성들은 말괄량이, 적극성, 공격성 등을 공통적으로 갖고 있었다고 말한다. 이것은 뇌의 선천적인 남성 기질과 관련이 있다. 많은 임상 연구에서 어머니가 임신 중에 치료 차원에서 남성 호르몬을 투여받은 적이 있는 여성들은 경쟁적이며 지배적이고 직업 지향적이 되는 경향이 있었다. 남성의 세계에서 최고의 능력을 발휘하는 많은 여성들은 남성의 뇌를 지니고 있는 것처럼 보인다. 남성의 세계에서 성공하는 여성들은 '준남성'처럼 행동하는 여성들이라고 볼 수 있다.

호잉거는 〈남녀의 차이 Sex Differences〉에서 다음과 같이 결론지었다.

남성과 여성이 사건과 사물에 다른 가치를 부여한다는 발견은 놀랄 만한 것이 아니다.

지금까지 살펴본 바와 같이, 청소년기의 남성과 여성은 다른 가치와 다른 삶의 측면에 도달하고자 한다. 여성은 남성보다 심미적, 사회적, 종교적인 측면에서 뛰어나며 남성의 세계는 이론적, 경제적, 정치적인 경향이 강하다.

남성과 여성은 자신들의 직업에서도 다른 기술을 지니고 있다. 이 재능들의 조합을 바람직하게 사용하는 것이 무엇보다 합당하다.

제12장

현명한 방정식

Brain
Sex

활용되어야 할 차이

남성이 자발적으로 남성 중심적인 사회 풍조를 없애겠다고 한다면 여성은 직업 세계에서 동등한 절반의 기회를 갖게 될 것이다. 그러나 상업적인 의도에서 그런 변화를 가식적으로 보여주는 것일 수도 있다. 그것은 그들이 일하고 있는 직장에 어떤 이익을 가져오기 때문일 수 있다.

직업 세계에서 남녀에 관한 잘못된 생각들을 멈추고 남녀의 차이에 바탕을 두고 새롭게 바라보지 않는다면 아무것도 바뀌지 않을 것이다.

〈월스트리트 저널Wall Street Journal〉에 모성애 때문에 여성의 직업적 경력이 파괴되었다고 주장하는 기사가 실린 적이 있다. 거기에는 몇 가지 잘못된 개념들이 설명되어 있었다. 잘못된 개념들은 다음과 같다. 첫 번째, 많은 여성들은 직장을 그만두는 것이 무엇을 뜻하는지 모른다. 여성들은 가정과 가족이 더 만족스럽고 가치 있는 직장이라고 생각한다는 것이다. 두 번째, 모성애는 저절로 발생한다. 엄마가 되기 싫은 사람조차도 신생아를 안을 때는 이전에 느껴 보지 못한 감정들이 일어 생산성에 방해가 된다는 것이다.

사실 생산성에 방해가 되도록 만들고 자신들의 자아존중감을 없애는 사람은 바로 여성이다. 심리학자 휴렛의 말처럼 여성은 너무도 자주 남성의 관점에서 직업의 성공과 성취를 정의 내리며 일하고 있다. 여성들은 간혹 남성 경쟁 상대가 지닌 강박관념, 자기중심성, 무례함, 사회적 · 개인적 가치 비교 등을 단행하는데 이것은 여성의 뇌가 장점을 보이는 분야가 아니다.

남성의 방법으로 남성의 관점에서 성공한다는 것은 성공적인 어머니의 역할과도 관련이 있다. 그래서 24시간이 부족하다. 남편이 얼마나 도와주는가와 상관없이 엄마만이 할 수 있는 일이 있다. 사실 대부분의 일이 그렇다. 그래서 오늘날의 여성들은 개인적으로나 생물학적으로 너무 지쳐 있다. 더 나아가 여성으로서 직업인으로서 엄마로서 죄책감에 괴로워하며 실패자라는 생각에 짓눌려 있다.

남성과 여성 사이에는 한 가지 결정적이면서도 근본적인 차이가 있다. 인간관계의 애정이 그것이다. 그렇지만 현재 직업 세계의 구조를 살펴보면 인간관계에 대한 애착은 '핸디캡'이다. 앞으로 전개될 이야기지만 그것은 굉장한 재산이 될 수도 있다. 여성은 변하지 않아야 하며 직업 세계는 여성이 갖고 있는 인간관계에 대한 애착으로 이익을 보게 될 것이다.

자아존중감은 여성이나 남성 모두에게 똑같이 중요하지만 많은 연구에서는 여성과 남성의 자아존중감 정도가 서로 다른 것에 의해 영향을 받는다고 밝혀졌다. 여성은 깊이 있고 의미 있으면서 강력한 인간관계를 성공적으로 맺을 때 자아존중감에 영향을 받으며, 남성은 직업의 성공에 의해 영향을 받는다. 직장에서의 성차이에 대한 호잉거의 연구를 살펴보면 여성에는 세 가지 유형이 있다. 각각의 유형에는 성공적인 인간관계를 위해 필요한 일반적인 요소가 내재되어 있다.

첫 번째 유형은 전통적인 여성이다. 이들은 가족의 안위에 조금이라도 해가 된다면 자신의 직업을 포기할 수 있으며 가족과 남편을 최우선으로 생각한다.

두 번째 유형은 이른바 2개의 성공을 거머쥔 여성이다. 이들은 훌륭한 아내와 능력 있는 직업인으로서 여성성과 남성성을 적절히 지니고 있지만, 그 과정을 살펴보면 무리한 일이 벌어지기도 한다. 여성 과학자들이 남성 과학자들보다 2배 이상 이혼율이 높다는 흥미로운 통계 자료도 있다. 그러나 이렇게 직장을 가진 아내인 여성들도 역시 가족이 최우선이다. 그들 역시 자신이 원하는 성취를 자유롭게 추구하기 전에 가족들로부터 인정받고 격려받는 것을 필요로 한다.

세 번째 유형은 여성들의 전통적인 역할을 거부하면서 전형적인 남성들의 전략을 따름으로써 성공을 거두고자 하는 '역할 개혁자' 여성이다. 그러나 이러한 여성들은 직장에서 자신들에게 끊임없이 격려해 주고 인정해 주면서 우정을 나눌 동료를 과도하게 필요로 한다. 그래서 동료들과 불화가 생기기도 한다.

모든 유형에서 여성들의 직장에 대한 인식을 살펴보면 모두 인간관계가 중요하게 얽혀 있음을 알 수 있다. 반면에 남성은 그런 관계에 대한 인식이 전혀 없는 것으로 보인다. 적어도 여성과 같은 형태는 아니다. 결국 직업 세계에서 남성의 성취에 대한 비밀은 아마도 모든 대상, 모든 인간에 대해 상대적으로 무감각한 남성성에 있다고 볼 수 있다.

그렇다면 여성들은 인간관계가 핸디캡보다는 강점으로 여겨지는 직장 환경에서 훨씬 더 발전할 수 있을 것이다. 여성들은 인간관계가 강점이 되는 그러한 직장 환경을 만들어내야 한다. 여성들은 자신들이 창조한 문화에서 매우 뛰어나게 실력 발휘를 할 것이다. 이제 여성들은 남성들의 규칙에 따라 남성들의 게임에 놀아날 필요가 없다. 여성들은 게임을 하기보다는 인간관계를 형성하고 자신들만의 규칙을 자유롭게 만들어내야 한다. 경쟁보다는 협동, 공포보다는 신뢰에 기초한 사업을 운영해야 한다. 여성 특유의 지적 전략을 행사하면서 여성의 타고난 기술들을 가장 적절하게 사용하면 된다. 사회학자 고피Goffee. R와 스카시Scase. R가 인터뷰한 3명의 여성 경영자의 이야기를 들어보자.

당신은 엄마의 입장에서는 참회자로서 행동해야 한다. 당신 주변의 누군가는 당신을 이해할지도 모른다. 그렇지만 누군가는 사람들로부터 최고의 성과를 내도록 하기 위해 채찍과 당근을 써야 하는 당신을 비판할 것이다.

우리는 위계 구조 속에 있다고 생각하지 않는다. 우리는 엄격하고 융통성도 없는 조직이 아니다. 작은 조직에서도 얼마든지 일을 잘할 수 있다는 점을 우리는 알아야 한다. 우리는 왜 여성이 이러한 곳에서 일을 잘하는지 알고 있다. 여성은 원만한 대인관계 속에서 훨씬 일을 잘하는 경향이 있다.

나는 결단코 남성이 일상적인 가정사에 민첩하게 공감할 것이라고 생각하지 않는다. 남성들은 나에게 어떠한 것도 설명할 필요가 없다. 남성들은 자신들의 부재에 대해 이러쿵저러쿵 변명할 필요도 없다. 여성은 인간에 대한 민감함이 고도로 발달한 사람이며, 남성은 사물에 대한 민감함이 고도로 발달한 사람이다.

여성은 대인관계에서 자연이 만들어낸 최고의 관리자다. 여성은 직업을 갖기 위해 자신들이 스스로 창업을 해야 하는 것처럼 보인다. 여성은 세세한 면에 대한 집중과 좋은 기억력으로 어떠한 직업에서도 조정할 줄 아는 능력을 타고난 사람들이다.

문제 해결에 대한 남녀의 시각

직업 세계의 또 다른 영역은 의사결정이다. 여성의 뇌가 불리하게 작용하는 영역이며 남성의 중요한 잠재능력을 낭비하는 바로 그 분야다.

남성과 여성은 의사결정을 할 때 다른 접근법을 사용한다. 여성은 남성보다 많은 정보를 가지고 많은 요인들을 고려하기 때문에 여성에

게 의사결정은 굉장히 복잡한 일이다. 여성들의 강점이자 약점은 의사
결정을 내릴 때 인간이라는 요소를 지각하는 능력이다. 인간적이고 도
덕적인 측면에 보다 예민한 여성들의 마음은 반드시 고려해야 할 요소
들과 민첩하게 연결되어 남성보다 복잡한 것들이 한데 얽혀 있는 의사
결정을 내린다.

　문제 해결에 대한 남성과 여성의 접근 차이는 여성과 남성이 다음
과 같은 도덕적 딜레마에 대해 갈등을 일으키는 것을 보면 이해할 수
있다.

　한 남성의 아내가 죽어가고 있다. 생명을 구할 수 있는 약을 살 만
한 형편이 되지 못한다. 그 남자는 약을 훔쳐야 할까? 얼른 떠오르는
대답은 '그렇다'이다. 생명은 언제나 다른 어떤 것보다 우선순위라고
볼 수 있다. 그러나 남성과 여성은 두 가지 다른 전략으로 논쟁을 벌인
다. 남성들은 '정의로움'이라는 간단한 차원에서 이 딜레마를 이해하
려고 한다. 해야만 하는 '옳은 일'은 무엇인가라고 생각하는 것이다.
여성들은 '배려'라는 원리에 기반하여 다른 질문을 던져 본다. 그것은
바로 '책임져야 하는 일은 무엇인가?'이다. 남편이 약사에게 이 문제
를 상의해 볼 수 없을까? 그는 돈을 빌릴 수 없을까? 만약 그 남자가 약
을 훔치다가 감옥으로 가게 되면 부인에게 어떤 일이 일어날까?

　여성이 던지는 질문은 그들이 도덕적인 측면을 포함하여 문제의 다
양한 측면을 지각하고 있음을 보여준다. 여성은 다소 현명하지 못한 대
답을 하기도 하지만 거의 대부분은 보다 포용력 있는 응답을 내놓는다.

　그러나 남성들은 대개 통명스러운 의사결정을 내리려고 한다. 이는

남성의 지적 과정이 얼마나 직선적으로 구성되어 있는지 말해 준다. 남성들은 '거친' 의사결정을 위해 결단력을 발휘한다. 그러나 남성의 뇌는 그러한 의사결정을 실제로는 할 필요가 없다거나, 그러한 문제는 일어나지 않는다는 것을 깨달아야 한다. 그것은 여성의 뇌가 잘하는 분야이기 때문이다.

유명한 영국 속담을 생각해 보자.

'뜨거운 것을 견딜 수 없다면 부엌에서 떠나라.'

곰곰이 생각해 보면 참으로 얼빠진 말 같다. 이 속담이 의미하는 바는 땀에 뒤범벅이 되어 고깃국을 끓이는 요리사를 고용하고 싶지 않다는 뜻이다. 성별에 상관없이 약간의 분별력만 있다면 부엌에서 뜨거운 것을 견디기 어려울 때 환기구나 냉방기를 설치하면 문제는 쉽게 해결된다.

직장에서 남성들은 여성들이 내리는 결론을 우유부단하다고 잘못 해석하기도 한다. 비이성적인 정서로 적당히 타협한 의사결정이라고 평가하기도 한다. 남성의 마음은 더 많은 정보들을 입력하여 이해하려는 시도를 납득하지 못한다. 특히 그 정보가 사실적이면서 정서적일 때는 너무도 어렵게 느낀다. 이러한 과정은 여성들의 보다 정교하고 사려 깊으며 균형을 맞추는 스타일에 해당한다. 남성에게 의사결정은 실제로 매우 간단한 일이다. 왜냐하면 남성은 인간적이고 대인관계적인 측면과 동떨어져 있고 여러 가지보다는 단순한 몇 가지 중에서 쉽게 선택하기 때문이다.

의사결정을 할 때 접근하는 방법의 차이는 남성과 여성이 생각을 처리하는 과정이 다르다는 점을 시사한다. 남성은 환경의 세부사항에서 핵심적인 부분만을 추려내면서 보다 분석적으로 접근하지만, 여성은 더 큰 숲을 보려고 한다. 여성은 맥락에 관심을 두는 반면, 남성은 맥락적인 부분을 무시하려고 한다. 보다 광범위한 연구들을 살펴보면 남성과 여성의 집중 유형에서 명백한 차이가 있음을 알 수 있다. 남성들은 보다 협의의 차원에서 문제에 집중한다. 남성은 모든 감각 등록기가 현안에만 집중되어 있기 때문에 산만해지는 요소들을 무시하려 든다. 심리학자 맥클랜드McClelland. C에 따르면 남성은 어떤 문제에 대해 분석하고 상호관계를 고려하지 않으면서 구획적으로 나누어 본다고 한다. 반면에 여성은 핵심사항에만 집중하기보다는 복잡한 모든 사항을 포괄적으로 바라보려고 노력한다고 한다. 이러한 모든 점들을 미루어 볼 때 남성은 문제의 해결책을 제공하는 데 우수하지만, 여성은 문제를 실제적으로 이해하는 데 뛰어나다고 볼 수 있다.

여성의 뇌는 정서적인 민감성이라는 특별한 요소가 작동하도록 뇌 회로가 연결되어 있다. 이것은 최종 결정을 내리는 데 분명한 장점이 될 수 있다. 궁극적인 법의 판단은 대개 '자비'라는 정서로서 조율하게 되어 있다. 그러나 남성의 관점에서 자비라는 것은 여전히 심약함의 상징으로 보인다. 사실 남성은 자신의 감정을 알아보고 이해하고 표현하는 능력이 다소 떨어진다. 남성들은 여성들이 너무도 쉽게 자신의 감정을 보여준다고 느끼는 반면, 여성들은 남성 동료가 진정한 감정을 표현하는 데 상대적으로 무딘 점 때문에 좌절을 경험하기도 한다.

이러한 남성과 여성의 정서적 차이는 직장에서 다른 문제를 야기시킬 수 있다. 남성은 왜 여성 동료가 그렇게 화를 내는지 잘 이해할 수가 없다. 남성들의 큰 잘못은 여성들이 울 때의 감정이 자신들이 울음을 참을 때의 감정 상태와 같을 것이라고 가정한다는 데 있다. 물론 여성은 남성보다 쉽게 눈물을 흘리며 남성은 매우 특이한 상황 말고는 정서에 굴복하는 경우가 거의 없다. 그래서 여성들이 별것도 아닌 일로 눈물을 흘리면 남성들은 여성이 대단한 일 때문에 그럴 것이라고 가정한다. 그러나 여성은 남성보다 공과 사에 대한 구분이 분명하지 않기 때문에 공적인 비판에 쉽게 상처받을 것이다. 여성은 업무상의 칭찬에 가치를 두는 반면, 남성은 승진을 하거나 실적을 올렸을 때만 칭찬이 가치 있다고 생각한다.

이러한 특징은 두 가지 면에서 여성을 곤경에 빠뜨린다. 첫 번째, 인정에 대한 욕구는 직장에서는 쉽게 충족되지 않는 조건이다. 직장에서는 비난이 기본적인 분위기다. 두 번째, 매우 드물지만 칭찬이 대가를 받는 것보다 값싸다고 여겨진다는 것이다.

목표중심의 남자 뇌, 배려중심의 여자 뇌

남성에게 직업은 하나의 게임이다. 애초부터 남성은 역할 규정, 팀워크, 놀이 집단의 크기, 목표의 명백성, 규칙의 수, 같은 팀의 구성 등에 따라 놀이를 하는 데서 기쁨을 느꼈다. 이에 대해 미국의 사회학자 레버Lever. J는 '남성의 놀이는 여성의 놀이보다 복잡하다'고 말했다. 스위스의 유명한 심리학자 장 피아제Jean Piaget는 '남자 아이들의 구슬놀이만큼 규칙의 구성이 정교한 놀이를 여자 아이들의 놀이 중에서는 찾아보지 못했다'고 기술하고 있다.

남성은 전제정치의 세계를 받아들이고, 별로 좋아하지는 않지만 일하는 데 도움이 되는 사람들과 집단적으로 어울리는 직업의 세계에 입문한다. 여성들은 소녀 시절부터 가장 좋아하는 사람을 친구로 선택하고, 상대방을 보다 헌신적으로 배려하는 경향이 있다. 함께 일하는 사람들을 좋아하려고 노력하고 동료들의 욕구를 이해하려고 들며, 직위의 벽을 허물려고 시도한다. 여성들은 집단을 형성하지만 남성들은 팀을 형성한다.

남성들과 함께 일하면서 고군분투하는 한 젊은 여성이 이런 말을 했다.

"팀을 이루어 하는 운동 경기를 보면 알 수 있다. 당신은 높은 지위에 있는 사람의 이야기를 귀담아들어야 한다는 것과 그 사람들 속에서 무엇인가를 성취할 수 있는 방법을 찾아내기 위해 격렬한 움직임을 끊임없이 벌여야 한다는 것을 알게 될 것이다. 당신은 개인이지만 집단과 함께 일을 해야 한다."

인간관계를 맺는 일은 여성들이 남성들에 비해 의심할 여지도 없이 우월하다. 그러나 역설적이게도 직장에서의 인간관계는 남성들이 훨씬 손쉽게 해낸다. 그들은 감정이 포함된 인간관계를 맺는 데는 뛰어나지 못하지만 기능적인 관계 형성은 잘한다. 남성의 직장 세계에서는 인간관계의 깊이와 공감을 찾아보기 힘들다.

직장에서 나타나는 남성들의 바로 이러한 행동이 여성과 남성의 차이다. 남성들은 관계를 하나의 게임으로 보기 때문에 농담, 놀리기, 언어적인 난투극 등으로 일상을 보내며 이를 생활의 활력으로 삼기도 한다. 남성들의 농담이 때로는 아슬아슬하게 도전과 공격성을 띠기도 하며, 여성들은 이러한 것에 상처를 받거나 재미를 느끼지 못한다. 그러면 남성들은 그런 여성에게 "저, 무슨 문제 있어요? 유머 감각이 너무 없으시네"라고 비꼰다.

남성과 여성은 웃는 일이 다르며 화를 내는 일도 다르다. 걱정과 우울에 대한 에크해머Ekehammer. B와 호잉거의 연구를 살펴보면 불안감과 신경증의 경우 남성과 여성이 다른 상관관계를 보이고 있다. 그러므로 남성과 여성은 다른 의미를 가지고 있다. 여성은 일반적으로 남성보다 불안감을 많이 느낀다. 남성들은 오직 중요한 시험을 앞둔 상황이나 새로운 직장에서 일을 시작해야 할 경우, 또는 프레젠테이션을 해야 하는 경우 등 '성취'라는 문제의 장면에서 여성의 불안 수준까지 올라가는 것으로 나타났다.

직장에서 남성은 말 그대로 '여러 소년들 중 한 명'이 된다. 남성들은 직장에서 웃기는 얼굴 만들기를 하거나 숨 오래 참기 등으로 내기를 하지는 않는다. 하지만 가장 큰 거래를 누가 먼저 따낼 것인지 누가 먼저 승진을 할 것인지 등으로 서로에게 긴장감을 준다. 그러한 종류의 경쟁은 여성에게는 그다지 매력적인 것으로 보이지 않는다. 여성은 사실 이기는 것 자체는 덜 중요하게 느낀다. 젊은 남성은 남성과 여성이 한데 어울려 벌이는 운동 경기를 좋아하지 않는다. 왜냐하면 여성이 포함되면 경쟁의 수준이 떨어진다고 생각하기 때문이다. 많은 남성들의 경우 공적 생활이든 사적 생활이든 자신이 직면하는 세계는 명백한 승자와 패자가 판가름나는 경연장이다. 경쟁의 날카로움을 유지하려는 것은 남성의 근본적인 욕구다. 그러나 여성은 빼앗기보다는 나누는 것을 선호하고 경쟁하기보다는 달래는 것을 선호한다. 구조나 지위, 위계질서 등은 여성들에게 별로 의미 있는 것이 아니다.

그래서 중요한 관점에서 볼 때 남성과 여성은 직장에서 같은 게임을 하고 있다고 볼 수 없다. 그들은 규칙이나 팀, 목표 등에 대해 다른 태도를 취하고 있다. 최소한 이러한 측면에서 남성과 여성은 공통점이 전혀 없다고 볼 수 있다.

직장에서 남성과 여성의 차이로 인해 나타나는 비극을 대부분의 사람들은 거부하고 억압했다. 그에 비해 긍정적인 방법으로 차이를 잘 개발하여 놀랄 만한 결과를 이루어내는 일도 있다. 사업적인 거래는 보통 남성의 영역이라고 볼 수 있다. 남성은 경쟁적인 공격을 통해 이익을 창출한다. 그러나 여성이 협상 팀의 일원이라면 그녀는 자신의 과업에 대해 남성과 완전히 다른 새로운 관점을 가질 것이다. 여성은 자신의 투시 능력으로 경쟁자의 표정과 목소리의 톤에서 미묘한 정서의 단서를 읽어낼 수 있다.

산업사회에서 노동협상과 인사관리는 여성이 기여할 수 있는 잠재력이 어마어마한 영역이라고 이미 우리는 제안한 바 있다. 남성은 허풍을 떨고 자만하며 화도 잘 내고 위협적인 태도를 취한다. 반면에 여성은 문제를 원만히 해결할 만한 능력을 가지고 있다.

심리학자 고피와 스카시의 '여성들이 이끄는 산업 분야에 대한 연구'를 살펴보자. 여성들은 남성의 세계에서 종종 발견되는 자질구레한 규칙, 규율, 위계질서 등이 존재하지 않는 훌륭한 노사관계를 형성한 다는 점이 발견되었다. 여성 상사는 직원들의 사적인 문제를 알아차리 고 품어 줄 수 있는 직관적 통찰력이 있다. 직관적 통찰력은 여성이 인 간으로서 가지고 태어나는 우수한 능력이다.

흥미롭게도 자신의 사업을 운영하는 여성에 대한 이 연구를 살펴보 면 그런 여성에게는 전통적인 여성운동을 할 시간이 거의 없었다는 점 이 발견된다.

여성운동? 나는 그것을 별로 좋아하지 않아. 나는 그것이 필요하 다고 생각하지도 않아. 나는 내 힘으로 큰 사업을 일구어낸 첫 여 성 중 하나일 뿐이야. 이것은 다른 여성들을 위해서 내가 하고 싶 은 일이었다는 감정은 갖고 있지 않아. 나는 우리들 중 한 사람일 뿐이지 다른 여성들과 결코 다르지 않아.

성공한 여성들이 말하는 깜짝 놀랄 만한 불평은 여성들의 이상향에 대해 남성들의 목표와 남성들의 방법으로 말하고 있다는 점이다. 남녀 의 차이를 부인하고 핵심적인 것들을 부정함으로써 여성들의 가치를 부인한다. 어떤 사람은 남성과 여성의 성취에 대한 태도 차이가 실패 에 대한 공포 때문이 아니라 성공에 대한 공포 때문에 경쟁을 하지 않 는다고 주장하기도 한다.

경영은 당근과 채찍이라는 동기로부터 이익이 창출된다. 회사의 중역이 될 만한 사람의 자격으로는 단순히 재정 창출의 지휘자가 아니라 다른 영역에서 성공이 입증된 사람이어야 한다. 중역이라면 고질적인 문제에 대해서 신선하고 분명한 해결책을 제시해 줄 수 있어야 한다. 그리고 사람들이 왜 그런 행동을 하는지 이해할 수 있어야 한다.

이러한 종류의 동등한 선발 기준은 아직까지는 법제화할 수가 없다. 남성과 여성이 다르다는 사실이 과학적 진실임을 밝히는 일이 사회적으로 문제가 될 수 있기 때문이다. 단지 직업, 사업, 기업 등에서 개인적으로 관심을 갖기를 바랄 뿐이다. 남성과 여성이 함께 노력해 각각의 강점과 전략을 이해하고 받아들인다면 많은 문제가 더 쉽게 해결될 것이다. 이런 것들이 한데 합쳐졌을 때의 잠재력을 무시하는 슬픈 노동 현실은 많이 바뀌게 될 것이다.

여러 연구를 보건대 리더십은 평범한 여성들에게 자연스럽게 나타나는 것은 아닌 듯하다. 그러나 여성은 그 기술을 쉽게 습득하며 여성 특유의 방식으로 적용한다. 숨막히게 만드는 것이 아니라 격려하고 자극하고 지지하여 결국에는 신뢰하고 의지하게 만드는 것이 바로 여성의 방식이다.

살려야 할 강점

어머니로서 나의 평생 철학은 내 아이들의 강점을 발견하고 그 방향으로 가도록 하는 것이었다. 나는 나의 동료들에게도 같은 방식을 적용했다. 한 사람이 고용되었을 때 우리는 먼저 그가 어떻게 성장하는지 지켜본다. 그러고 나서 그를 마땅한 부서로 발령낸다. 그러나 일단 우리가 직업적으로 그를 신뢰하게 되면 스스로 할 수 있도록 내버려두며 최소한의 간섭만 한다.

전 영국 수상인 대처뿐만 아니라 대기업의 여성 기업가는 자신의 역할에 자부심을 느낀다. 사업 운영, 국가 운영, 가사 관리 등에서 최소한의 역할을 한다고 사과하지 않는다. 그들 중 대부분은 가정을 돌보는 방식으로 사업을 운영한다는 점에 자부심을 느낀다. 거기에는 낭비도 없고 사치도 없다.

남성의 마음은 자궁 속에서부터 규칙, 원칙, 구조, 사물 등의 관점에서 세계를 바라보도록 맞추어져 있다. 천지창조의 비밀스러운 태엽 장치를 풀어 보고 싶었던 것은 남성이다. 물리의 법칙, 운동의 법칙, 중력의 법칙, 발명의 원칙, 그리고 인류의 규칙 따위가 없던 사회에 질서와 구조를 만들거나 밝혀 보고 싶어하는 감정을 가진 주체가 바로 남성이다.

반면에 여성은 인간적이고 개인적인 측면에 관심을 둔다. 여성은 법칙과 개인의 우선순위 사이에 논쟁이 벌어졌을 때 언제나 개인의 손을 들어 준다. 또한 삶을 위협하는 것으로 핵무기를 생각하는 사람도 남성보다는 여성이다. 전쟁에 대한 상호 저지의 이론을 설명할 수 있는 사람도 여성이고, 미사일을 제지하는 법령을 따라야만 한다고 주장하는 사람도 역시 여성이다.

핵무기에 대한 논쟁에서 대부분의 남성들은 핵무기를 보유하고 있다면 몇백 년 동안 멸망하지 않고 살 수 있는 가장 좋은 기회를 얻게 된다고 믿는다. 그러나 핵무기의 시대가 도래하는 것에 대해 여성들은 보다 개인적인 문제로 받아들인다. 남성들이 언제나 과거에 그러했던 것처럼 여성과 아이들이 가장 쉽게 먼저 죽게 될 것이라고 생각한다.

권력에 대한 남성들의 과거 가치가 여성들에 의해 바뀔 수는 없다. 남성들을 바꾸는 데 필요한 권력의 위치에 도달할 수 있는 여성을 위해서 남성의 가치를 가진 사람들이 동기화되어야 한다. 오늘날은 점점 더 많은 여성들이 성공을 이루고 있다. 특히 여성 스스로 창출해낸 산업 분야에서 그렇다. 동시에 유능한 사업가는 부드러운 운영 방식의 가치에 대해 배운다. 아내와 회사의 복지를 무시하는 사업가는 회사를 위해 필요하지 않다. 여성의 가치를 인정하는 덕목이 사업에서 가장 바람직한 것으로 보인다. 현명한 사업가만이 이 방정식을 깨달을 수 있다.

앞으로 진행될 학계의 모든 연구를 고려할 때, 이 에필로그는 하나의 글을 맺는다기보다는 새로운 글을 시작하는 의미가 있다고 보아야 할 것이다. 이 책이 출판된 이후에도 남녀의 차이에 대해 우리가 말한 것들을 재확인시켜 줄 뿐만 아니라 이해의 지평을 더 넓혀 주는 새로운 연구들이 이루어질 것이다. 지식은 너무나 빠른 속도로 확장되고 있어서 따라잡기가 힘들 정도다. 우리는 자신이 누구인지, 그리고 우리를 다르게 만드는 것은 무엇인지 발견할 수 있는 흥미진진한 여행 출발점에 와 있다.

많은 페미니스트들이 우려한 것과 달리 이 책이 출판된 이후로도 하늘은 무너져 내리지는 않았다. 이 책이 결코 나오지 말았어야 한다고 주장하는 기사도 있었다. 한 기사의 제목은 '영리한 새는 사내의 머리를 가지고 있다'였다. 남녀의 차이에 대한 연구가 존재한다는 것만으로도 어떤 사람들은 분노하고 강한 의심을 보이고 있다. 예일의과대학의 마리 드라코스트Marie De LaCoste는 자신이 쓴 논문 중 하나가 실제로 자신의 경력에 오점을 남겼다고 말했다. 그러나 남녀의 차이에 대한 연구를 독단적으로 반대하는 사람들이 적의 머리를 베었다고 생각하는 순간, 마치 신화에 나오는 여러 개의 머리가 달린 히드라처럼 남녀의 뇌에 차이가 있다는 것을 보여주는 새로운 증거가 다시 불쑥 나타나고 있다. 가장 반길 만한 새로운 증거들은 남녀의 차이에 관한 지식이 거의 전무했던 분야인 형태학, 더 구체적으로 말해서 남녀의 뇌 구조 연구에서 발견되고 있다.

이러한 발견 중 일부는, 예를 들어 짝짓기와 모성본능이 나타나게 하는 중추이면서 주기적인 호르몬의 흐름을 조절하는 시상하부의 세포 구조 차이 등과 같이 너무나 세부적인 것이어서 여전히 제대로 분석하기가 어렵다. 사실 과거에 천문학자들이 새로운 은하계를 발견하고는 거기에다 이름을 붙였듯이, 뇌 구조에 대한 연구도 워낙 새로운 분야여서 과학자들은 자신이 연구하는 세포군에 이름을 붙여야 한다. 이러한 인간 안의 우주에 대한 탐험을 통해 남녀 간 세포 구조 크기의 차이가 두 부분 혹은 세 부분에서 나타난다는 사실이 이미 밝혀졌다. 이러한 구조의 차이가 자궁 속에서 태아의 뇌가 발달하는 중에 노출된 호르몬의 양과 깊이 관련 있다는 것도 재확인되었다. 이러한 부분, 즉 전시상하부의 간질핵INAH: Interstitial Nuclei of the Anterior Hypothalamus에 이름이 붙여진 것도 아주 최근이기 때문에 그 중요성을 따지기에는 너무 이를 수도 있다. 그러나 조심스러운 과학자들까지도 도너Doner가 가정한 것처럼 뇌에서 짝짓기 행동의 중추에 해당하는 부분을 발견했다고 생각한다. 개별적인 몇몇 연구에서는 남녀 간에 성행위와 관련된 근육을 조절하는 신경세포의 핵에서 의미 있는 차이가 발견되었다. 이것들은 성에 관한 지식의 퍼즐을 이루는 두 조각에 해당한다. 우리는 퍼즐 전체의 특징이나 크기를 아직 알 수는 없으나, 그 모양은 서서히 드러나고 있다.

좌뇌와 우뇌를 연결시키는 섬유조직인 뇌량에 대해서도 새로운 사실이 발견되고 있다. 여성의 뇌에서는 여러 기능이 남성보다 더 분산되어 있기 때문에 이러한 기능들을 연결시키는 부분이 더 커야 한다. 여성의 뇌량을 세 부분으로 나누었을 때 가장 뒷부분인 스프레넘splenum이 남성보다 더 크다는 사실이 최근에 확인되었다. 산드라 위틀슨은 스프레넘 옆의 이스머스isthmus에 대해서도 매우 흥미진진한 연구 결과를 발표했다. 이스머스에는 뇌의 한 반구에서 시각을 조절하는 영역과 다른 반구에서 시공간 능력을 관장하는 중추를 연결시키는 축색돌기와 신경섬유가 위치한다.

위틀슨은 이러한 좌뇌와 우뇌 사이의 원활한 소통으로 여성이 다른 사람과 커뮤니케이션을 할 때 우월함을 보이는 반면, 남성은 좌뇌와 우뇌 간의 정보 교환이 상대적으로 덜 원활하기 때문에 커뮤니케이션보다는 공간지각 능력에서 앞선다고 말한다. 다시 말해 여성은 공간지각 능력을 담당하는 영역과 연결이 더 잘 되어 있기 때문에 시각적 상상을 쉽게 어휘와 연관시킬 수 있다. 반면에 남성은 언어를 담당하는 영역의 간섭을 덜 받기 때문에 실제의 이미지 쪽에 더 집중할 수 있다. 여기서 얻을 수 있는 교훈은 다음과 같다. 3차원적 문제, 예를 들어 A

에서 B로 가는 방법 찾기나 여행 가방 꾸리기 같은 것은 남성에게 맡기되, 그 방법을 다른 사람에게 설명하는 것은 여성에게 맡겨야 한다는 점이다. 많은 가족들이 여행을 시작할 때 이 같은 현상을 경험해 본 적이 있을 것이다. 이러한 현상은 왜 여성 중에 화가나 조각가보다 시인이나 소설가가 많은지에 대해서도 하나의 단서를 제공한다.

일부 남성, 특히 왼손잡이의 경우에서도 상대적으로 큰 뇌량이 발견된다는 사실은 우리가 알아낸 바를 재확인시켜 준다. 왼손잡이 남성은 오른손잡이 남성보다 뇌의 기능이 여러 영역에 분산되어 있다. 그들의 뇌 기능의 구성은 구획화되어 있는 남성의 패턴보다는 여성의 패턴에 더 가깝다. 관찰된 바에 따르면 여성이나 왼손잡이 남성처럼 뇌 기능이 널리 분산되어 있을수록 뇌량이 더 발달되어 있다. 여성의 경우 일반적으로 남성보다 뇌의 기능이 더 분산되어 있기 때문에 왼손잡이와 오른손잡이의 신경다발 두께에 차이가 없다. 이 연구를 통해 얻을 수 있는 또 하나의 결론은 왼손잡이인지 오른손잡이인지 결정하는 것은 남녀 간에 서로 다르다는 것이다.

위틀슨은 자신의 발견에 대해 "이러한 해부학적 차이는 빙산의 일각에 불과할지도 모른다"고 말했다. 사실 지금 이 순간에도 빙산의 다른 부분들이 속속 그 모습을 드러내고 있다. 멕시코의 과학자들은 수학 문제를 풀 때 여성은 좌뇌와 우뇌를 동시에 사용하는 반면, 남성은 전문화된 우뇌를 사용함으로써 더 성공적으로 해결하는 것을 발견했다. 또 수학 문제를 성공적으로 해결할 수 있는지의 여부는 뇌의 활동이 얼마나 특정 영역에 집중되어 나타나는가와 관련 있다고 밝혔다.

이외에도 여성은 외부 세계나 추상적 표상에 대한 정보를 한 쪽 뇌에서 다른 쪽 뇌로 전달하는 데 우월한 반면, 남성은 이 같은 과제를 수행할 때 상대적으로 불리하다는 것이 발견되었다.

대뇌피질을 통한 혈액의 흐름에 대한 연구에서도 흥미진진한 사실들이 발견되었다. 미국 노스캐롤라이나 주 보우맨그레이 의과대학의 신경생리학자 세실 네일러Cecile Naylor는 언어 기능을 담당하는 뇌의 영역을 연구하다가 남녀가 말을 할 때 서로 다른 부분을 사용한다는 사실을 우연히 발견했다. 전통적인 견해에 따르면 좌측두엽의 한 부분인 베르니케 영역과 좌전두엽의 한 부분인 브로카 영역이 서로 연결됨으로써 우리가 말을 할 수 있다고 보았다.

베르니케 영역은 조어와 이해를 담당하고 브로카 영역은 혀와 목, 턱을 조절하여 우리가 말을 할 수 있게 한다고 여겨져 왔다. 그러나 네일러는 이 같은 패턴이 남성에게만 적용된다는 사실을 발견했다. 혈액의 흐름을 관찰한 결과, 여성이 말을 할 때는 뇌의 다른 부분들도 활성화되었다. 구체적으로 베르니케 영역의 뒷부분에 시각과 청각을 통한 정보 입력을 관장하는 영역이 있었고, 우뇌에는 감정의 경험과 표현을 담당하는 영역이 있었다. 네일러는 "여성은 더 많은 뇌의 영역을 활용하기 때문에 남성보다 더 많은 전략을 사용할 수 있다"고 말한다. 남성은 머릿속에 가장 먼저 떠오르는 것을 말하나, 여성은 의사소통을 할 때에 더 많은 레퍼토리를 활용하는 것이다.

모든 것을 종합해 보면 결국 여성의 뇌에서는 더 활발하고 광범위한 정보의 교환이 일어난다고 할 수 있다. 그렇다면 여성은 더 자유롭고 풍부한 상상력을 지니고 있다고 할 수 있을까? 위틀슨은 더 조심스러운 견해를 보인다. 그는 "우리의 발견은 남녀 간에 차이가 있다는 것을 보여줄 뿐이지, 남성 혹은 여성의 패턴이 더 효과적이라는 것을 보여주는 것은 아니다"라고 말한다. 사실 이에 대해서는 연령의 차원까지도 고려해야 한다. 남성은 테스토스테론의 양이 많은 시기, 곧 자궁 속에 있을 때와 출생 후 7개월 동안 뇌량에 있는 좌뇌와 우뇌를 연결하는 신경인 축색돌기를 많이 잃는다. 또 나이가 들수록 남성은 여성보다 뇌량이 더 일찍 쇠퇴하기 시작해 좌뇌와 우뇌 간에 의사전달이 제대로 이루어지지 않게 된다.

신경생리학 분야에서는 마치 여성의 뇌에서와 같이 정보 교환이 매우 활발하게 이루어지고 있고 새로운 사실들도 속속 발견되고 있다. "남녀 뇌의 차이에 대한 증거들은 너무나 단편적이고 빈약하기 때문에 이에 대한 연구를 멈추어야 한다"고 주장한 브라운대학의 생물학자 앤 포스토스터링Anne Fausto-Sterling 같은 학자들은 점점 더 설 자리를 잃어 가고 있다. 미래에는 과학적으로나 정치적으로나 위틀슨 같은 학자들이 더 우세할 것으로 보인다. 그는 이렇게 말한다.

남성과 여성은 분명히 서로 다르고, 이를 부인하는 것은 아무런 도움도 되지 않는다. 남녀가 모두 같은 것에 대해 동등하게 뛰어나다고 가정한다고 해서 균등한 기회가 주어지지는 않을 것이다. 차라리 남성 혹은 여성이 더 뛰어난 분야가 따로 있다는 것을 인정하는 편이 훨씬 나을 것이다.

남녀가 행동에서 보이는 차이는 단지 뇌의 차이 때문만은 아니다. 뇌의 성별을 처음에 결정하는 것은 호르몬이므로 결국 호르몬과 뇌의 상호작용 때문에 나타난다고 보아야 할 것이다.

이제 테스토스테론의 양은 직업의 선택과 태도, 성취와 매우 밀접한 관계가 있음이 밝혀졌다. 조지아주립대학Georgia State University의 제임스 댑스James Dabbs 교수는 혈액이 아닌 타액을 사용해 테스토스테론의 양을 더 간편하고 정확하게 측정할 수 있었다. 그는 이 방법을 통해 변호사들의 남성 호르몬 양을 비교했다. 그는 법정에서 일하는 변호사와 주로 사무실에 앉아서 일하는 변호사를 구분해 비교했는데, 우리의 예측대로 전자가 후자보다 테스토스테론의 양이 더 많았다. 여성 변호사들을 대상으로 측정을 했을 때는 주부보다 더 많은 양의 남성 호르몬이 검출되었다.

수학 문제를 해결하는 경우와 마찬가지로, 크게 성공한 사람들의 테스토스테론 양을 측정한 결과 가장 높은 수준에 약간 모자라는 것으로 나타났다. 댑스 교수는 베트남전 참전 용사들을 대상으로 한 연구에서 테스토스테론의 양이 상위 10퍼센트에 속하는 사람들이 반사회적 행동을 보일 가능성이 다른 전우에 비해 2배가 더 높다는 점을 밝혀냈다. 그리고 범죄 행동을 보이는 사람들은 성공적인 변호사들보다 테스토스테론의 양이 약간 더 많은 것으로 나타났다. 범죄자와 변호사 사이에 이러한 유사성이 있다는 것을 보여준 예는 이제까지 거의 없었다. 댑스 교수는 앞으로 테스토스테론의 양과 가정방문 판매원의 성공 여부 사이의 관계를 조사할 계획이다.

물론 그렇다고 인간이 호르몬의 포로는 아니다. 사회화와 자기 훈련을 통해서 우리는 그것을 다른 방향으로 이끌어 나갈 수 있다. 테스토스테론의 양이 많은 사람들 중에 어떤 사람은 자동차를 훔칠 것이고, 어떤 사람은 자동차를 부술 것이며, 어떤 사람은 가장 빠른 자동차를 살 것이다. 그러나 문제는 테스토스테론의 양이 가장 많은 사람들이 사회의 약자 계층에 속할 가능성이 2.5배 더 높기 때문에 처음부터 자동차를 살 기회가 주어지지 않는다는 데 있다. 인과관계를 명백히 밝혀내기는 어려우나, 호르몬의 양이 지나치게 많은 사람들은 반사회적 행동을 보일 가능성이 높아 제대로 된 성취를 거두지 못하는 것으로 보인다.

남녀 뇌 차이 연구의 선구자인 도린 기무라 교수는 동료들과 함께 테스토스테론에 대한 새로운 실험을 했다. 수학적 추리뿐 아니라 사물의 크기와 모양을 인지하는 과제를 수행할 때도 이와 유사한 모습이 관찰되었다. 호르몬이 적은 남성은 호르몬이 지나치게 많은 남성보다 더 성공적으로 과제를 수행했다. 반면에 여성의 경우 테스토스테론의 양이 많을수록 과제를 더 성공적으로 수행했다. 여성은 남성 호르몬이 남성보다 분명히 더 적으므로 역효과를 가질 정도의 수준에 이르지 못하기 때문이다. 언어나 의사소통 능력처럼 여성이 뛰어난 수행을 보이는 영역에서는 테스토스테론의 양이 거의 영향을 미치지 않았으나, 특정 언어 과제에 대해서는 어느 정도 부정적인 효과가 있는 것으로 나타났다. 여성이 자연적으로 우월함을 보이는 분야에서는 이성의 호르몬이 효과가 없거나 오히려 해를 미치는 것은 별로 놀랄 만한 일이 아니다. 기무라의 연구는 유전적으로 비정상적인 여성이 아니라 정상적인 여성을 대상으로 남성 호르몬의 영향을 조사했다는 점에서 의미가 있다. 그녀는 생화학적 연구가 아직 초기 단계에 있으나 "테스토스테론이 우뇌의 기능을 촉진시킬 것으로 추측된다"고 말하고 있다. 초기 뇌의 조직에 호르몬이 미치는 영향은 우뇌의 기능에 결정적인 역할을 할 것이라고 보는 것이다.

출생 전의 뇌 조직에 대해서는 준 레이니시 박사가 이끄는 킨제이 연구소 팀에서 우리가 이미 살펴본 것을 재확인시켜 주는 두 개의 새로운 연구 결과를 발표했다. 그러나 앞으로 더 흥미로운 증거들이 나타날 것으로 보인다. 이미 자궁 속에서 태아가 테스토스테론에 노출되는 과정을 관찰할 수 있는 기술도 개발되었다. 이러한 증거를 출생 이후에 나타나는 행동과 연결시켜 보면 지금까지 약물 복용이나 부신의 비정상적인 기능으로 다량의 안드로겐에 노출된 태아에 대한 연구를 통해서만 얻을 수 있었던 지식을 획득할 수 있다.

UCLA에서는 여성의 뇌 조직에 대해 계속 연구하고 있다. 멜리사 하인즈Melissa Hines는 어머니가 임신 기간 동안 DES를 주입 받은 여자 아이들에 대해 연구했다.(제2장의 캐롤린 사례 참조) 이 호르몬은 일종의 에스트로겐으로서 발달 중인 동물의 뇌를 남성화시키는 효과가 있다. 하인즈는 DES에 노출된 여성의 뇌에서 청각을 관장하는 중추의 위치가 훨씬 더 남성의 패턴을 따른다는 것을 발견했다. 이는 뇌의 특정 부분에 기능이 집중되어 있다. 또한 CAH의 효과(제6장의 캐서린 사례 참조)에 대해 더 검사한 결과, 이에 노출된 여자 아이는 트럭이나 자동차처럼 남자가 주로 가지고 노는 장난감을 선호하는 것으로 나타났다. 하인즈는 "우리는 대개 선호하는 장난감을 결정하는 뇌의 영역이 있을 것이라고는 생각하지 않는다"라고 말한다.

폐경기의 여성을 위한 호르몬 대체 치료에 관한 연구 덕분에 우리는 추가적인 여성 호르몬이 뇌에 미치는 영향에 대해 더 알 수 있게 되었다. 빠른 속도의 연속적이고 정밀한 손놀림처럼 여성이 남성보다 우월한 영역에서는 여성 호르몬을 추가적으로 주입했을 때 수행능력이 더욱 좋아졌다. 여성에게 발음하기 힘든 어구를 말하게 했을 때도 같은 결과가 나왔다. 에스트로겐은 좌뇌에 지배적으로 의존하는 기능, 즉 말하기 같은 기능에 대해서는 강한 긍정적 효과가 있는 것으로 확인되었다. 그러나 남성이 우월한 영역에 대해서는 다량의 여성 호르몬이 오히려 여성의 수행능력을 떨어뜨리는 것으로 나타났다. 우리는 또 월경 주기가 기무라 교수가 말하는 것처럼 '매일매일 여성이 겪는 특정 능력의 변화'에 어떠한 영향을 미치는지 알게 되었다.

결국 가장 최근의 연구 결과를 종합해 보면 이렇다.

남성 호르몬의 양은 남성이 강한 능력의 수행에 영향을 미치고, 여성 호르몬의 양은 여성이 강한 능력의 수행에 영향을 미친다.

출생 전 뇌 성별의 결정이 동성애의 발달에 미치는 영향 같은 민감한 주제에 대해서도 연구가 폭발적으로 늘어나고 있다. 특히 왼손잡이와 남성의 동성애 사이의 관계에 대해 흥미진진한 연구가 이루어졌다. 우리는 왼손잡이가 남성보다는 여성의 패턴을 따르는 뇌와 관련 있다는 것을 알게 되었다. 또 남자 태아의 발달 과정 중 결정적 시기에 남성 호르몬이 부족하면 남성의 몸에 여성의 뇌를 지니게 될 수 있다는 것을 알게 되었다. 그렇다면 남성 동성애자 중에는 왼손잡이의 수가 평균보다 더 많을까? 비록 왼손잡이에 대한 편견이 생길 수 있으나 위틀슨은 이 추측이 맞을 것이라고 예측했고, 설문조사를 통해 그 사실이 확인되었다. 물론 그렇다고 해서 모든 왼손잡이들이 동성애자일 가능성이 더 높은 것은 아니다. 단지 동성애와 왼손에 대한 선호가 자궁 속에서 남성 호르몬에 충분히 노출되지 않은 것과 관련 있다는 것을 의미할 뿐이다. 더욱 혼란스러운 것은 동성애 여성은 오른손잡이보다 왼손잡이일 가능성이 4배나 더 높다는 사실이다. 무언가 분명한 이유가 있겠지만 그것을 발견하기까지는 어느 정도 시간이 걸릴 것으로 보인다.

위틀슨은 또한 동성애 남성이 공간지각 능력을 활용하는 과제의 수행에서 비록 평균 여성보다는 뛰어났으나 다른 남성보다는 열등하다는 점을 발견했다. 그러나 동성애 남성은 언어의 유창성과 명확한 표현에 대해서는 비록 여성의 수준을 따라잡지는 못했으나 다른 남성보다는 더 뛰어났다. 여성 동성애자에 대한 연구 결과는 아직 발표되지 않았다. 하지만 위틀슨에 의하면 우리가 예상하는 대로 남성이 우월한 능력에 대해서는 평균 이상의 성취를 보이고, 여성이 우월한 능력에 대해서는 평균 이하의 성취를 보였다고 한다. 위틀슨은 성적 취향을 비롯한 인간 행동의 다양한 측면들이 발달 중인 뇌에 호르몬이 미친 영향으로 설명될 수 있다고 확신한다. 동성애자인지 아닌지는 출생 전부터 결정되는 것이고, 사회는 단지 동성애가 억압되거나 장려되거나 허용되는 환경을 제공할 뿐이다. 감옥이나 기숙사나 학교와 같이 단일한 성별을 가진 사람들로 구성되는 기관 때문에 동성애가 생기는 것이 아니라, 그 기관들이 자연적으로 발생하는 편차가 표면화될 수 있는 이상적인 조건을 제공하는 것이다. 'OO의 온상'이라는 표현이 이 경우에 잘 들어맞는다고 할 수 있다.

한편 군터 되르너의 성적 취향의 연금술에 대한 논쟁적인 연구는 새로운 단서를 제공해 준다. 그는 출생 전 혹은 출생 후 초기에 비정상적인 호르몬의 양을 조절함으로써 '편차'가 발생하는 것을 방지할 수 있다고 본다. 되르너는 우리가 제8장에서 제시한 이론을 발전시켜서 비정상적인 호르몬이 뇌의 조직을 이끄는 화학물질인 신경전달물질과 어떻게 상호작용하는지 도식적으로 표현했다. 이 상호작용은 3가지 핵심 영역인 성 중추와 짝짓기 중추, 그리고 이른바 '성역할 중추'의 특성을 결정하는데, 이 3부분 모두 뇌의 발달 과정 중 약간 다른 시기에 구조와 성적 취향이 형성된다. 되르너는 성적 편차에 생화학적인 라벨까지 붙여서 "여성에서 남성으로 바뀐 성전환자 대부분과 여성 동성애자 다수는 수산화효소 결핍을 보인다"고 말했다.

이 책의 한 부분에서 우리는 남성과 여성의 뇌 조직 차이가 정신질환과 관계 있을 것이라고 추측했다. 우리는 범죄나 성행위, 또는 난독증이나 말더듬기와 같이 비정상적인 기능들은 압도적으로 남성과 관련된 문제일 것이라고 보았다. 왜냐하면 뇌는 자연적으로 여성의 형태를 지니고 있고, 남성의 형태로 재조직되기 위해서는 안드로겐의 활발한 중재가 필요한데 그 과정에서 불가피하게 오류가 일어날 가능성이 생기기 때문이다. 또한 우리는 남성의 뇌는 구획화되어 있기 때문에 결점을 보완하기가 상대적으로 어려울 것이라고 보았다. 왜냐하면 남성의 뇌는 달걀을 모두 한 바구니에 담는 경우와 같아서 한 부분에 손상이 생기면 심각한 피해가 발생하는 반면, 여성의 뇌는 기능이 더 분산되어 있어서 필요한 경우 다른 영역을 활용할 수가 있기 때문이다.

그러나 이제 다른 사람들의 연구 덕분에 우리는 이 대략적인 가설을 더 구체화할 수 있게 되었다. 〈정신분열증Schizophrenia Bulletin〉이라는 저널은 성별에 대해 집중적으로 조명함으로써 이해의 지평을 넓혀 주었다. 심각한 정신질환을 앓고 있는 젊은 성인의 3분의 2는 남성인 것으로 드러났다. 이러한 경향은 이른 시기에 나타나는데 남자 아이는 스트레스나 가정의 갈등에 여자 아이보다 더 강하게 반응하고, 어린 남자 아이는 소아 자폐증에도 더 취약하다. 이후에 나이가 들었을 때도 강박관념, 자살, 성적 집착, 정신분열증을 보이는 사람 중 상당수는 남성이다.

남성에게서는 정신분열증이 여성보다 더 일찍 나타나고 치료 효과가 있는 경우도 여성에 비해 더 적으며, 회복해서 정상적인 삶으로 돌아갈 가능성도 더 적다. 그러나 지금까지 정신분열증에 대한 연구는 이러한 경향을 대체로 무시해 왔다. 어떤 연구자는 악성 정신분열증이 남성 신경계의 취약함 때문에 나타난다고 보며, 여성의 경우에는 가족의 유전 때문에 발생한다고 본다. 마침내 의사들은 남녀 뇌 조직의 차이가 질병을 이해하는 데 핵심적인 역할을 할 것이라고 보기 시작했다. 또한 뇌의 형태에 대한 호르몬의 영향이 정신분열증에 대한 새로운 연구 분야를 개척할 것이라고 생각하게 되었다. 최근에 〈포괄적 정신의학Comprehensive Psychiatry〉이라는 의학 저널에 발표된 한 논문을 보면 뇌 발달 과정에서의 어떤 장애가 정신분열증과 관련이 있는 비정상적인 구조를 야기하고, 특히 성호르몬이 뇌의 발달에 결정적인 영향을 미친다는 견해를 싣고 있다. 이제 과학자들은 질병과 성별의 연관성에 대해서도 설명이 가능하다고 본다. 질병의 임상적 측면에서 나타나는 남녀의 차이가 뇌의 차이에 기인하는지는 아직 확실하게 알 수 없다. 그러나 적어도 분명한 것은 의사들이 그동안 전혀 인정하지 않았던 개념인 '남녀의 뇌 차이'에 대해 다루기 시작했다는 점이다.

아직까지 확실한 결론에 이르지는 않았으나, 만일 10여년 전이었다면 과학자들은 '출생 전의 호르몬 때문에 나타나는 뇌 조직의 미묘한 차이가 특정 정신질환의 발병과 임상증상, 그리고 발달 과정에 있어서 남녀 간의 차이를 결정한다'와 같은 대담한 예측을 하지 못했을 것이다.

정신분열증에 대해 나타나는 분명한 차이와 마찬가지로 범죄 행동에서 나타나는 남녀 간의 차이도 유사한 원인, 즉 태아의 자연적인 여성 형태의 뇌를 남성의 형태로 재구조화하는 과정에서 발생하는 오류로 설명할 수 있을지도 모른다. 공격성을 보이는 반사회적 성격장애자를 검사한 결과, 90퍼센트가 비정상적인 신경심리학적 단면을 가진 것으로 드러났다. 연구에 의하면 범죄자들은 특히 남성이 취약한 언어 중추가 위치해 있는 좌뇌의 손상과 관련 있는 낮은 언어지능을 가지고 있었다. 정신분열증과 살인, 강간, 폭행 같은 흉악 범죄 행동은 주로 남성에게 나타난다는 점, 그리고 같은 부위가 손상된 뇌를 가진 사람에게 주로 나타난다는 점에서 서로 유사하다.

만일 뇌의 성별을 결정 짓는 호르몬의 비정상적 기능이 정신분열증의 주요 원인이 된다는 점이 증명되면 비정상적인 호르몬을 반사회적 행동의 원인으로 보아도 괜찮을까? 그리고 우리는 정신질환의 발병뿐 아니라 범죄 행동의 발생도 성적 취향을 조정하는 것처럼 화학적으로 방지할 수 있을까? 또한 아동 성애자처럼 성적 취향과 범죄가 결합된 사례에서 발견되는 뇌에 대한 호르몬의 영향을 예측하고 예방할 수 있을까? 그리고 우리는 그렇게 해야만 하는 것일까? 우리가 새롭게 획득한 지식은 어떤 우생학적 의미를 가지고 있고, 어떤 기회와 위협을 가져올 수 있는가?

뇌에 대한 이해가 깊어질수록 이처럼 전혀 새로운 문제들이 제기된다. 우리는 남녀에 상관없이 뇌가 그 문제들을 제대로 해결할 수 있기를 바라는 수밖에 없다.

고백의 심정으로 역자 후기를 쓰자면, 처음 이 책의 번역을 의뢰받았을 때 흥미로운 주제라고 단순히 생각했는데 본격적인 번역 작업에 들어가면서 스물스물 걱정이 되기 시작했다. 이 책의 저자가 책의 곳곳에 기술한 바와 같이 책은 페미니스트뿐만 아니라 평범한 여성들도 반감을 가질 수도 있고, 남성우월적인 생각을 심어줄 수 있는 내용을 담고 있기 때문이다.

그래서인지 번역을 하는 동안 계속해서 '정말 이 연구 결과가 타당한가?'에 대해 질문을 던지는 버릇이 생겼다. 이제까지 번역 작업을 하면서 이런 경우는 거의 없었다. 번역은 원저자의 생각을 얼마나 명확하고 적확하게 전달하는가가 가장 중요하다. 그래서 역자의 관점이나 의견이 절대로 개입되어서는 안 된다. 본문의 내용에 대해 회의를 느낀다거나 의문이 든다면 원전의 내용을 오도할 우려가 있기 때문에 감정이나 판단을 가능한 한 자제했다.

그런 측면에서 〈브레인 섹스〉의 번역 작업은 예외였다고 볼 수 있다. 적어도 번역 초기 단계까지는 '성별'이라는 가장 근본적이고 거부할 수 없는 특성의 관점에서 감정적인 갈등을 느끼면서 한 줄 한 줄을 번역했다. 그래서 나름대로 역자의 머릿속에서 정리가 되지 않으면 작업을 이어가기 어렵다고 판단하고 '왜 저자는 이 책을 썼을까,?'에 대해 고민하여 나름대로 결론을 내렸다.

자세히 들여다보면, 저자는 여성을 이런저런 측면에서 남성보다 뒤떨어진다거나 남성지배적인 사회에 대한 정당성을 입증하려는 의도는 전혀 보이고 있지 않다. 오히려 매 장마다 '여성들이여, 이런 결과 때문에 기분 나빠하지 말기를……'이라면서 눈치를 보기까지 한다. 여성으로서 기분이 나쁘다고 느끼는 것은 그저 읽는 사람의 판단에서 비롯된 것이지, 저자는 있는 그대로의 실험 결과를 써 내려가고 있다.

사실 우리는 일상 생활에서 "남자들이란……", "여자들은……"이라는 말을 종종 할 정도로 남녀의 차이가 존재한다는 것은 기정사실이다. 이미 기존에 출간된 책들 중 이러한 사실에 대해, 많은 주변사례와 연구들에 대해 분명한 논조로 밝히고 있는 저작물들이 다수 있다. 이 책은 그중 뇌과학이라는 순수한 학문적 견지에서 설명하려고 했을 뿐이다. 단지 우리에게는 아직도 미지의 세계이며 신성하게까지 느껴지는 뇌를 분석해 말하고 있기 때문에 낯설게 느껴지는 것이다.

이 책이 출간된 이후로도 뇌에 대해 보다 진보적이고 새로운 연구 결과가 쏟아져 나오고 있다. 시냅스 형성, 호르몬, 신경전달물질 등과 관련해 우리의 시야를 넓혀 주는 정보들이 속속 제시되고 있다.

다만 그러한 지식과 정보들을 관점에 따라 다르게 받아들일 수 있음을 분명히 인지해야 할 것이다. 한 쪽이 뛰어나다는 생각을 가지고 연구 결과를 접한다면 자신이 지닌 관점에 비추어 결과를 해석하게 될 것이며, 자신의 생각을 지지해 줄 만한 증거들만 찾게 될 것이다. 이 책의 뇌과학적, 뇌생리적 지식과 정보는 편향적 의견을 담고 있지 않다. 그저 남녀 차이가 존재하는데 어떤 점에서 차이가 나고, 어떤 구조가 다르며, 그러한 구조가 발생하게 된 원인이 무엇인지 논하고 있을 뿐이다.

이러한 이해를 바탕으로 여성 혹은 남성의 능력과 잠재적 가능성을 발현하게 만들 수 있으면 된다. 최근에 등장한 뇌기반 학습Brain-based Learning의 경우, 뇌과학, 뇌생리학적 이론에 바탕을 두면서 뇌의 활성화를 도모할 수 있는 학습 환경을 구현하려 노력하고 있다. 이와 유사하게 남녀 차이의 생리적, 생물학적 차이에 대해 밝히고자 하는 〈브레인 섹스〉의 내용을 바탕으로 여성과 남성 모두에게 효율적이고 유익한 물리적 환경과 조건을 형성한다면 학문적으로나 사회적으로 상당한 의미를 갖지 않을까 생각해 본다.

마지막으로, 이 책을 번역하면서 느끼는 갈등과 이해를 언제나 함께해 주고 결정적인 도움을 준 남편 이현응 선생에게 감사를 전한다. 나이가 들수록 삶의 지표와 방향을 새삼 숙고하게 해주는 딸들인 세인, 다인과 든든한 울타리가 되어 주시는 부모님께도 감사를 전한다.

― 역자 곽윤정

■ 참고 문헌

【전체적인 문헌】

BARASH, D., Sociobiology: The Whispering Within, Souvenir Press, London(1980).

BARDWICK, J.M., The Psychology of Women, Harper Row, New York(1980).

BEACH, F.A. (ed.), Human Sexuality in Four Perspectives, Johns Hopkins University Press, Baltimore (1976).

DE VRIES, G.J., DE BRUIN, J. P.C., UYLING, H. B. M. and CORNER, M. A. (eds.), 'Sex Differences in the Brain: The Relation between Structure and Function', Progress In Brain Research, 61, Elsevier, Amsterdam (1984).

DE WIED, D. and VAN KEEP, P. A. (eds.), Hormones and the Brain, MTP Press, Lancaster (1980).

DURDEN-SMITH, J. and DE SIMONE, D., Sex and the Brain, Pan Original, London (1983).

EYSENCK, H. J., The Inequality of Man, Temple Smith, London (1973).

FOSS, B. M. (ed.), Sex Difference: Psychology Survey No. 1, Allen and Unwin, London (1979).

FRIEDMAN, R. C. er. al. (eds.), Sex Difference in Behaviour, John Wiley & Sons, New York (1974).

GARAI, J. E. and SCHEINIFELD, A., 'Sex differences in mental and behavioural traits', Genetic Psychology Monographs, 77 (1968), 169-299.

GOLBERG, S., The Inevitability of Patriarchy, Temple Smith, London (1977).

GOY, R. W. and MCEWEN, B. S., Sexual Differentiation lf the Brain, Massachusetts Institute of Technology Press, Cambridge, Mass. (1980).

HARRIS, L. J., 'Sex differences in spatial ability: possible environmental, genetic and neurological factors', Asymmetrical Function of The Brain, Kinsbourne, M. (ed.), Cambridge University Press (1978), 405-522.

HARRIS, L. J., 'Sex Related Variations in Spatial Skills', Spatial Representation and Behaviour Across the Life Span, Liben, L. S. et al. (eds.), Academic Press, New

York (1980), 83-112.

HUTCHISON, J. B. (ed.), Biologycal Determinants, of Sexual Behaviour, John Wiley & Sons, New York (1978).

HOYENGA, K. B. and HOYENGA, K., Sex Differences, Little Brown And Company, Boston (1980).

HUTT, C., Males and Females, Penguin, London (1972).

KAGAN, J. and MOSS, H. A., Birth to Maturity, John Wiley and Sons, New York (1987).

KONNER, M., The Tangled Wing, Holt Rinehart and Winston, London (1982).

KOPP, C. B. and KIRKPATRICK, M. (eds.), Becoming Female, Plenum Press, New York (1979).

LEVIN, M. Feminism and Freedom, Transaction Books, New Brunswick, N. J. (1987).

LLOYD, B. and ARCHER, J., (eds.), Exploring Sex Differences, Academic Press, London (1976).

LLOYD B. and ARCHER, J., Sex and Gender, Penguin Books, London, (1982).

MACCOBY, E. (ed.), The Development of Sex Difference, Stanford University Press (1966).

MACCOBY, E. and JACKLYN, N., The Psychology of Sex Differences, Stanford University Press (1975).

MCGUINESS, D., When Children Don't Learn, Basic Books, New York (1985).

NICOLSON, J., Men and Women, Oxford University Press (1984).

OSRBORME, R. T., NOBLE, C. E. and WEYL, N., Human Variation: The Biophysiology of Age, Race and Sex, Academic Press, London (1978).

OUTTED, C. and TAYLOR, D. (eds.), Gender Differences and Sex Roles, Hemisphere, London (1980).

PERLMETTER, M. and HALL, E., Adult Development and Aging, John Wiley & Sons, New York (1985).

REID, I. and WORDMALD, E. Sex Difference in Britain, Grant McIntyre, London (1982).

REINISCH, J. M. et. al. (eds.), Masculinity and Femininity, The Kinsey Institute Serise, Oxford University Press (1987).

RESTAK, R., The Brain. The Last Frontier, Doubleday and Company, New York (1979).

ROSSI, A. S. (ed.), Gender and the Life Course, Aldine Publishing Company, New York

(1985).

Sex, Hormones and Behaviour, CIBA Foundation Symposium 62 (New Series) Excerpta Media Amsterdam(1979).

VELLE, W., 'Sex, Hormones and Behaviour in Animals and Man,' Perspectives in Biology and Medicine, 25, No. 2 (Winter 1982), 295-315.

WITTIG, M. A. and PETERSEN, A. C. (eds.), Sex Related Differences in Cognitive Functioning, Academic Press, London (1979).

【제1장】

BENBOW, C. P. and BENBOW, R. M., 'Biological correlates of high mathematical reasoning ability', Progress in Brain Research, 61, De Vries, G. J. et al. (eds.), Elsevier, Amsterdam (1984), 460-90.

BENBOW, C. P. and STANLEY, J. C., 'Sex differences in mathematical reasoning ability: more facts', Science, 210 (1980), 1029-31.

BURG, A., 'Visual acuity as measured by dynamic and static tests: a comparative evaluation', J. Appl. Phychol., 50 (1966), 460-66.

COLTHEART, M. et al., 'Sex differences in imagery and reading', Nature, 253 (1975), 438-40.

BEFFERY, A. W. H. and GRAY, J. A., 'Sex differences In the development of spatial and linguistic skills', Gender Differences: Their Ontogeny and Significance, Outsted, C. and Taylor, D. C. (eds.), Churchill Livingstone, London (1975), 123-57.

DE REINCOURT, A., Women and Power in History, Honeyglen Publishing, London (1983).

ELLIS, H., Man and Women, William Heimann, London (1934).

GAULIN, S. J. C. et al., 'Sex differences in spatial ability: An evolutionary hypothesis and test', The American Naturalist, 127, No.1 (January 1986), 74-88.

GRAY, J. .A, 'Sex differences in emotional and cognitive behaviour in mammals including man: adaptive and neural bases', Acta Pshychologica, 35 (1971), 89-111.

GOULD, S. J., 'Women's brains', New Scientist, 2 (November 1978), 364-66.

HARSHMAN, R. A. and PAIVIO, A., '"Paradoxical" sex differences in self-reported imagery', Canadian Journal of Psychology, 41 (3) (1987), 287-302.

HUTT, C., 'Biological bases of psychological sex differences', Paper given to the European Society for Paediatric Endocrinology, Rotterdam (June 1976).

HUTT, C., 'euroendocrinological, behavioural and intellectual differentiation in human development', Gender Differences: Thier Ontogeny and Significance, Outed, C. and Taylor, D. (eds.), Churchill Livingstone, London (1975), 73-121.

KIMURA, D., 'Are men's and women's brains really different?'. Canadian Psycol., 28 (2) (1987), 133-47.

KIPINIS, D. M., 'Intelligence, occupational status and achievement orientation', Exploring Sex Differences, Lloyd, B. and Archer, J. (eds.), Academic Press, London (1976), 95-122.

McGEE, M. G., 'Human Spatial Abilities: Psychometric Studies and Enviromenral, Genetic, Hormonal, and Neurological Influences', Psychological Bulletin, 86, No. 5 (1979), 889-918.

McGUINESS, D., 'Sex Differences in Organisation, Perception and Cognition', Exploring Sex Differences, Lloyd, B. and Archer, J. (eds.), Academic Press, London (1976), 123-55.

McGUINESS, D., 'How school discriminate against boys', Human Nature, (Febuary 1979). 82-88.

MEADE, M., Male and Female, Pelican Books, London (1950).

MONEY, J. et al., 'An examination of some basic sexual concepts: the envidence of human hermaphroditism', John Hopkins Hospital, Baltimore, 97(1955), 301-19.

REINISCH, J. M., 'Feral hormones, the brain, and human sex differences: a heuristic, integrative review of the recent literature', Archive of Sexual Behaviour, 3, No. 1 (1974), 51-90.

SWAAB, D. F. and HOFMAN, M. .A, 'Sexual differentiation of the human brain', Progress in Brain Research, 61, De Vries, G. J. et al. (eds.), Elsevier, Amsterdam (1984), 361-74.

VANDENBERG, S. G., 'Sex differences in mental retardation and their implications for sex differences', Masculinity and Femininity, Reinisch, J. M. et al. (eds.), Oxford University Press (1987), 157-71.

WECHSLER, D., 'Sex differences in intelligence', The Measurement and Appraisal of Adult Intelligence, Williams and Wilking, Baltimore (1958).

WITLESON, S. F., 'Sex differences in the neurology of cognition: Psychological, social, educational and clinical implications', Le Fait Feminin, Sullerot, E. (ed.), Fayard, France (1978), 287-303, [English translation obtained from Sandra Witlesin.]

YARMEY, A. D., 'The effects of attractiveness, feature saliency and liking on memory for faces', Love and Attraction, Cook, M. and Wilson, G. (eds.), Pergamon Press, Oxford (1979), 51-53.

【제2장】

ARCHER, J., 'Biological explanations of psychological sex differences', Exploring Sex Differences, Lloyd, B. and Archer, J. (eds.) Academic Press, London (1976), 241-65.

BEACH, F. A., 'Hormonal control of sex differences in nonreproductive behaviours in rodents: organisational and activational influences', Hormones and Behaviour, 12 (1979), 112-63.

BEATTY, W. W., 'Gonadal hormones and sex differences in play fighting and spatial behaviour', Progress in Brain Research, 61, De Vries, G. J. et al. (eds.), Elsevier, Amsterdam (1984), 313-30.

BERG, I. et al., 'Change of assigned sex at puberty', Lancet (7 December 1963), 1216-18.

DIAMOND, M., 'Human Sexual development: biological foundations for social development', Human Sexuality in Four Perspectives, Beach, F. A. (ed.), John Hopkins University Press, Baltimore (1977), 38-61.

DOMINIQUE TORAN-ALLERAND, C., 'On the genesis of sexual differentiation of the central nervous system: morphogenetic consequences of steroidal exposure and the possible role of alpha-fetoprotein', Progress in Brain Research, 61, De Vries, G. J. et al. (eds.), Elsvier, Amsterdam (1984), 63-98.

DÖRNER, G., 'Hormones and sexual differentiation of the brain', Sex, Hormones and Behaviour, CIBA Foundation Symposium 62, Excerpta Medica, Amsterdam (1979), 81-112.

DÖRNER, G., 'Sexual differentiation of the brain', Vitamins and Hormones, 38 (1980), 325-73.

DÖRNER, G., 'Sex hormones and neurotransmitters as mediators for sexual differentiation of the brain', Endokrinologie, 78 (December 1981), 129-38.

DÖRNER, G., 'Sex-specific gonadotrophin secretion, sexual orientation and gender role behaviour', Endokrinologie, 86 (Auguar 1985), 1-6.

DURAN-SMITH, J. and DE SIMONE, D., 'Birth of your sexual identity', Science Digest, (September 1983), 86-88.

EHRHARDT, A. A., 'Gender differences: a biosocial perspective', Nebraska Symposium on Motivation, 1984, Psychology and Gender, 32 (1985), 37-57.

EHRHARDT, A. A., 'A transactional perspective on the development of gender differences', Masculinity and Femininity, Reinish, J. (ed.), Oxford University Press (1987), 281-88.

EHRHARDT, A. A. et al., 'Sexual orientation after prenatal exposure to exogenous estrogen', Archive do Sexual Behaviour, 14, No. 1 (1985), 57-77.

EHRHARDT, A. A. and BAKER, S., 'Fetal androgens, human central nervous system differentiation, and behaviour sex differences', Sex Differences in Behaviour, Friedman, R. C. et al. (eds.), John Wiley & Sons, New York (1974), 33-51.

EHRHARDT, A. A. and MEYER-BAHLBURG, H. F. L., 'Prenatal sex hormones and the developing brain', Annul Review Med., 30 (1979), 417-30.

EHRHARDT, A. A. and MEYER-BAHLBURG, H. F. L., 'Effect of parental sex hormones on gender-related behaviour', Science, 211(1981). 1312-14.

GORSKI, R. A., 'Crotacal role of the medial preoptic area in the sexual differentiation of the brain', Progress in Brain Research, 61, De Vries, G. J. et al. (eds.), Elsevier, Amsterdam (1984), 129-46.

GORSKI, R. A., 'Sex differences in the rodent brain: their nature and origin', Masculinity and Femininity, Reinisch, J. M. et al. (eds.), Oxford University Press (1987), 37-67.

GREEN, R., 'Sex dimorphic behaviour development in the human: prenatal hormone administration and postnatal socialization', Sex, Hormones and Behaviour, CIBA Foundation Symposium 62, Excerpta Medica, Amsterdam (1979), 59-80.

GAULIN, S. J. C. et al.: see reference in Chapter One.

HAMILTON, W. H. and CHAPMAN, P. H., 'Biocemical determinants in gender identity', Padiatrie und Padologie, Suppl. 5 (1977), 69-81.

HARRISON, J., 'Warning: the male sex role may be dangerous to your health', Journal of Social Issues, 34, No. 1 (1978), 65-86.

HINES, M., 'Prenatal gonadal hormones and sex differences in human behaviour', Psychological Bulletin, 92, No. 1 (1982), 56-80.

HUTCHINSON, J. .B and STEIMER, T. H., 'Androgen metabolism in the brain: behavioural correlates', Progress in Brain Research, 61, De Vries, G. J. et al. (eds), Elsevier, Amsterdam (1984), 23-51.

HUTT, C., 'Neurological, behavioural and intellectual aspects of sexual differentiation in human development', Gender Differences: Their Ontogeny and Significance, Outsted, C. and Taylor, D. (eds.), Churchill Livingstone, London (1975), 73-121.

IMPERATO- MCGINLEY, J. et al., 'Steroid 5 alpha-reductase deficiency in man: an inherited form of male pseudohermaphrodism', Science, 186 (1974), 1213-15.

IMPERATO- MCGINLEY, J. et al., 'Androgens and the evolution of male gender identity among male pseudohermaphrodites with 5 alpha-reductase deficiency', New England Journal of Medicine, 300, No. 22 (1979), 1233-37.

JOST, A., 'Basic sexual trends in the development of vertebrates', Sex, Hormones and Behaviour, CIBA Foundation Symposium 62, Excerpta Medica, Amsterdam (1979), 5-18.

KAPLAN, A. G., 'Human sex hormone abnormalities viewed from an androgenous perspective: a reconsideration of the work of John Money', The Psychobiology of Sex Differences and Sex Roles, Paraons, J. (ed.), Hemisphere (1980), 81-91.

LEIBERBUG, I. et al. 'Sex differences in serum testosterone and in exchangeable brain cell nuclear estradiol during the neonatal period in rats', Brain Research, 178 (1979), 207-12.

MACCOBY, E., 'The varied meanings of "Masculine" and "Feminine"', Masculinity and Femininity, Reinisch, J. M. et al. (eds.), Oxford University Press (1987), 225-39.

MACLUSKY, N. J. and NAFTOLIN, F., 'Sexual differentiation of the central nervous system', Science, 211 (1981), 1294-302.

MCEWEN, B, S., 'Neural gonadal steroid actions', Science, 211 (1981), 1303-11.

MCEWEN, B, S., 'Observations on brain sexual differentiation: a biochemist's view', Masculinity and Femininity, Reinisch, J. M. et al. (eds.), Oxford University Press (1987), 68-79.

MONEY, J. and SCHWARTZ, M., 'Biosocial determinants of gender identity differentiation and development', Biological Determinants of Sexual Behaviour, Hutchinson, J. B. (ed.), John Wiley & Sons, New York (1978), 76-84.

NAFTOLIN, F., 'Understanding the bases of sex differences', Science, 211 (1981), 1263-84.

PARSONS, J. E., 'Psychosexual meutrality: Is anatomy destiny?' The Psychobiology of Sex Differences and Sex Roles, Parsons, J. E. (ed.), Hemisphere, London (1980), 3-29.

PETERSON, A. C., 'Biopsychosocial processes in the development of sex relared differences', The Psychobiology of Sex Differences and Sex Roles, Parsons, J. E. (ed.), Hemisphere, London (1980), 31-55.

PFAFF, D. W., Estrogens and Brain Function: A Neural Analysis of Hormone Controlled Mammalian Reproductive Behaviour, Friedman, R. C. et al. (eds.), John Wiley & Sons, New York (1974), 19-32.

RAISMAN, G. and FIELD, P. M., 'Sexual dimorphinsm in the preoptic area of the rat', Science, 173 (1971), 731-33.

RAISMAN, G. and FIELD, P. M., 'Sexual dimorphinsm in the neuropil of the preoptic area of the rat and its dependence on neonatal androgen', Brain Research, 54 (1973), 1-29.

RATCLIFFE, S. G. et al., 'Klinefelter's Syndrome in adolescence', Archives on Disease in Childhood, 57 (1982), 6-12.

RESKE-NEILSEN, E. et al., 'A neuropathological and neurophysiological study of Turner's Syndrome', Cortex, 18 (1982), 181-90.

REINISCH, J. M. (1974): see reference in Chapter One.

REINISCH, J. M., 'Effects of Prenatal hormone exposure on psysical and psychological development in human and animals: with a note on the state of the field', Hormones and Behaviour, Sachar, E. J. (ed.), Raven Press, New York (1976), 69-94.

REINISCH, J. M., 'Prenatal exposure of human foetuses to synthetic progestin and oestrogen affects personality', Nature, 266 (1977), 561-62.

REINISCH, J. M., 'Hormonal influences on sexual development and behaviour', Sex and Gender: A Theological Scientific Inquiry. Schwarts, M. F. et al. (eds.), The Pope John Center: St. Louis, Missouri (1983), 48-64.

REINISCH, J. M. and SAUNDERS, S. A., 'Prental gonadal steroid influences on gender-related behaviour', Progress in Brain Research, 61, De Vries, G. J. et al. (eds.), Elsevier, Amsterdam, (1984), 401-15.

ROSSI, A. S., 'Gender and Parenthood', Gender and Life Course, Rossi, A. S. (ed.), Aldine, New York (1985), 161-91.

ROVET, J. and NETLEY, C., 'Progressing deficits in Turner's Syndrome', Developmental Psychol., 18, No. 1 (1982), 77-94.

SAUNDERS, S. A. and REINISCH, J. M., 'Behavioural effect on humans of progesterone related compounds during development in the adult', Current Topics of Neuroendocrinology, 15 (1976), 795-96.

SILER_KOHODR, T. M. and KHODR, G. S., 'Studies in human fetal endocrinology', American Journal of Obstetric and Gynecology, 130 (1978), 795-800.

TALOR, D. C., 'Psychosexual Dvelopment', Scientific Foundations of Paediatrics, Davies, J. A. and Dobbing, J. (eds.), Heinemann (Medical Books), 2nd edition, London (1981), 290-301.

WAYNE BARDIN, C. and CATTERALL, J. F., 'Testosterone: a major determinant of extragenital sexual diamorphism', Science, 211 (1981), 1285-93.

WESTLEY, B. R. and SALAMAN, D. F., 'Role of oestrogen receptor in androgen-induced sexual differentiation of the brail', Nature, 262 (1976), 407-08.

WILSON, J. D. et al., 'The hormonal control of sexual development', Science, 211 (1981), 1278-84.

WITLESON, S. F., 'Sex differences in the neurology of cognition: social educational and clinical implications', Le Fait Feminin, Sullerot, E. (ed), Fayard, France (1978), 287-303.

YALOM, I. D. et al., 'Prenatal exposure to female hormones', Archives Gen. Psychiat., 28 (1973), 554-61.

【제3장】

BALKAN, P., 'The eyes have it', Psychology Today (April 1971), 64-67.

BUTLER, S., 'Sex dirfferences in human cerebral function', Progress In Brain Research, 61, De Vries, G. J. et al. (eds.), Elsevier, Amsterdam (1984), 443-55.

CALVIN, W. and OJEMANN, G., Inside the Brain, New American Library, New York

(1981).

DE LACOSTE-UTAMSING, C. and HOLLOWAY, R. L., 'Sexual dimonrphism in the human corpus callosum', Science, 216 (1982), 1431-32.

DE LACOSTE-UTAMSING, C. and HOLLOWAY, R. L., 'Sex differences in the fetal human corpuscallosum', Human Neurobiology, 5 (1986), 93-96.

DYER, R. G., 'Sexual differentiation of the forebrain-relationship to gonadotrophin secrotion', Progress in Brain Research, 61, De Vries, G. J. et al. (eds.), Elsevier, Amsterdam (1984), 223-35.

FLOR HENRY, P., 'Gender, hemispheric specailization and psychopatholgy', Social Science and Medicinem 12b (1979), 155-62.

GURLIN, S. J. C.: see reference in Chapter One.

GORDON, H. W. and GALATZER, A., 'Cerebral arganization in patients with gonadal dysgenesis', Psychoneuroendocrinology, 5 (1980), 253-44.

GUR, R. and GUR, R., 'Sex and handedess differences in cerebral blood flow, during rest and cognitive activity', Science, 217 (1982), 659-61.

HARSHMAN, R. A. et al.., 'Individual differences in cognitive abilities and brain organisation: sex and handedness differences in ability', Canadian Journal of Psychology, 37, No.1 (1983), 144-92.

HECGEN, H. et al., 'Cerebral organisation in left handers', Brain and Language, 12 (1981), 261-84.

HINES, M., 'Prenatal ganadal hormones and sex differences in human behaviour', Psychological Bulletin, 92, No. 1 (1982), 56-80.

INGLIS, J. and LAWSON, J. S., 'Sex differences in the effects of unilateral brain damage on intelligence', Science, 212 (1981), 693-95.

KIMURA, D. and HARSHNMAN, R., 'Sex differences in brain organisation for verbal and non-verbal functions', Progress in Brain Research, 61, De Vreis, G. J. et al. (eds.), Elsevier, Amsterdam (1984), 423-40.

KIMURA, D., 'Male brain, female brain: the hidden differences', Psychology Today (November 1985), 51-58.

KIMURA, D., 'How different are the male and female brain?', Orbit, 17 (3) (October 1986), 13-14.

KIMURA, D., 'Are men's and women's brains really different?', Canadian Psycol., 28 (2)

(1987), 133-47.

LEVY, J., 'Lateral differences in the human brain in cognition and behaviour control', Cerebral Correlates of Conscious Experience, Buser, P. (ed.), North Holland Publishing Company, New York (1978), 285-98.

MATTER, C. A. et al., 'Sexual variation in cortical localisation of naming as determined by stimulation mapping', The Behavioural and Brain Sciences, 5 (1982), 310-11.

MCGLONE J. and DIVIDSON, W., 'The Relation between cerebal speech laterality and spatial ability with special reference to sex and hand preference', Neuropsychologia, 11 (1973), 105-13.

MCGLONE, J., 'Sex differences in human brain symmetry: a critical survey', The Behavioural and Brain Sciences, 3 (1980), 215-63.

MCGLONE, J., 'The neurospychology of sex differences in the human brain organisation', Advances in Clinical Neuropyschology 3, Goldstein, G. and Tarter, R. E. (eds.), Plenum Publishing Corp. (1986), 1-30.

NYBORG, H., 'Spatial ability in men and women: review and new theory', Adv. Behav. Res. Ther., 5 (1983), 89-140.

NYBORG, H., 'Performance and intelligence in hormonally different groups', Progress in Brain Research, 61, De Vries, G. J. et al. (eds.), Elsevier, Amsterdam (1984), 491-508.

REINISCH, J. M.: see reference in chapter Two.

SPERRY, R., 'Some effects of disconnecting cerebral hemispheres', Science, 217 (1982), 1223-26.

SPRINGER, S. P. and DEUTSCH, G., Left Brain, Right Brain, W. H. Freedom and Co., New York (1985).

TUCKER, D. M., 'Sex differences in hemispheric specialization for synthetic visuospatial fucntions' Neuropsychologia, 14 (1976), 447-54.

WADA, J. et al., 'Cerebral hemispheric asymmetry in humans'm Arch. Neurol., 32 (April 1975), 293-45.

WITLESON, S. F., 'Left hemisphere specialization for language in the newborn brain', 96 (1973), 641-46.

WITLESON, S. F., 'Hemispheric specialization for linguistic and non-linguistic tactual perception using a dichotomous stimulation technique', Cortex, 10 (1974), 3-7.

WITLESON, S. F., 'Sex and the single hemisphere: specialization of the right hemisphere for spatial processing', Science, 193 (1976), 425-27.

WITLESON, S. F. (1978): see reference in Chapter Two.

WITLESON, S. F., 'The brain connection: the corpus collosum is larger in left handers', Science, 229 (1985), 665-68.

WITLESON, S. F., An exchage on gender', New York Review (24 October 1985), 53-55.

ZAIDEL, E., 'Concepts of cerebral dominance in the split brain', Cerebral Correlates of Conscious Experience, Buser, P. A. and Rougeul-Buser, A. (eds.), North-Holland Publishing Company, Amsterdam (1978), 261-83.

【제4장】

BHAVNANI, R. and HUTT, C., 'Divergent thinking in boys and girls', J. Child Psycho. Pschiat., 13 (1972), 121-27.

BWFFERY, A. W. H. and GRAY, J. A.,: see reference in Chapter One.

COLTHEART, M. et al.: see reference in Chapter One.

DIAMOND, M.: see reference in Chapter Two.

EISENBERG, N. et al., 'Children's reasoning regarding sex-typed toy choices', Child Dev., 53 (1982), 81-86.

GOLDBERG, S. and LEWIS, M., 'Play behaviour in the year old infant: early sex differences', Child Dev., 40 (1960), 21-31.

HUTT, C.,: see reference Chapter One.

JURASKA, J. M., 'Sex differences in dendritic response to differential experience in the rat visual cortex', Brain Res., 295 (1984), 27-34.

JURASKA, J. M.; 'Sex differences in developmental plasticity of the cortex and hippocampal dentate gyrus', Progress in Brain Research, 61, De Vries, J. et al. (eds.), Elsevier, Amsterdam (1984), 205-14.

KAGAN, J., 'Sex differences in the human infant', Sex and Behaviour: Status and Prospectus, McGill, T. E. et al. (eds.), Plenum Press, New York (1978), 305-16.

KORNER, A. F., 'Methodological newbones', Sex Differences in Behaviour, Friedman, R. C. et al. (eds.), John Wiley & Sons, New York (1974), 197-208.

LEVER, J., 'Sex differences in the games children play', Social Problems, 23 (1976), 478-87.

LEVER, J., 'Sex differences in the complexity of children's play and games', American Sociological Review, 43 (1978), 471-83.

McGEE, M. G.,: see reference Chapter One.

McGUINESS, D. (1976): see reference in Chapter One.

McGUINESS, D. (1970): see reference in Chapter One.

PARIZKOVA, J. et al., 'Sex differences in somatic and functional characteristics of preschool children', Human Biol., 49, No. 3 (1977), 437-51.

REINISCH, J. M.: see reference in Chapter One.

ROSENBLUM, L. A., 'Sex differences in mother-infant attrachment in monkeys', Sex Differences in Behaviour, Freidman, R. C. et al. (eds.), John Siley & Sons, New York (1974), 123-41.

SMITH, ANTHONY, The Mind, Hodder and Stoughton, London (1984).

STEIN, S., Girls and Boys: The Limits of Non-Sexist Rearing, Chatto and Windus, London (1984).

STERN, D. N. and BENDER, E. P., 'An ethological study of children approaching a strange adult: sex differences', Sex Differences in Behaviour, Freidman, R. C. et al. (eds.), John Wiley & Sons, New York (1980), 233-58.

SUTTON-SMITH, B., 'The play of girls', Becoming Female: Perspective on Development, Kopp, C. B. (ed.), Plenum Press, New York (1980), 229-57.

TIGER, L. and SHEPHER, J., Women in the kibbutz, Penguin Books, London (1977).

WITELSON, S. (1976 and 1978): see reference in Chapter One.

WHITING, J. W. M., Children of Six Cultures: A Psychocultural Analyst, Harvard University Press, Camb., Mass. (1975).

【제5장】

BUSS, A. H., 'Aggression pays', The Control od Aggression and Violence: Cognitive and Psysiological Factors, Singer, J. (ed.), Academic Press, Mew York (1971), 7-18.

DALTON, K., 'Premenstrual tension: an overview', Behaviour and the Menstrual Cycle, Freidman, R. C. (ed.), Dekker, New York (1982), 217-42.

DALTON, K., Once a Month, Fontana Original, 4th Edition, Glasgow(1987).

DAVIS, P. C. and MCEWEN, B. S., 'Neuroendocrine regulation of sexual behaviour', Behaviour and Menstrual Cycle, Freidman, R. C. (ed.), Dekker, New York

(1982), 43-59.

DE JONGE, F. H. and VAN DE POLL, N. E., 'Relationship between sexual behaviour in male and female rats: effects of gonadal hormones', Progress in Brain Research, 61, De Vries, G. J. et al. (eds.), Elsevier, Amsterdam (1984), 283-302.

FERIN, M., 'The neuroendocrinological control of the menstrual cycle', Behaviour and the Menstrual Cycle, Freidman, R. C. (ed.), Dekker, New York (1982), 23-32.

FREIDMAN, R. C (ed.), Behaviour and Menstrual Cycle, Dekker, New York (1982).

GLICK, I. D., and BENNETT, S. E., 'Oral contraceptives and the menstrual cycle', Behaviour and the Menstrual Cycle, Freidman, R. C. (ed.), Dekker, New York (1982), 345-65.

GOVE, W. R., 'The effect of age and gender on deviant behaviour: a biopsychological perspective', Gender and the Life Course, Rossi, A. S. (ed.), Aldine, New York (1985), 115-44.

GRAHAN, D. A. J. and BEECHER, E. A., (eds.), The Menstrual Cycle: A Synthesis of Interdisciplinary Research, 1, Springer, New York (1980).

GRANT, E. C. G. and PRYSE-DEVIES, J., 'Effect of oral contraceptives on depressive mood changes', Brit. Med. Journal, 3 (September 1968), 777-80.

HERZBERG, B. and COPPEN, A., 'Change in psychological symptoms in women taking oral contraceptives', Brit. J. Psychiat., 116 (1970), 161-64.

HUNTINGFORD, F. H. and TURNER, A. K., Animal Conflict, Chapman and Hall, London (1987).

KAGANm J.: see reference in Chapter Four.

KOPERA, H., 'Female hormones and brain function', Hormones and Brain, de Wied, D. and Van Keep, P. A. (eds.), MTP Press, Lancaster (1980), 189-203.

KRUCK, M. R. et al., 'Comparison of aggressive behaviour induced by electrical stimulation in the hypothalamus male and female rats', Progress in Brain Research, 61, De Vries, G. J. et al. (eds.), Elsevier, Amsterdam (1984), 303-13.

LANGEVIN, R. (ed.), Erotic Preference, Gender Identity and Aggression In Men: New Research Studies, Lawrence Erlbaum Associates Publisher, Hillsdale, New Jersey (1985).

LEVINE, S., Hormones and Behaviour, Academic Press, London (1972).

LINKIE, D. M., 'The Psysiology of the menstrual cycle', Behaviour and the Menstrual

Cycle, Friedman, R. C. (ed.), Dekker, New York (1982), 1-10.

LORENZ, K., On Aggression, Methuen, London (1966).

MARSH, P. and CAMPBELL, A. (eds.), Aggression and Violence, Basil Blackwell, Oxford (1982).

McGUINESS, D. (ed.), Dominance Aggression and War, Paragon House, New York (1987).

MELEGES, F. T. and HAMBRUG, D. A., 'Psychiligical effects of hormonal changes in women', Human Sexuality in Four Perspectives, Beach, F. A. (ed.) John Hopkins University Press, Baltimore (1976), 269-95.

MESSANT, P. K., 'Female hormones and behaviour', Exploring Sex Differences, Lloyd, B. and Archer, J. (eds.), Academic Press, London (1976), 183-211.

MEYER-BAHLBURG, H. F. L., 'Aggression, androgens and the XYY syndrome', Sex Differences in Behaviour, Freidman, R. C. et al. (eds.), John Wiley & Sons, New York (1974), 433-53.

MOYER, K. E., 'The physiology of aggression and the implications for aggression cintrol', The Control of Aggression and Violence, Singer, J. L. (ed.), Academic Press, New York (1971), 61-92.

MOYER, K. E., 'Sex differences in aggression', Sex Difference in Behaviour, Freidman, R. C. et al. (eds.), John Wiley & Sons, New York (1974), 335-72.

MOYER, K. E., 'The biologycal basis for dominance and aggression', Dominance Aggressiom and War, McGuiness, D. (ed.), Paragon House, New York (1987), 1-34.

MOYER, K. E., Violence and Aggressiom: A Physiological Perspective, Paragon House, New York (1987).

NIESCHLAG, E., 'The endocrine function of the human testes in regard to sexuality', Sex, Hormones and Behaviour, CIBA Foundation Symposium 62, Excerpta Media, New York (1979), 183-208.

NOTMAN, M., 'Adult life cycles: changing roles and changing hormones', The Psychobiology of Sex Differences and Sex Roles, Parasons, J. E. (ed.), Hemisphere, London (1980), 209-23.

PERSKY, H. et al., 'Relation of pshcologic measures of aggressive and hostility to testosrone production in man', Psychosomatic Med., 33, No. 3 (1971), 265-77.

RAUSCH, J. L. 'Premenstrual tension: etiology', Behaviour and the Menstrual Cycle, Freidman, R. C. (ed.), Dekker, New York (1982).

REINISCH, J. M., 'Prenatal exposure to synthetic progestins increase potential for aggression in humans', Science, 211 (1981), 1171-73.

REINISCH, J. M. and SAUNDERS, S. A., 'A test of sex differences in aggressive response to hypothetical conflict situation', Journal of Personality and Social Psychol., 50, No. 5., (1986), 1045-49.

RESKE-NEILSEN, E.,: see reference in Capter Two.

Rose, R. M., 'Androgens and behaviour', Hormones and the Brain, De Weid, D. and Van Keep, P. A. (eds.), MTP Press, Lancaster (1980), 175-85.

ROSSI, A. S. and ROSSI, P. E., 'Body time and social time: mood patterns by menstrual cycle phase and day of the week', The Psychobiology of Sex Differences and Sex Roles, Parsons, J. E. (ed.), Hemisphere, London (1980), 269-301.

ROBERT, J. and NETLEY, C.: see reference in Chapter Two.

RUBIN, R. T. et al., 'Postnatal gonadal steroid effects on human behaviour', Science, 211 (1981), 1318-24.

RUBIN, R. T., 'Testosterone and aggression in men', Handbook of Psychiatry and Endocrinology, Beumont, P. C. and Burrows, G. (eds.), Elsevier, Amsterdam (1982), 355-66.

SAVIN-WILLIAMS, R., 'Dominance systems among primate adolescents', Dominance Aggression and War, McGuiness, D. (ed.), Paragon House, New York (1987), 131-73.

SINGER, J. L., 'The Psychological study of aggression', The Control of Aggression and Violence, Singer, J. L. (ed.), Academic Press, New York (1971), 1-5.

STONE, M. H., 'Premenstrual tension in borderline and related disorder', Behaviour and the Menstrual Cycle, Freidman, R. C. (ed.), Dekker, New York (1982), 317-43.

You People in the 80's: A Survey, Department of Education and Science, London HMSO (1983).

【제6장】

BAKWER, S. and ERHARDT, A. A., 'Prenatal androgen, intelligence and cognitive sex difference', Sex Differences in Behaviour, Freidman, R. C. et al. (eds.), John

Wiley & Sons, New York (1974), 53-76.

BALDING, J, Young People in 1986, University of Exeter, Exeter (1987).

BENBOW, C. P. and BENBOW, R. M.: see reference in Chapter One.

BENBOW, C. P. and STANLEY, J. C.: see reference in Chapter One.

BROVERMAN, D. M. et al., 'The automisation of cognitive style and physical development', Child Development, 35 (1964), 1343-59.

BROVERMAN, D. M. et al., 'Roles of activation and inhibition in sex difference in cognitive abilities', Psychological Review, 75, No. 1 (1968), 23-50.

BROVERMAN, D. M. et al., 'Gonadal hormones and cognitive functioning', The Psychobiology of Sex Difference and Sex Roles, Parsons, J. E. (ed.), Hemisphere, London (1980), 57-80.

BROVERMAN, D. M. et al., 'Changes in cognitive task performance across the menstrual cycle', J. Comp. Physiol. Phychol., 95 (1981), 646-54.

DALTON, K., 'Ante-natal progesterone and intelligence', Brit, J. Psychiat, 114 (1968), 1377-82.

DALTON, K., 'Prenatal progesterone and educational attainments', Brit. J. Psychait., 129 (1976), 438-42.

DAWSON, J. L. M., 'Effects of sex hormones on the cognitive style in rats and man', Behaviour Genetics, 2, No. 1 (1972), 21-42.

EHRHARDT, A. A. and MEYER-BAHLBURG, H. F. L., 'Prenatal sex hormones and the developing brain: effects on psychosexual differentiation', Ann. Rev. Med., 30 (1979). 417-30.

EHRHARDT, A. A. and MEYER-BAHLBURG, H. F. L., 'Idiopathic precocious puberty in girls: long turn effects on adolescent behaviour', Acta Endorcrinologica Suppl., 279 (1986), 247-53.

HAMPSON, E. and KIMURA, D., 'Reciprocal effects of hormonal fluctuations on human motor and percepto-spatial skills', Research Bulletin 656, Department of Psychology, University of Weston Ontario, London, Canada (June 1987).

HAMPSON, E. and KIMURA, D., 'Reciprocal effects of hormonal fluctuations on human motor and perceptual-spatial skills', Behavioural Neuroscience, 102, No. 3 (1988), 456-59.

HIER, D. and CROWLEY, W., 'Spatial ability in androgen deficient men', New England

Journal of Medicine, 306 (1982), 1202-05.

KELLY, A., Girls and Science: International Study of Sex Difference in School Achievement, Almqivst and Wiksell, Stockholm (1978).

KLAIBER, E. L. et al., 'Effects on infused testosterone on mental performances and serum LH', Journal of Clinical Endorcrinology and Metabolism, 32 (March 1971), 341-49.

KLAIBER, E. L. et al., 'Estrogen and central nervous system function: electrencephalography, cognition and despression', Behaviour and the Menstrual Cycle, Freidman, R. C. (ed.), Dekker, New York (1982), 267-89.

KOPERA, H.: see reference Chapter Five.

McGGE, M. G.: see reference Chapter One.

McGUINESS, D.: see reference Chapter One.

MONEY, J., 'Prenatal hormones and intelligance: a possible relationship', Impact of Science on Society, XXI, No. 4 (1971), 285-90.

NYBORG, H., 'Spatial ability in men and women: review and new theory', Adv. Behav. Res. Ther., 5 (1983), 89-140.

NYBORG, H., 'Performance and intelligence in hormonally different groups', Progress in Brain Research, 61, De Vries, G. J. et al. (eds.), Elsevier, Amsterdam (1984), 491-508.

RATCLIFFE, S. G., 'Klinefelter's Syndrome in adolescence', Archives of Disease in Childhood, 57 (1982), 6-12.

RESKE-NEILSON et al., 'A neuropathological and nuerophysiological study of Turner's Syndrome', Cortex, 18 (1982), 181-90.

REINISCH, J, M.: see reference Chapter Two.

RESNICK, S. M. et al. (eds.), 'Early hormonal influences on cognitive functioning in cogenital adrenal hyperplasia', Developmental Psychol., 22, No. 2 (1986), 191-98.

ROSE, R. M.: see reference Chapter Five.

ROSENTHAL, K., 'Hormonal influences on cognitive ability patterns', Research Bulletin 653 (March 1987), Department of Psychology, University of Ontario, London, Canada.

ROVET, J. and NETLEY, C., 'Processing deficts in Turner's Syndrome', Developmental Psychol., 18 No. 1 (1982), 77-94.

SAUNDERS, S. A. and REINISCH, J. M.: see reference in Chapter Two.

SHUTE, V. J. et al., 'The relationship between androgen levels and human spatial sbilities', Bulletin of the Psychonomic Society, 21, No. 2 (1983), 465-68.

YALOM, I. D.: see reference in Chapter Tow.

Young People in the 80's: see reference in Chapter Five.

【제7, 9, 10장】

BAKKEN, D., 'Regulation of intimacy in social encounnters: the effect of sex interactants and information about attitede similarity', Love and Attraction, Cook, M. and Wilson, G. (eds.), Pergamon Press, Oxford (1979), 83-89.

BARDIS, P. D., 'The kinethic-potential theory of love', Love and Attraction, Cook, M. and Wilson, G. (eds.), Pergamon Press, Oxford (1979), 229-35.

BECK, S. B., 'Women's somatic preference', Love and Attraction, Cook, M. and Wilson, G. (eds.), Pergamon Press, Oxford (1979), 15-19.

BEACH, F. A., 'Animal models for human sexuality', Sex, Hormones and Behaviour, CIBA Foundation Symposium 62, Excerpta Medica (1989), 113- 43.

BEACH. S. R. H. and TESSER, A., 'Love in Marriage', The Psychology of Love, Sternberg, R. J. and Barnes, M. L. (eds.), Yale University Press, New Haven (1988), 330-55.

BELENKY, M. F. et al., Woman's Ways of Knowing, Basic Books, New York (1986).

BENTLER, P. M. and NEWCOMP, M. D., 'Longitudial study of marital success and failure', Love and Attraction, Cook, M. and Wilson, G. (eds.), Pergamon Press, Oxford (1979), 189-94.

BERSCHEID, E., 'Some comments on love's anatomy', The Psychology of Love, Sternberg, R. J. and Barnes, M. L. (esd.), Yale University Press, New Haven (1988), 359-74.

BUCK, R. W. et al., Human Motivation and Emotion, Wiley, New York (1976).

BUSS, D. M., 'Love acts: the evolutionary biology of love', The Psychology of Love, Sternberg, R. J. and Barnes, M. L. (eds.), Yale University Press, New Haven (1988), 69-118.

BYRNE, D. and MURNEN, S. K., 'Maintaining loving relationship', The psychology of Love, Sternberg, R. J. and Barnes, M. L. (eds.), Yale University Press, New Haven (1988), 293-310.

CACIAN, F. M., 'Gender politics: love and power in the private and public spheres', Gender and the Life Course, Rossi, A. S. (ed.), Aldine, New York (1985), 253-64.

COOK, M. and WILSON, G. (eds.), Love and Attraction, Pergamon Press, Oxford (1979).

D'ANDRADE, R. G. 'Sex differences and cultural institutions', The Development of Sex Differences, Maccoby, E. E. (ed.), Stanford University Press (1966), 174-204.

DEAUX, K., The Beahaviour of Women and Men, Brooks/Cole Publishing Co., New York (1976).

DEAUX, K., 'Psychological constructions of masculinity and femininity', Masculinity and Femininity, Reinisch, J. M. et al. (eds.), Oxford University Press (1987), 289-303.

DIAMOND, M.: see reference in Chapter One.

DÖRNER, G. (1980): see reference in Chapter Two.

DRAUGHTON, M., 'Mate selection and the lady role', Love and Attraction, Cook, M. and Wilson, G. (eds.), Pergamon Press, Oxford (1979), 163-65.

ELIAS, J. and ELIAS, V., 'Dimensions of masculinity and female reactions to male nudity', Love and Attraction, Cook, M. and Wilson, G. (eds.), Pergamon Press, Oxford (1979), 475-80.

ERHARDT, A. A.: see references in Chapter Two.

EYSENCK, H. J., The Inequality of Man, Temple Smith, London (1973).

EYSENCK, H. J., 'Sex, society and the individual', Love and Attraction, Cook, M. and Wilson, G. (eds.), Pergamon Press, Oxford (1979), 336-45.

FISHER, H. E., The Sex Contract, William Morrow, New York (1982).

FORD, C. S. and BEACH, F. A., Patterns of Sexual Behaviour, Harper Row, New York (1951).

GALENSON, E. and ROIPE, H., 'The emergence of genital awareness in the second year of life', Sex Differences in Behaviour, Freidman, R. C. et al. (eds.), John Wiley & Sons, New York (1974). 223-31.

GILLAN, P. and FRITH, C., 'Male-female differences in response to erotica', Love and Attraction, Cook, M. and Wilson, G (eds.), Pergamon Press, Oxford (1979), 461-63.

GILLAN, C., In a Different Voice, Havard University Press, Cambridge, Mass. (1982).

GOVE, W.: see reference in Chapter Five.

GREEN, M., 'Marriage, Fontana Paperbacks, London (1984).

HENLEY, N. M., 'Power, sex and nonverbal communication', Prentice Hall, New Jersey (1977).

HITE, S., The Hite Report: Women and Love, Alfred A. Knopf, New York (1987).

HOBERT, C. W., 'Changes in Courtship and Cohabitation Patterns in Canada, 1968-1977', Love and Attraction, Cook. M. and Wilson, G. (eds.), Pergamon Press, Oxford (1979), 359-71.

HUNTINGFORD, F. H. and TURNER, A K.: see reference in Chapter Five.

INEICHEN, B., 'The social geography of marriage', Love and Attraction, Cook, M. and Wilson, G. D. (eds.), Pergamon Press, Oxford (1979), 115-49.

KINSEY, A. et al., Sexual Behaviour in the Human Male, W. B. Saunders, Philadelphia (1948).

LANCASTER, J. B., 'Evolutionary perspectives on sex differences in the higher primates', Gender and the Life Course, Rossi, A. S. (ed.), Aldine, New York (1985), 3-27.

LANCASTER, J. B. and LANCASTER, C. S., 'Prental investment: the hominid adaption', How Humans Adopt: A Biocultural Odessey, Ortner, D. J. (ed.), Smithsonian Institution Press, Washinton D. C. (1983), 33-65.

LANCASTER, J. B. and LANCASTER, C. S., 'The watershed: change in parental-investment and family-formation strategies in the course of human evolution', Parentin Across the Life Span, Lancaster, J. B. et al. (eds.), Aldine de Gruyter, New York (1987), 187-203.

LA ROSSA, R. and LA ROSSA, M. M., Transition to Parenthood, Sage, Beverly Hills, California (1981).

LANGFELT, T., 'Progresses in sexual development', Love and Attraction, Cook, M. and Wilson, G. (eds.), Pergamon Press, Oxford (1979), 493-97.

LEDWITZ-RIGBY, F., 'Biochemical and neurophysiological influences on human sexual hehaviour', The Psychobiology of Sex Differences and Sex Roles, Parsons, J. E. (ed.), Hemisphere, London (1980), 95-104.

LEE, A. J., 'The styles of loving', Psychology Today (October 1974), 44-51.

LEGRAS, J. J., 'Hormones and sexual impotence', Hormones and the Brain, De Wied, D. and VAN Keep, P. A. (eds.), MTP Press, Lancaster (1980), 205-17.

MESSANT, P.: see reference in Chapter Five.

MOSS, R. L. and DUDLEY, C. A., 'Hypohalmic peptides and sexual behaviour', Behaviour and The Menstrual Cycle, Freidman, R. C. (ed), Dekker, New York (1982), 65-76.

MURSTEIN, B. I., Love, Sex and Marriage Through the Ages, Springer, New York (1974).

MURSTEIN, B. .I., 'A taxonomy of love', The Phychology of Love, Sternberg, R. J. and Barnes, M. L. (eds.), Yale University Press, New Haven (1988), 13-37.

NIAS, D. K. B., 'Marital choice: maching or complementation?' Love and Attraction, Cook, M. and Wilson, G. D. (eds.), Pergamon Press, Oxford (1979), 151-55.

NIESCHLAG, E.: see reference in Chapter Five.

RIENISCH, J. M.: see reference in Chapter Two.

ROSENTHAL, R., 'Boy talk and tone of voice: the language without words', Psychology Today, (September 1974), 64-68.

ROSSI, A. S., 'A biosocial perspective on parenting', Daedelus, 106 (1977), 1-32.

ROSSI, A. S: see reference in Chaper Two.

ROSS, A. S. and ROSSI, P. E.: see reference in Chapter Five.

SCARF, M., Intimate Partners: Patterns in Love and Marriage, Random House New York, (987)

SHELLY, D. S. A. and MCKEW, A., 'Pupillary dilation as a sexual signal and its links with adolescence', Love and Attraction, Cook, M. and Wilson, G. (eds.), Pergamon Press, Oxford (1979), 71-74.

STEIN, G.: see reference in Chapter Four.

STERNBERG, J. K. and BARNES, M. L., The Psychology of Love, Yale University Press, New Haven (1988).

SYMONS, D., The Evolution of Human Sexuality, Oxford University Press (1979).

TIGER, L. and SHEPHER, J.: see reference in Chapter Four.

TIGER, L., 'Alienated from the meanings of reproduction', Masculinity and Femininity, Reinisch, J. M. et al. (eds.), Oxford University Press (1987).

VEITCH, R. and GRIFFITT, W., 'Erotic arousal in males and females as perceived by their respective same and opposite sex peers', Love and Attraction, Cook, M. and Wilson, G. (eds.), Pergamon Press, Oxford (1979), 465-73).

WHALEN, R. E., 'Brain mechanisms controlling sexual behaviour', Human Sexuality in

Four Perspectives, Beach, F. A. (ed.), Johns Hopkins University Press (1976), 213-42.

WILSON, G. D. and NIAS, D. K. B., Loves Mysteries: The Psychology of Sexual Attraction, Open Book, London (1976).

WILSON, G. D., 'The sociobiology of sex differences', Bulletin of the British Psychological Society, 32 (1979), 350-53.

YARMEY, A. D.: see reference in Chapter One.

【제8장】

BANCROFT, J., 'The relationship between gender identity and sexual behaviour: same clinical aspects', Gender Differences: Their Ontogeny and Significance, Ousted, C. and Tayler, D. (eds.), Churchill Livingstone, London (1972), 57-73.

BANCROFT, J., 'The relationship between hormones and sexual behaviour in humans', Biological Determinants of Sexual Behaviour, Hutchison, J. B. (ed.), John Wley & Sons, New York (1978), 493-519.

BELL, A. P. et al., Sexual Preference: Its Devolution in Men Women, Indiana University Press, Bloomington, Indiana (1981).

BELL, G., The Masterpiece of Nature: Evolution and the Genetics of Sexuality, Croom Helm, London (1982).

BERAL, V. and COLWELL, L., 'Randomised trial of high doses of stilboestrol and ethisterone therapy in pregnancy: long tern follow up of children', Journal of Epidemiology and Community Health, 35 (1981), 155-60.

BUCK, R. W.: see reference in Chapter Seven.

COMFORT, S., 'Deviation and variation', Variant Sexuality: Research and Theory, Wilson, G. (ed.), Croom Helm, London (1987), 1-20.

CROWN, S., 'Male homosexuality: perversion, deviation or variant?', Sex, Hormones and Behaviour, CIBA Foundation Symposium, 62, Excerpta Medica, Amsterdam (1979), 145-64.

DIAMOND, M.: see reference in Chapter Two.

DÖRNER, G., 'Prenatal stress and possible aetiogenetic factors of homosexuality in human males', Endokrinologie, 75 (1980). 365-68.

DÖRNER, G.: also see reference in Chapter Two.

EHRHARDT, A. A.: see reference in Chapter Two.

FLOR-HENRY, P., 'Cerebral aspect of sexual deviation', Variant Sexuality: Research and Theory, Wilson, G. D. (ed.), Croom Helm, London (1987), 49-83.

GREEN, R., 'The behaviourally feminine male child: pretransexual? pretransvestic? Prehomosexual?'. Sex Differences in Behaviour, Freidman, R. C. et al. (eds..), John Wiley & Sons, New York (1974), 301-25.

GREEN, R., 'Gender identity in childhood and later sexual orientation: follow up of 78 males', Am. J. Psychiat., 142 (1985), 339-41.

GREEN, R. et al., 'Lebian mothers and their children: a comparison with solo parent heterosexual mother and their children', Archives of Sexual Behaviour, 15, No. 2 (1986), 167-84.

GREEN, R.: also see reference in Chapter Two.

KOHLBERG, L. and ULLIAN, D. Z., 'Stages in the development of psychosexual concepts and attitudes', Sex Differences in Behaviour, Freidman, R. C. et al. (eds.), John Wiley & Sons, New York (1974), 209-22.

KORNFELD, H., 'T-lymphoctye sub-populations in homosexual men', New England Journal of Medicine, 307, No. 12 (1980), 729-31.

LANGEVIN, R. (ed.), Erotic Preference, Gender Identity, and Aggression in Men: New Research Studies, Lawrence Erlbaum Associates, New Jersey (1985).

MACCULLOCK, M. J. and WADDINGTON, J. L., 'Neuroendocrine mechanisms and aetiiology of male and female homosexuality', Britush Journal of Psychiary, 139 (1981), 341-45.

MEYER-BAHLBURG, H. F. L. et al., 'Cryptorchidism, development of gender identity and sex behaviour', Sex Differences in Behaviour, Freidman, R. C. et al. (eds.), John Wiley & Sons, New York (1974), 281-99.

MEYER-BAHLBURG, H. F. L., 'Homosexual orientation in women and men: a hormonal basis? The Psychobiology of Sex Differences and Sex Roles, Parsons, J. (ed..), Hemosphere, London (1980), 103-30.

MEYER- BAHLBURG, H. F. L., 'Hormones and homosexuality', Advances in Psychoneuroendocrinology, 3, No. 1 (1980), 349-46.

MEYER-BAHLBURG, H. F. L., 'Hormones and psychosexual differentiation: implications for the management of intersexuality, homosexuality and transsexuality', Clinics in Endocrinology and Metabolism, 11, No. 3 (1982), 673-93.

MEYER-BAHLBURAG, H. F. L., 'Psychoendocrine research on sexual orientation: current studies, future options', Progress in Brain Research, 61, De Vries, G. J. et al. (eds.), Elsevier, Amsterdam (1984), 375-98.

MEYERSON, B. J., 'Hormone-dependant socio-sexual behaviours and neurotransmitters', Progress in Brain Research, 61, De Vries, G. J. et al. (eds.), Elsevier, Amsterdam (1984), 271-81.

MONEY, J., 'Human Hermaphroditism', Sexuality in Four Perspectives, Beach, F. A. (ed.), Johns Hopkins University Press, Baltimore (1976), 62-83.

MORRIS, J., Conundrum, Penguin Books, London (1987).

MILARDO, R. M. and MURSTEIN, B. I., 'The implications of exchange orientation on dyadic function of heterosexual cohabitors', Love and Attraction, Cook, M. and Wilson, G. (eds.), Pergamon Press, Oxford (1979), 279-85.

NEISCHLAG, E.: see reference in Chapter Five.

REINISCH, J. M. and SAUNDERS, S. A., 'Early barbiturate exposure: the brain, sexually dimorphic behaviour and learning', Neuroscience and Biobehavioural Review, 6 (1982), 311-19.

SIMPSON, M. J. A., 'Tactile experience and sexual behaviour: aspects of development with special reference to primates', Biological Determinants of Sexual Behaviour, Hutchison, J. B. (ed.), John Wiley & Sons, New York (1978), 783-807.

SYMONS, D.: see reference in Chapter Seven.

WARD, I. L., 'Sexual behaviour differentiation: prenatal hormonal and enviromental control', Sex Differences in Behaviour, Freid.man, R. C. et al. (eds.), John Wiley & Sons, New York (1974), 3-17.

WAYNE, C. B. and JAMES, F. C., 'Testosterone: a major determinant of extragenital sexual differentiation', Science, 211, (1981), 1258-93.

WILSON, G. D. and NIAS, D. K. B.: see reference in Chapter Seven.

WILSON, G. D., 'An ethologocal approach to sexual deviation', Variant Sexuality: Research and Theories, Wilson, G. D. (ed.), Croom Helm, London (1987), 84-115.

WILSON, G. D. and FULFORD, K. W. M., 'Sexual behaviour, personality and hormonal characteristics of heterosexual, homosexual and bisexual men', Love and

Attraction, Cook, M. and Wilson, G. D. (eds.), Pergamon Press, Oxford (1979), 387-93.

YALOM, I. D. et al.: see reference in Chapter Two.

【제11, 12장】

BARON, N. J. and BIELBY, W. T., 'Organisational barriers to gender equality: sex segregation of jobs and opportunities', Gender and the Life Course, Rossi, A. S. (ed.), Aldine, New York (1985), 233-51.

BELEKY, M. F. et al., (Women's ways of knowing, Basic Books, New York (1986).

BENBOW, C. P. and BENBOW, R. M.: see reference in Chapter One.

BRADWAY, K. and THOMSON, C., 'Intelligence and adulthood: a twenty-five year follow-up', Journal of Educational Psychology, 53. No. 1 (1962), 1-14.

BRASLOW, J. B. and HEINS, M. H., 'Women in medical education', New England Journal of Medicine, 304 (19) (1981), 1129-35.

BRODY, E. L., 'Gender differences on professional schools', paper presented at annual meeting of American Educational Research Assoc., Washington, D. C., 24 April 1987.

BURNSTEIN, B. et al., 'Sex differences in cognitive functioning: evidence, determinants, implications', Human Development, 23 (1980), 289-313.

CALLAHAN-LEVY et al., 'Sex differences in the allocation of pay', Journal of Personality and Social Psychology, 37 (1979), 433-46.

CANCIAN, F. M.: see reference in Chapter Seven.

CONRAD, H. S. et al., 'Sex differences in mental growth and decline', Journal of Educational Psychology, XXIV, 3 (1933),161-69.

D'ANRADE, R. G., 'Sex differences and cultural institutions', The Development of Sex Differences, Maccoby, E. E. (ed.), Stanford University Press (1966), 174-204.

DAUBER, S. L., 'Sex differences on the SAT-M, SAT-V, TSWE, and ACT among college-bound high school students', Paper presented at annual meeting of American Educational Research Assoc., Washington, D. C., 24 April 1987.

ECCLES, J. S., 'Gender roles and the achievement patterns: an expectancy vallue perspective', Masculinity and Femininity, Reinisch, J. M. et al. (eds.), Oxford University Press (1987), 240-80.

EKEHAMMER, B. and SIDANIUS, J., 'Sex differences in sociopolitical attitudes: a replication and extension', British Journal of Psychology, 21 (1982), 249-57.

Equal Opportunities Commission: Annual Report 1986, HMSO London (1987).

Equal Opportunities Commission: Women and Men in Britain, A Statistical Profile, HMSO London (1987).

ERHARCT, A. A., 'A transactional perspective on the development of gender differences', Masculinity and femininity, Reinisch, J. M. et al. (eds.), Oxford University Press (1987), 281-311.

Everywoman, 'The gender gap', No. 7 (September 1985).

FINN, J. D. et al., 'Sex differences in educational attainment: a cross-national perspective', Harvard Educational Review, 49, No. 4 (1979), 477-503.

GILLIGAN, C., In a Different Voice, Harvard University Press, Cambridge, Mass. (1982.)

GILLIGAN, C., 'Why should a woman be more like a man?' Psychology Today, (June 1982), 68-77.

GOFFEE, R. and SCASE, R., Women in Charge, Allen and Unwin, London (1985).

GOULD, R. E., 'Measuring masculinity by the size of the payback', Men and Masculinity, Pleck, J. H. and Sawyer, J., Prentice Hall, London (1974), 96-100.

HENNIG, M. and JARDIM, A., The Managerial Woman, Pan, London (1979).

HERTZ, L., The Business Amazons, Methuen Paperback, London (1986).

HEWLETT, S. A., A Lesser Life, Michael Joseph, London (1987).

'Hospital and dental staff in England and Wales', Health Trends, 18 (1986), 50.

HORNER, M. S., 'Toward an understanding of achievement-related conflicts in women', Journal of Social Issues, 28, No. 2 (1972), 157-75.

KIPINIS, D., 'Intelligence, occupational status and achievement orientation', Exploring Sex Differences, Lloyd, B. and Archer, J. (eds.), Academic Press, London (1976), 93-122.

KOSTICK, M. M., 'A study of transfer: sex differences in the reasoning process', Journal of Educational Psychology, 45 (December 1954), 449-58.

LEVER, J.: see reference in Chapter Four.

LUPKOWSKI, A. E., 'Sex differences on the differential aptitude tests', paper presented at annual meeting of American Educational Research Assoc., Washington D. C., 24 April 1987.

MACCOBY, E., 'Sex differences in intellectual functioning', The Development of Sex Differences, Maccoby, E. (Ed.), Stanford University Press, (1966), 23-55.

MAHONE, C. H. Fear of Failure and Unrealistic Vocational Aspirations. Journal of Abnormal and Social Psychology, 60, No. 2 (1960), 253-66.

McCLELLAND, D. C., Power: The Inner Experience, Irvington Publishers, New York (1979).

McGEE, P. E., Humor: Its Origin and Development, W. H. Freeman, San Francisco (1979).

MEADE, M.: see reference in Chapter One.

Medical Women's Federation, London. .Unpublished statistics on women in medicine supplied by them.

National Management Survey, British Institute of Management, London (1988).

NEWMAN, L.., 'Pride and prejudice: female encounters on general practice', Medical Woman, 6, No. 2 (Summer 1987), 3-7.

NOTMAN, M.: see reference in Chapter Five.

PIAGET, J., The Moral Judgement of Children, Free Press, New York (1965).

RAPAPORT, R. and RAPAPORT, R., Dual Career Families Re-Examined, Oxford University Press (1976).

SAVIN-WILLIAMS, R.:see reference in Chapter Five.

SILVERMAN, J., 'Attentional styles and a study of sex differences', Attention: Contemporary Studies and Analysis, Mostofskt, D. (ed.), Appleton-Century-Croft, New York (1970), 61-98.

STANLEY, J. C., 'Gender difference on the College Board Achievement Tests and the Advance Placement Examinations', paper presented at the annual meeting of American Educational Research Assoc., Washington, D. C., 24 April 1987.

STANLEY, J., 'Study of mathematically precocious youth', paper presented at the annual meeting of American Educational Research Assoc., Washington D. C., 24 April 1987.

STEPHEN, P. J., 'Career patterns of women medical praduates 1974-85', Medical Education, 21 (1987), 225-59.

STEIN, A. H. and BAILEY, M. M., 'The spcialization of achievement orientation in females', Psychological Bulletin, 80, No. 5 (November 1973), 345-66.

STRECHERT, K., The Credibility Gap, Thorsons Publishing Group, Wellingborough, Northamptonshire (1987).

TIGER, L., Men in Groups, Random House, New York (1969).

TIGER, L., 'The possible biological origins of sexual discrimination', The Impact of Science on Society, XX, No. 1 (1970).

TIGER, L. and FOX, R., The Imperial Animal, Secker and Warburg, London (1972).

TIGER, L. and SHEPHER, J.: see reference in Chapter Four.

TIGER, L. (1987): see reference in Chapter Seven.

TURNER, R. H., 'Some aspects of women's ambition', American Journal of Sociology, LXX, No. 3 (November 1964), 271-85.

WITLESON, S., 'Exchange on Gender', The New York Review, 24 October 1985, 53-55.

VETTER, R., 'Working women scientista and engineers', Science, 207 (1980), 28-34.

【에필로그】

－뇌 차이 관련 문헌

ALLEN, L. S. et al., 'Two sexually dimorphic cell groups in the human brain', The Journal of Neurosciencem 9(2), (February 1989), 497-506.

CORSI-CABRERA, M. et al., 'Correlation between EEG and cognitive abilities: sex differences', Intern. J. Neuroscience, 45 (1989), 133-141.

HINES, M., 'Why can't a man be more like a woman?', Omni (October 1990), 42-68; and personal communication (1991).

NAYLOR, C., 'Why can't a man be more like a woman?'. Omni (October 1990), 42-68; and personal communication (1991).

POTTER, S. M. and GRAVES, R. E., 'Is interhemispheric transfer related to handedness and gender?', Neuropsychologia, 26(2) (1988), 319-325.

WITLESON, S. F., 'Hand and sex differences in the isthmus and genu of the human corpus callosum', Brain, 112 (1989), 799-835; and personal communication (1991).

WITLESON, S. F., 'Structural correlates of cognition in the human brain', Neurobiology of Higher Cognitive Function, Scheibel, A. B. and Welchsler, A. F. (eds.), Guilford Press, New Yor (1990), 167-183.

- 호르몬 관련 문헌

DOBBS, J., Personal communication (1991) regarding testosterone levels and behaviour in the legal profession and among Vietnam Veterans.

GOUCHIE, C. and KIMURA, D., 'The relation between testosterone levels and cognitive ability patterns', Research Bulletin 690, Department of Psychology, University of Ontario, London, Canada (May 1990).

KIMURA, D., 'Monthly fluctuations in sex hormones affect women's cognitive skills', Psychology Today (November 1989), 63-66.

KIMURA, D. and HAMPSON, E., 'Neural and hormonal mechanisms mediating sex sity of Ontario, London, Canada (April 1990).

HAMPSON, E. and KIMURA, D., 'Reciprocal effects of hormonal fluctations on human motor and perceptual spatial skills', Behavioural Neuroscience, 102, No. 3 (1988), 456-459.

REINISCH, J. M. and SANDERS, S. A. 'Sex differences and human personality development', Handbook of Behavioural Neurobiology, 10, Sexual Differentiation: A Lifespan Approach, H. Molts et al (eds.), New York, Plenum Publishing Corporation (in press: 1991).

REINISCH, J. M. et al., 'Hormonal contributions to sexually dimorphic behavioural development in humans', Psychoneuroendocrinology (in press: 1991).

- 동성애 관련 문헌

DÖRNER, G., 'Hormone-dependent brain development and neuroendocrine prophylaxis', Exp. Clin. Endocrinol., 94, No. 1/2 (1989), 4-22.

McCORMICK, C. M., WITLESON, S. F. and KINGSTONE, E., 'Left-handedness in homosexual men and woman: neuroendocrine implications', Psychoneuroendocrinology, 15 (1990), 69-76.

- 정신질환 관련 문헌

DELISI, L. E. et al., 'Gender differences in the brain: are they relevant to the pathogenesis of schizophrenia?', Comprehensive Psychiatry, 30, No. 3 (1989), 197-207.

Schizophrenia Bulletin, National Institute of Mental Health. Issue Theme: Gender and

Schizophrenia, 16, No. 2, 1990.

SIKICH, L. and TODD, R. D., 'Are the neurodevelopmental effects of gonadal hormones related to sex differences in psychiatric illness?', Psychiatric Developments, 4 (1988), 277-309.

– 성범죄 관련 문헌

FLOR-HENRY, P., 'Influence of gender in schizophrenia as related to other psychopathalogical syndromes', Schizophrenia Bulletin, 16, No. 2. (1990), 211-228.